石 油 技 师

四川石化专刊

四川石化公司 编

石油工业出版社

内 容 提 要

本书以文集的形式介绍了技能人才培养、班组管理、经验分享、现场疑难分析与处理、技术革新等内容。有助于一线员工提升业务素养、提高业务水平。

本书可供石油石化各企业基层操作人员阅读。

图书在版编目（CIP）数据

石油技师．四川石化专刊 / 四川石化公司编．—北京：石油工业出版社，2024.2

ISBN 978-7-5183-6488-6

Ⅰ．①石…　Ⅱ．①四…　Ⅲ．①石油工程－工程技术－文集　Ⅳ．①TE-53

中国国家版本馆 CIP 数据核字（2023）第 235415 号

出版发行：石油工业出版社有限公司
（北京安定门外安华里 2 区 1 号楼　100011）
网　址：www.petropub.com
编辑部：（010）64255590
图书营销中心：（010）64523633
经　　销：全国新华书店
印　　刷：北京中石油彩色印刷有限责任公司

2024 年 2 月第 1 版　2024 年 2 月第 1 次印刷
889×1194 毫米　开本：1/16　印张：11.5
字数：252 千字

定价：45.00 元
（如出现印装质量问题，我社图书营销中心负责调换）

卷首语

习近平总书记在首届全国职业技能大赛贺信中强调，要激励更多劳动者特别是青年人走技能成才、技能报国之路。技能人才是四川石化的核心资源，在企业安全生产、提质增效等方面都有着至关重要的影响。面对信息技术高速发展、工艺装备迭代升级、生产组织模式持续优化等新形势新任务，公司对知识技能型、技术技能型和复合技能型人才需求也越来越高。

近年来，公司大力实施技能人才培养开发专项工程，深入推进操作员工技能晋级计划、创新创效能力提升计划和“石油名匠”培育计划，健全人才选拔、评价、使用、激励和培养“五大机制”，坚持公司的可持续发展与广大技能人才的成长同步推进，力促技能人才队伍建设取得实际效果。相继出台了《加强新时代高技能人才队伍建设的实施方案》《操作技能人员“双维度”评价实施方案》《高技能人才提质增效专项行动方案》等一系列技能人才培养政策，深挖技能人才潜能，推动公司高质量发展。截至目前，公司拥有集团公司技能专家 7 人，成都工匠 23 人，彭州工匠 48 人，在国家、集团公司各类竞赛中，获得金牌 9 枚、银牌 7 枚、铜牌 11 枚。

四川石化技能人才辈出，理应走在技能成才、技能报国前列，《石油技师·四川石化专刊》为技能人才大显身手、大展拳脚提供了舞台，汇集了公司技能人才的智慧，代表着一线员工卓越的钻研水平。希望每一位员工都能用好《石油技师》专刊平台，充分发挥高技能人才“传帮带”的作用，大力弘扬工匠精神，营造比学赶帮超氛围，助推公司高质量发展，为实现四川石化率先建成世界一流炼化企业的宏伟目标而努力奋斗！

目录

Contents

技术革新

《石油技师》总策划　侯占宁

《石油技师》编辑部

主　　编　刘　丽　李　丰

副 主 编　胥　勇　吴　莺

责任编辑　吴　莺　张　静

美术编辑　孙晋平　张　聪　任红艳

《石油技师·四川石化专刊》编委会

主　　任　申志华

副 主 任　赵云枫

委　　员　段巍卓　卢琪云　钟　攀　胡　畔　唐　慧
王　翔　黄　健　李　炜　陈志刚　苏　楠
马　槊　韩志学　伍茂林　刘　堃　叶宝娟
王振华　张仲明

主　　办　中国石油四川石化有限责任公司

协　　办　石油工业出版社

编　　辑　《石油技师》编辑部

通信地址　北京市朝阳区安华西里三区 18 号楼

邮政编码　100011

投稿网址　http://syuj.cbpt.cnki.net

编辑部电话　（010）64255590

出版日期　2024 年 2 月

"五个阵地"赋能新时代班组建设高质量发展

◆韩 旋 朱 蕊 王振华 刘 英 李 强

对于企业来说，班组犹如一个个的"细胞"，是生产经营活动的基本单元，也是生产运行工作的落脚点。抓好班组建设，是培育良好企业文化、推进技术和管理现代化、提升企业核心竞争力、实现企业高质量发展的重要基础。要提升企业整体战斗力，就要最大限度地激发每一个"细胞"的活力。

四川石化公司生产监测部成品班秉承"娴熟、用心、及时、精准"的原则，以"公正、科学、准确、高效"为目标，着力念好"聚、创、堵、比、帮"五字诀，全力打造班组服务阵地、生产阵地、安全阵地、创新阵地和学习阵地，有效解决了班组管理机制不完善、培训效果不明显、安全文明生产质量不高等问题，逐步建设成为"有信念聚人心、有制度创一流、有安全堵漏洞、有创新比贡献、有培训帮后进"的特色品牌班组，为推动新时代班组建设高质量发展探寻新思路、新方法。

1 党建引领固根基，服务阵地聚人心

该班组始终坚持用习近平新时代中国特色社会主义思想统领党建工作全过程，强化思想政治引领、创新党建工作模式、提标服务凝聚人心，推动党建工作和班组工作深度融合，以高质量党建引领班组工作高质量发展。

突出示范引领，模范带头作用充分发挥。该班组以"把党员身份亮出来，让劳模称号响起来，使先锋形象树起来"为抓手，坚持做到哪里有重难点，哪里就有先锋模范的身影闪烁，哪里有苦脏累活，哪里就有先锋模范冲锋在前，以"我先上"带动大家"跟我上"，使广大班员立足岗位，苦干实干，全面激发干事创业的积极性和主动性，为班组建设输入源源不断的内生动力。

关切群众心声，主题活动月月新。该班组坚持密切联系群众，结合广大员工的意愿和诉求，深入开展岗位实践和主题党日活动，定期开展丰富多彩的文体活动，通过勤交流多沟通，增强团队意识，提高班组凝聚力和战斗力，有效营造"快乐工作、健康生活"的和谐发展氛围，促进班组文化建设和员工文化素养的提升。

2 完善制度强管理，生产阵地创一流

该班组制定了《员工绩效考核管理细则》《班组责任区域划分》《班组培训计划》《班组岗位职责》《交接班管理规定》等班组管理制度，强化工艺纪律、工作纪律和劳动纪律管理，严格杜绝“三违”现象，逐步形成了遵章守纪、按章操作的良好工作习惯，为班组建设提供了严密的纪律保障。

制定应急人员加班响应机制，高效完成各项生产任务。为了应对人员紧缺和时常加班难题，该班组根据岗位情况制定了应急人员加班响应机制，以确保各大产品及时出厂创效。2022年全年共完成成品分析9203批、进厂原料分析12159批，加班人次达120人次，累计加班时长约1800h，分析及时率100%，分析计划执行率100%，未发生因分析错误导致的质量事件。

积极参加实验室间数据比对，识别存在的差距并及时改进。该班组的多名生产骨干多次参加中国石油天然气集团有限公司汽柴油实验室、中国民航局测试中心、十六烷值实验室、国家合成橡胶质量监督检验中心等多家单位组织的能力数据比对。近年来，共计参加实验室间数据比对30余次，200余个分析项目均取得了满意的结果，其中橡胶门尼分析项目连续5年获得国家合成橡胶实验室数据比对优异成绩，2022年航煤分析中冰点等18个项目获得荷兰IIS国际能力验证满意结果，展现出了该班组过硬的检验检测实力。

3 规范动作促生产，安全阵地堵漏洞

该班组以“消除事故隐患、筑牢安全防线”为安全目标，紧盯安全生产薄弱点，通过深入开展班组安全和消防活动查问题、找隐患、促整改，规范每一项安全操作行为，养成全员安全好习惯，有效防范各类事故事件发生，促进班组安全生产能力稳步提升。

对症薄弱环节“下药”，提升安全生产能力。按照“横向到边，纵向到底”和“全员、全方位、全过程”的原则，开展全员危害因素再辨识、安全风险再排查、再梳理工作，提升员工危险环境辨识能力；陆续开展岗位应急演练，提高员工第一时间有效处置突发事件的能力，同时，为快速、有序、高效地应对突发事件积累宝贵经验；定期开展有毒有害气体检测、空气呼吸器和防毒面具使用、心肺复苏与火灾逃生专题培训，通过案例警示和知识讲解，达到不让“一知半解”危害健康安全、不让“不规范操作”延误最佳救护、不让“紧张情绪”带着慌乱逃跑的良好效果。

摸清安全隐患“底数”，确保安全风险受控。针对安全环保，严查操作规程和操作卡执行情况、作业管理与现场监护情况；针对生产技术，严查“三律”执行、试剂与生产物资准备、冬季防冻防凝等情况；针对设备设施，严查重要设备及关键部位巡检、重点部位管理、电气仪表设备设施等完好情况，彻底摸清安全生产隐患底数，及时制定整改措施，封堵安全生产漏洞。

4 聚焦创新谋发展，创新阵地比贡献

科技创新创效是提升班组核心竞争力的基础。一直以来，该班组坚持把创新创效文化的培育作为班组建设的核心内容，努力营造“人人思考创新，人人钻研创新”的良好氛围。近三年

来，班组成员围绕生产难题深入探讨，针对不合理之处集思广益，着眼降本增效深钻细研，为提高检验检测质量不断贡献力量，取得的成效见表1。

表1　班组成员近三年来完成的创新创效项目

序号	类型	项目名称
1	一线难题	建立企业标准解决汽油双烯烃测定时间长精度差的难题
2	一线难题	3号喷气燃料外观研判
3	一线难题	苯类中性实验研究
4	一线难题	3号喷气燃料冰点回温过程中产生絮状物现象探究
5	一线难题	车用柴油在加入十六烷改进剂后在储存过程中十六烷值的衰减探索
6	一线难题	乙二醇紫外透光率数据变化过大现象研究
7	一线难题	乙腈中二聚物分析
8	一线难题	熔融指数仪料筒结焦不易处理问题
9	科技攻关	Al_2O_3色谱柱对微量丙二烯和1,2-丁二烯分析测定的影响
10	科技攻关	提高进样小瓶的循环使用效率
11	科技攻关	石脑油、拔头油等油品中含氧化合物分析的研究与建立
12	科技攻关	LIMS与CDS的集成
13	科技攻关	丁二烯橡胶氧化诱导时间测定方法的研究与应用
14	实用新型专利	一种石油分析用实验装置
15	实用新型专利	一种化验分析自动进样装置
16	职工五小成果	进样小瓶的废液处理及回收装置改造
17	职工五小成果	实验室用低密度熔融指数HDPE参比样的制备

5　强化培训提素质，学习阵地帮后进

充分发挥高技能人才示范引领作用，每月开设“技师讲堂”。由班组高技能人才进行岗位业务知识培训，重点学习先进的质量管理理念和化验分析知识，不断提升班组化验分析技术水平和质量控制能力。2022年，共计开展集中学习和培训36期，并对学习效果进行考核，优秀率达100%。

大力发扬“传帮带”优良传统，突出做好岗位技能传承。认真落实“师带徒”制度，明确培训目标，制定“一对一”培训计划。通过“结对子”的师徒模式，师傅们将丰富的实践经验和高超的技艺全部传授，徒弟们立足岗位、钻研业务、苦练技艺，理论知识水平、分析操作技能、应急处置等多方面能力在反复锤炼中得到显著提升，实现了理论与实践的有效结合，快速成长为班组生产骨干。

制作标准化操作视频，为技能培训出谋划策。为规范操作步骤，使岗位人员熟知分析检测过程中的要求及注意事项，该班组组织各岗位人员认真研读分析标准，掌握每一个操作细节，再将标准要求、操作要点、注意事项等拍摄制作成

标准化操作视频，供岗位人员培训和提升使用，在取得较好的培训效果的同时，进一步促进了班组标准化管理提升。

6 取得的成效

在5年多的运行中，该班组紧紧围绕炼油化工生产开展各项分析检测任务，通过打造“五个阵地”，在改进和完善中不断发现问题、解决问题、提高标准、优化目标，达到了“零安全事故、零质量事故”的质量安全目标、“顾客满意度99%以上”的服务质量目标、“保证检测任务按时完成率99%以上”的检测任务按时完成目标，实现了产品分析及时率99.5%、分析结果准确率100%、计划执行率100%和顾客满意度100%的突破。

在5年多的运行中，该班组严格执行各项管理制度，细化职责保质量；不断强化班组内部管理，确保所有问题闭环处理；强化各类培训，逐步提升全员“零错误”意识和技术技能水平；突破多项技术难题，不断实现班组提质增效。班组凝聚力和战斗力不断增强，并逐渐形成了“慎思笃行、高质高效、协作创新、学习分享”的班组子文化，为新时代班组建设高质量发展增添了“动力引擎”。

（作者：韩璇，四川石化生产监测部，化学检验员，技师；朱蕊，四川石化生产监测部，化学检验员，技师；王振华，四川石化生产监测部，化学检验员，高级技师；刘英，四川石化生产监测部，化学检验员，高级技师；李强，四川石化生产监测部，化学检验员，高级技师）

“1233”轮岗式培训有效提升新员工操作技能

◆王 珅 张艺莹 王 笑 李 峰 李 炜

四川石化是西南地区第一家特大型石化企业，设计生产能力为乙烯 80×10^4t/a、炼油 1000×10^4t/a，在职正式员工2000余人，是一座大力实施人才强企工程，更好地培育人才、集聚人才、使用人才、成就人才，以一流人才队伍引领世界一流的炼化企业。

2021—2023年，四川石化迎来了90名新员工，学历结构组成为硕士研究生11人，本科50人，大专29人，他们学历层次较高，专业知识储备较为深厚。但是随着面临的市场竞争日益激烈，新技术、新工艺、新流程越来越多，对基层员工的技能要求也越来越高。如何把握青年员工特性，强化和改进新员工教育管理，提升青年员工的素质和能力成为四川石化目前人才培养最重要的课题。

基于此，按照《中国石油天然气集团有限公司关于加强新入职员工基础培养工作的指导意见》要求，四川石化积极创新采取“1233”轮岗式培训方法，帮助新员工迅速适应工作、明确职业发展方向，全面提升综合素质和业务能力，加快成长成才进程。

1 “1233”轮岗式培训方法的内涵

“1233”轮岗式培训方法结合新员工所学专业和培养方向，用1年左右的时间，选取不少于2个典型岗位进行轮岗锻炼，每个岗位实习时间一般不少于3个月。通过该培训模式建立健全源头培养、跟踪培养、全程培养的素质培养体系，从入职开始实行为期3年的基础培训计划，引领员工快速成长，为后备人才培养奠定基础。

2 具体做法

2.1 强化新员工石油精神文化建设

“1233”轮岗式培训在中国石油的发源地——大庆，开展新员工入职“第一课”，通过重走石油路的方式，对新员工进行石油精神和大庆精神铁人精神培训工作。授课老师围绕“石油发展”主题，向新员工讲述“中国石油”的过去到将来，将新员工带入那一段光辉岁月，加快新员工融入石油大家庭，产生归属感、幸福感和自豪感以及迸发对未来的憧憬。另外，开展新员工集中培训课，进行“破冰”拓展训练以及“企业文化”“个人成长”主题催化课，并在培训活动中增加更多趣味性，使课堂变得更加开放，更加符合青年的思维方式。其间，学员们的学习兴趣浓厚，体会发言真实深刻，真诚地表达了传承和弘扬石油精神的热忱和决心。

2.2 开创性地实施“全流程轮岗制”实习

为了让新入职员工更好地了解公司全部生产经营业务，熟悉公司全部炼化一体化装置工艺流程，四川石化开创性地实施“全流程轮岗制”实习，将传统的固定操作岗位实习转变为分组轮流学习全厂工艺流程，安排新员工在入职后的一年时间内，到公司调度中心、各生产部、设备检修部等职能处室和二级单位进行2～3个月轮岗实习。在全公司范围内成功促进其开阔视野、增加经历、增长才干，为尽早掌握多岗位专业技术能力提供有力保障。跨装置、跨部门、多系统、全流程辅导培训过程期间，新员工全面熟悉炼化一体化装置工艺、设备、安全、综合等重点专业技术领域，有效地改善了技术人员岗位单一、业务过窄的问题。

2.3 “三导师”模式引领新员工快速成长

针对2021—2023年新入职的员工，四川石化启动实施独具特色的“三导师”培养方案，在赴多单位多岗位训练期间优选责任心强、工作经验丰富、工作业绩突出的骨干作为思想导师、技术导师和业务导师。思想导师为公司党委委员，技术导师和业务导师为经验丰富的劳动模范、技术专家和经营管理人才。三位导师结合自己的专业特长，负责传授专业知识和业务技能以及引导新入职员工完成从学生到企业员工的角色转变。

2.4 建立“量身定制”的跟踪培养方案

四川石化在人才培养方面深入贯彻人才强企工程战略部署，聚焦提升政治能力、履职能力和专项能力，紧扣业务发展需要进行精准培养、整体开发梯次培养、拓展方式复合培养，并启动新员工3年“量身定制”的跟踪培养计划，关注青年员工学习成长、身心健康，同时铺路子、搭梯子、压担子，大力营造有利于青年成长成才的良好环境。首次整合高技能人才力量，深入开展高技能人才“名师带高徒”活动，对新员工形成独具特色的跟踪培养实施计划，加快青年员工成才速度，提高青年专业技术人员的整体素质和发展潜力，激发员工们干事创业的热情。

3 取得的成效

3.1 快速提升新员工企业文化内涵

新形势下，中国石油形成了专有的企业文化，这些精神已经成为企业的发展动力，能够有效促进石油企业创造出具有开拓性、创新性、锐意性和进取性的发展氛围，进一步为企业提供精神动力。四川石化积极响应中国石油组织的新员工石油精神和大庆精神铁人精神现场培训，通过“重走创业路”体验式培训，实地参观铁人纪念馆、历史陈列馆等现场教学点，学习传承石油精神和大庆精神铁人精神，感悟大庆优良传统和“三老四严”的精神内涵。

3.2 夯实企业员工操作技能水平

四川石化坚持把人才队伍建设当作推动装置高质量发展的有力抓手，积极探索创新育才机制，持续开展“1233”轮岗式培训模式。对新员工展开培训期间，充分利用公司高技能人才队伍资源，坚持问题导向，结合生产实际，用集中培训与自主学习相结合、线上与线下相结合的方式，全面提升夯实新员工的操作技能水平，加速岗位成才，储备技术后备军，为青年员工岗位成长成才按下“快进键”。

3.3 以考促学激发员工队伍活力

新人培养是源头工程。通过让员工赴多单位多岗位开展“1233”轮岗式培训，新员工们充分认识到了学习的重要性，在培训、培养、锻炼的闭环下，学习主动性和执行力都得到了提高。同时四川石化以考核的形式激发员工队伍活力，强化激励约束机制，年终考核时，2021—2023年新入职的90名员工，均一次性通过岗位上岗考试，取得上岗资格，很多新人从校园人转变为企业人、职业人，成长为企业的未来之星。

参考文献

[1] 陈凤莲，杨君，陈进云．“设障诱导”式培训有效提升基层员工操作技能 [J]. 石油技师，2022（38）：1-5.

[2] 姜山，刘囿泽．通岗培训模式探索与实施 [J]. 石油技师，2022（38）：6-9.

[3] 姜娅红，刘娜娜，姚来喜．基于“六位一体”培训模式的探索与研究 [J]. 石油技师，2022：（40）1-5.

（作者：王珅，四川石化生产五部，聚丙烯操作工，中级工；张艺莹，四川石化生产三部，催化重整装置操作工，中级工；王笑，四川石化生产五部，聚丙烯操作工，技师；李峰，四川石化生产五部，高级工程师；李炜，四川石化生产五部，聚乙烯操作工，高级技师）

镍系顺丁橡胶回收单元长周期运行的优化措施

◆王 敏 杨青洪 许广华 吴 比

镍系顺丁橡胶生产工艺是通过 Al-Ni 陈化，稀硼单加的溶液聚合方式，以 1,3- 丁二烯为单体，正己烷为溶剂，三异丁基铝、环烷酸镍和三氟化硼乙醚络合物为催化剂进行聚合反应[1]。其中，回收单元实际生产运行中，丁二烯自聚物、系统中的 O_2 含量、管线盲肠死角及日常操作管理等因素成为影响塔长周期运行的主要因素。因此，结合装置丁二烯塔实际生产瓶颈问题，对回收单元丁二烯系统进行有针对性的技改优化，降低装置能耗物耗，提升装置生产能力尤为重要。

1 影响回收单元丁二烯塔长周期运行的因素

1.1 脱水塔和丁二烯回收塔系统

镍系顺丁橡胶装置回收单元脱水塔 C-4001 进料中，C_4 含量为 3% ～ 5%（质量分数，下同），塔顶采出送至丁二烯回收塔 C-4002，物料中 C_4 含量为 15% ～ 35%。C-4002 塔顶 C_4 含量不小于 96%，塔顶循环水冷凝器 E-4004 设计为两台。在装置长周期运行和历次检修中发现，C-4001 和 C-4002 塔顶附件仪表和尾气系统管线易被丁二烯自聚物堵塞，造成塔顶压力表、回流罐尾气气相线和回流罐液位计失灵或假显。在仪表投自控状态下，塔顶压力调节阀易导致塔顶冷凝器循环水量异常增大，装置能耗增高，塔运行波动大，影响回收单元自控率、报警率、平稳率和正常生产运行。

C-4001 回流罐 V-4001 和 C-4002 回流罐 V-4002 罐顶尾气气相线为 DN50 的管线，且现场管线弯头过多，尾气气相调节阀处经变径后内径更小，正常生产中，该调节阀及前后管线极易被自聚物堵塞，导致回流罐压力超高。且尾气调节阀副线阀原设计为单阀，虽之后改变为双阀，减少了盲肠死角，但副线第一道阀前和第二道阀后仍有一定的死角区，装置检修打开管线后发现，该处被自聚物堵死，导致副线无法使用。

1.2 脱阻聚剂塔系统

脱阻聚剂塔 C-4007 进料负荷长期处于 80% 以下，由新鲜丁二烯和回收丁二烯混合料经脱阻聚剂后，塔顶 C_4 含量不小于 99.6%，经分子筛塔 C-4008、C-4009 精制后作为聚合级丁二烯送至罐区。塔顶循环水冷凝器 E-4018 位于装置最顶层平台，设计为两台，盐冷器 E-4019 为单台，无跨线。在 C-4007 塔历次检修中发现，塔顶安全阀爆破片前死角处易被自聚物堵塞，造成塔安全阀和爆破片失效，安全隐患较大。夏季高温天气较多，E-4018 两侧封头无防晒措施，经阳光暴晒，塔顶冷剂用量增加，且封头内产生自聚物的概率增大。

1.3 丁二烯系统内 O_2 的聚积

在丁二烯塔长周期生产运行中，丁二烯泵过滤器的清理、阀门仪表的拆清、换热器管束泄漏及塔回流罐长周期运行 O_2 含量的累积等，是加速丁二烯塔回流罐气相管线自聚物生成的主要原因。2023 年上半年 V-4002 罐和脱阻聚剂塔回流罐 V-4008 气相 O_2 含量分析中的 10 次结果如表 1 所示。

表 1 丁二烯塔回流罐气相 O_2 含量（单位：mL/m³）

位号 \ 频次	1	2	3	4	5
V-4002 顶	50.0	86.0	300.0	113.0	50.0
V-4008 顶	3.6	11.2	10.0	36.0	11.2
位号 \ 频次	6	7	8	9	10
V-4002 顶	44.6	140.0	59.5	23.0	136.0
V-4008 顶	42.2	30.0	8.6	19.0	12.0

由表 1 可知，丁二烯塔及回流罐系统内气相部分 O_2 含量的累积较明显，如不及时监控并采取防控措施，系统中 O_2 含量长期聚积，将大大增加自聚物生成的概率和速度。

2 丁二烯塔长周期运行的优化措施

2.1 针对脱水塔和丁二烯回收塔系统

若顺丁橡胶回收 C-4002 塔进料长期处于低负荷运行的情况下，塔顶循环水冷凝器 E-4004 单台冷量能满足日常生产需求，实际生产中采取一开一备，既能减少循环水的用量，又能实现 E-4004 不停车检修，最终将大大延长 C-4002 塔的运行周期。针对 C-4001 和 C-4002 塔顶压力表易被堵塞假显，导致塔自控率和平稳率降低问题，DCS 画面可增加塔顶、塔底和塔顶、回流罐压差表，实现不间断动态监控，方便操作人员依据压差表数值快速判断塔压力表指示是否正常。同时，增加塔顶塔釜压力控制切换开关，实现在塔顶压力表假显的情况下，用塔釜压力表作为塔顶冷剂量调节依据，确保塔自控率和平稳率。

因 V-4001 和 V-4002 罐顶尾气调节阀副线经常被自聚物堵死导致无法使用，为减少管线盲肠死角，可去除副线，减少尾气气相线弯头，增加管径，降低管线堵塞的概率。V-4002 罐现场双液位计上法兰一次阀前短接较长，极易被自聚物堵塞造成罐液位假显，影响长周期运行。为此，通过 C-4002 塔回流调节阀处引出冲洗线至液位计上法兰短接处，正常生产时，冲洗线常开，可大大降低液位计假显的概率，实现长周期平稳运行。

2.2 针对脱阻聚剂塔系统

若 C-4007 塔进料负荷长期处于 80% 以下运行，E-4018 单台冷量完全能满足日常生产需求，换热器管壳层物料进出口增加阀门，采取一开一备的投用模式，可降低塔顶循环水用量。同时，E-4019 盐冷器增加跨线，方便切除检修，可实现不停车检修换热器，显著延长 C-4007 的运行周期。夏季高温时段，E-4018 两侧封头可增加保温帽子或防晒遮挡，减少阳光直晒，降低能耗和封头内自聚物生成的概率。

针对 C-4007 塔安全阀爆破片前易被自聚物

堵塞的情况，可通过塔回流调节阀处引出冲洗线至爆破片前短接处，正常生产时，冲洗线保持常开，能明显降低该处堵塞概率，有效避免塔安全阀失灵的安全隐患。

2.3 控制丁二烯系统 O_2 含量

控制丁二烯系统内 O_2 含量的产生和累积速度，能大大减缓系统内自聚物的产生速度。通过V-4002罐顶和C-4007塔顶增加在线 O_2 含量分析仪，可动态监控丁二烯塔气相系统内的 O_2 含量。每周增加一次塔回流罐和储罐气相 O_2 含量的线下检测，一方面可比对在线分析数值的准确性，另一方面可全面掌握丁二烯系统 O_2 的分布情况。一旦数值变化较大，及时进行 N_2 置换，去除系统中累积的 O_2。同时，日常检修操作管理中，定期切换丁二烯备用泵，防止设备内丁二烯静置时间过长。过滤器和阀门仪表拆清回装 N_2 置换后，严格执行便携式测氧仪检测合格后方可投用的要求。检修后备用的E-4004和E-4018确保打压合格，管壳层切除加盲板，并及时进行 N_2 吹扫置换保压，避免设备内残余水分对管束腐蚀从而造成泄漏，导致系统 O_2 含量的增加和自聚物的生成。

3 结论

镍系顺丁橡胶回收单元丁二烯塔系统，通过全方位多角度优化措施，有针对性地对影响装置长周期运行的实际问题和薄弱环节采取有效的优化措施，装置丁二烯系统内自聚物生成的概率和速度显著降低，各塔检修周期和运行周期大大延长，最大化地消除装置安全隐患，生产能力得到进一步提高，能耗物耗明显降低。

参考文献

[1] 于进军，李立新，黄健，等. 顺丁橡胶操作工［M］. 北京：中国石化出版社，2007.

（作者：王敏，四川石化生产六部，顺丁橡胶操作工，技师；杨青洪，四川石化生产六部，顺丁橡胶操作工，技师；许广华，四川石化生产六部，工艺工程师；吴比，四川石化生产六部，工艺工程师）

催化裂化装置回炼加氢反冲洗污油的应用

◆ 王俊宏　张俊猛　周明慧　单顺风　赵明全

污油综合利用一直是困扰炼油装置的难题，提高污油回炼及综合利用水平对提质增效意义重大，且存量污油具有巨大的可利用潜力。四川石化生产运行过程中会产生产品精制凝液、柴油加氢装置反冲洗油、蜡油加氢装置反冲洗污油、轻烃回收装置凝液等污油，无法有效的综合利用。尤其是柴油加氢和蜡油加氢装置反冲洗频繁，产生大量污油送至污油系统，造成炼油区污油量持续增加。污油直接进精渣罐，受热气化挥发冒烟，存在生产安全隐患[1-2]。通过对炼油区污油的回炼，降低污油二次加工成本，减少中间物料非必要循环，提高污油处置途径和方法，经济效益可观，意义重大。

1　炼油区污油回炼情况调研

1.1　炼油区污油情况

因原油夹带以及炼油区各装置在生产、检修等过程中，产生了一定量的污油，通常采用常减压装置掺炼加工的方式处理污油。这些污油性质较为复杂，含有不同种类化学助剂、锈渣、焦渣、机械杂质等，且含量水不稳定，对常减压电脱盐系统及下游加工装置造成操作波动大、影响产品质量等困难，污油加工量受到制约，积攒了一定的污油罐存，2022 年初污油量达到 10×10^4t，造成有效资源难以盘活的局面，而催化裂化装置仅对开工时质量不合格进入不合格罐的产品回炼，正常生产时不回炼污油。

污油性质如表 1 所示，可以发现，在正常生产期间污油主要来源有柴油加氢装置原料反冲洗油、蜡油加氢裂化装置原料反冲洗污油、催化产品精制单元凝液、轻烃回收装置凝液、常减压装置污油等。其中柴油加氢装置及蜡油加氢装置反冲洗污油占日常生产污油产量的 70%，由于流量及性质组分相对稳定，采用催化裂化装置直接回炼的可行性高。

1.2　污油减量化难点

（1）源头管控难。调研炼油区各装置污油情况，发现污油分为两类：轻污油和重污油，由于工艺原因暂时无法进行分类，这就增加了回炼的难度。

表 1　污油性质及相关参数

污油来源	污油占比	污油性质	污油流量	回炼方式
柴油加氢装置反冲洗污油	40%	较稳定、机械杂质	定期反冲洗	催化回炼
蜡油加氢装置反冲洗污油	30%	较稳定、机械杂质	定期反冲洗	催化回炼
催化产品精制单元凝液	3%	含有水、碱	不定时压液	常减压回炼
轻烃回收装置凝液	2%	含有杂质	不定时压液	常减压回炼
常减压装置污油	7%	含有杂质	不定时产生	常减压回炼
其他污油	18%	性质复杂	不定时产生	常减压回炼

（2）回炼出口窄。为了减少污油对装置运行的影响，许多企业采用污油进入原油罐到常减压装置分离回炼，或者进入焦化装置回炼的方法，达到降低污油总量的目的[3]。四川石化采用全加氢工艺，无法实现焦化回炼，可回炼污油的装置少，多数污油以返回原油罐掺炼的方式为主，且受下游装置生产条件及产品质量限制。

（3）可借鉴经验少。因污油来源广，性质复杂，在罐区混合程度高，特别是对含氧化物、硅等单一物料较高的污油，缺少经验。此外，在催化裂化装置回炼污油时，由于装置及工艺的差别，对产品分布及产品质量的影响不同[4]，在污油回炼过程中可复制的回炼流程及通用性的经验较少。

1.3　催化裂化装置运行情况

四川石化 2.5Mt/a 重油催化裂化装置反应部分采用 MIP-CGP 工艺技术，两器采用高低并列布置，再生器采用快速床－湍流床两段富氧再生技术结构，常减压加工的原油是来自哈萨克斯坦、中国南疆及北疆混合的原油，经过常减压初加工后减压渣油再经过加氢处理，最后加氢渣油作为催化原料。2018 年 6 月完成第一周期检修并投运至今，装置原设计有不合格汽油回炼流程，后增加了馏分油 C9，渣油加氢柴油回炼流程。本次污油回炼时催化操作条件见表 2。

表 2　催化裂化装置主要操作条件

项目	设计值	数值
RDS 处理量，t/h	297	258
沉降器压力，MPa	0.265	0.263
反应温度，℃	515	514
再生温度，℃	690	695
原料预热温度，℃	200	213
再生器二密相藏量，t	165	175
外取热取热量，t/h	158	155

2　回炼方案及控制措施

2.1　蜡油加氢装置反冲洗污油流程

蜡油加氢装置反冲洗污油罐新增两台污油泵，反冲洗污油经泵输送至催化裂化装置原料罐入口流量计控制阀前。为确保直供催化流量稳定，泵出口设置流量控制阀，保留原有反冲洗污油外送至流程以及联锁自启。正常情况下，污油以稳定流量外送至催化装置，当反冲洗频繁，产生大量污油时，原反冲洗污油泵自启且使用原流程外送。

2.2　柴油加氢装置反冲洗污油流程

柴油加氢装置反冲洗污油罐新增两台污油泵，反冲洗污油经泵输送至渣油加氢装置反冲洗污油出装置界区，与蜡油加氢装置共同送至催化，见图 1。为确保直供催化流量稳定，泵出口设置流量控制阀。保留现有反冲洗污油外送流程以及联锁自启。正常情况下，污油以稳定流量外送至催化装置，当反冲洗频繁，产生大量污油时，原反冲洗污油泵自启且使用原流程外送[6]。

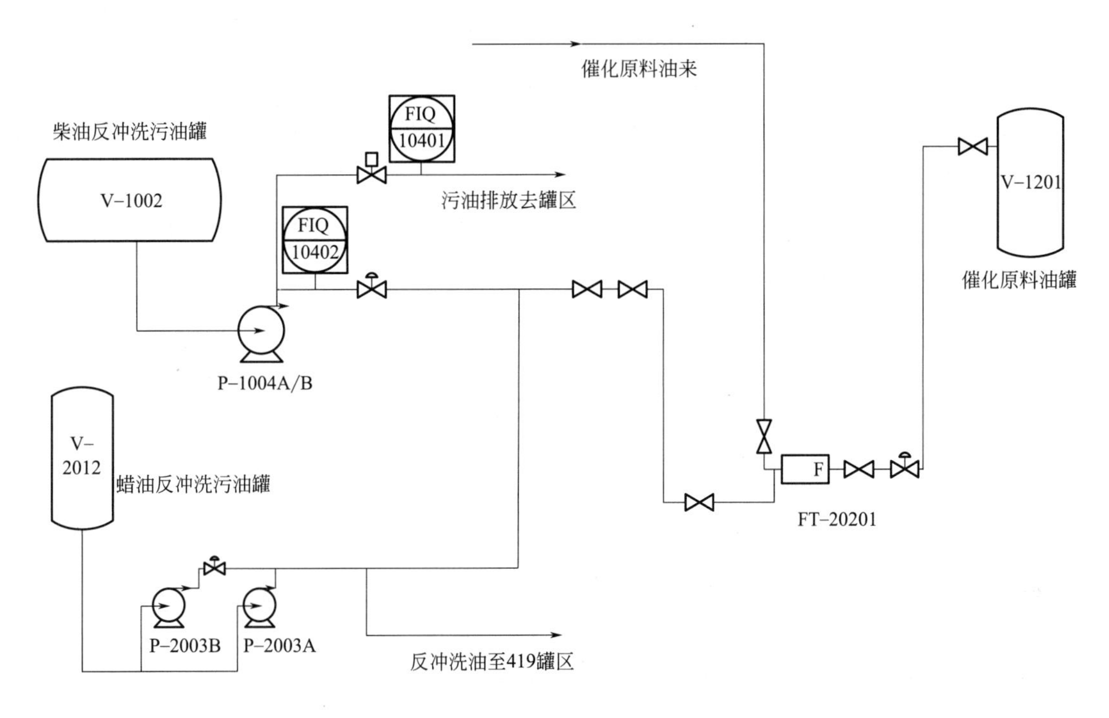

图 1　回炼反冲洗污油技改流程图

2.3　控制措施方案

2.3.1　蜡油加氢装置反冲洗污油控制

正常工况下，蜡油加氢装置反冲洗污油罐液位控制在 10% ～ 60% 之间，确保反冲洗污油持续外送，外送流量控制在 0.5 ～ 8.0t/h。反冲洗频繁的情况下，反冲洗污油罐液位达到 70%，联锁启动，当液位降至 60%，联锁停止。反冲洗液位采用自动控制和高液位联锁控制方案，每反冲 1 次耗时 8min，产生污油 6.16m^3。若反复冲洗不停止，每小时产生污油 46.2m^3。若 6h 冲洗一次，每小时产生污油 1.03m^3。因此污油外送体积流量调节范围为 1.03 ～ 46.2m^3/h，质量流量调节范围为 0.90 ～ 40.66t/h。考虑催化裂化装置的承受能力（最大 8t/h）以及操作调节弹性，确定泵出口流量调节范围为 0.5 ～ 8.0t/h。经运行试验，蜡油反冲洗油量平均为 4.6t/h，能达到不切除全部进入催化回炼的控制要求。

2.3.2　柴油加氢装置反冲洗污油控制

正常工况下，反冲洗间隔时间大于 30min，柴油加氢装置反冲洗污油罐液位控制在 200 ～ 700mm 之间，确保反冲洗持续外送，外送流量在 1 ～ 4t/h。反冲洗频繁的情况下，反冲洗间隔时间小于 30min，反冲洗污油罐液位达到 700mm，联锁启动，当液位降至 600mm，联锁停止。反冲洗液位采用自动控制和高液位联锁控制方案，柴油加氢装置反冲洗过滤器共有 2 组，冲洗一次时间为 2min，冲洗 1 次流量为 2t/h。如果反冲洗过滤器持续冲洗，1h 最多反冲洗 30 次，最大反冲洗污油流量为 60t/h。如果反冲洗过滤器每小时冲洗 1 次，反冲洗污油量为 2t/h，如果反冲洗过滤器每小时冲洗 1 次，反冲洗污油量为 1t/h。如果反冲洗过滤器每 4 小时冲洗 1 次，反冲洗污油量为 0.5t/h。考虑催化裂化装置的承受能力（最大 8t/h）以及操作调节弹性，确定泵出口流量调节范围为 0.5 ～ 4.0t/h。经运行试验，在正常运行时，柴油反冲洗油能全部送至催化回炼，在异常反冲洗情况下，反冲洗污油需要临时切除，正常生产时平均量在 3.4t/h。

3　运行效果

3.1　污油减量化效果

通过探索优化污油加工回收利用手段，增加污油至催化裂化装置回收加工流程，实现了污油的高效回收利用。不仅可以有效地解决长期困扰污油处理的难题，也保证了各装置安全平稳运行，避免罐区污油储存隐患，有效减少炼油区每日约 200 ～ 300t 的污油，是提质增效的重要措施。

3.2　对催化裂化装置影响

3.2.1　原料及装置运行

在对反冲洗污油回炼时，密切监控装置运行状态及催化原料性质分析，见表 3，分别对柴油反冲洗污油、蜡油反冲洗污油及同时进料进行监控，反冲洗总量控制在 2 ～ 12t/h，其回炼总量控制在总进料量的 5% 以内。在柴油污油回炼时，进料中硫含量和氮含量略有升高，在对蜡油反冲洗污油回炼时，原料流程有所改善，在其反冲洗污油混合进料时，原料中氮含量升高，因柴油组分氮含量较高，装置运行能耗、剂耗未出现明显变化，因此催化裂化装置回炼反冲洗污油对污油减量化效果明显，污油回炼量在总进料量的 5% 以内时对催化裂化装置运行可控。

表 3　回炼反冲洗污油时催化原料性质

项目	单位	空白	反冲洗柴油	反冲洗蜡油	混合进料
总硫含量	%	0.22	0.2398	0.28	0.26
氮含量	%	0.25	0.253	0.26	0.25
残炭	%	5.33	5.19	5.25	5.29
密度（20℃）	g/m³	0.93	0.93	0.93	0.9305
馏程 10% 馏出温度	℃	416.8	392.9	360.2	407.8
馏程 50% 馏出温度	℃	538.8	536.7	495.6	535.5
馏程 90% 馏出温度	℃	671.4	666.9	652.2	667.8
馏程终馏点	℃	739.2	736.9	724.9	738.3

3.2.2　产品分布

在催化裂化相同原料性质及操作条件下，考察了催化裂化装置在回炼柴油反冲洗油 3.4t/h，蜡油反冲洗油 4.6t/h，以及两股反冲洗油混合进料前后的产品分布，见表 4。可以看出反冲洗柴油和反冲洗蜡油分别回炼时，液化气收率增加，

表 4　产品分布情况对比

项目	RDS 量 t/h	干气收率 %	液化气收率 %	汽油收率 %	柴油收率 %	油浆收率 %	烧焦收率 %
空白	258.5	3.11	16.04	42.85	23.13	6.78	7.91
反冲洗柴油	260.1	3.04	16.17	42.12	23.40	7.13	7.99
反冲洗蜡油	258.9	2.98	16.34	44.38	21.24	7.21	7.68
混合进料	262.1	3.04	15.93	43.84	22.60	6.52	7.90

因蜡油和柴油进入后原料雾化较好，油剂接触条件改善，裂化深度增加。反冲洗柴油单独回炼后，柴油收率增加较明显，烧焦略有增加。反冲洗蜡油回炼时，液化气和汽油收率增加，柴油收率下降明显，且焦炭产率下降，因蜡油裂化性能较 RDS 好，且反应深度相应有所增加。在反冲洗柴油和反冲洗蜡油同时进料时，汽油收率增加的 1%，柴油收率和液化气收率略有下降，烧焦大致不变，油浆收率略有下降。总体来看，反冲洗污油回炼，在剂油比及其他操作条件不变时，催化的裂化性能略有好转，有利于重油裂化，增加了反应深度[7]，在控制回炼量 5% 以内时，对催化产品分布影响可控。

3.2.3　*产品质量*

在反冲洗污油回炼期间，加强对催化产品的质量监控，经 3 个月的试炼，催化裂化装置汽油、柴油、液化气产品质量均未见异常，在柴油反冲洗油及蜡油反冲洗油单独回炼时，油浆产率略增加，油浆固含增加，灰分未变，经四组分分析，胶质沥青质略有增加[8]，判断受反应焦增加所致。

4　结论

（1）炼油区 90% 的装置产生污油，因生产需要无法从源头消除污油排放，日常生产中柴油加氢装置和蜡油加氢装置原料反冲洗污油占污油产生量的 70% 以上，采用催化裂化装置回炼，可每日减少 200 ～ 300t 的污油量。

（2）污油回炼在总进料量的 5% 以内时，对催化运行状态、产品分布，产品质量影响可控。

（3）因各装置工艺、污油性质差别，催化对污油回炼需严格论证实施。

参考文献

[1] 王计娜 . 玉门炼厂轻重污油处理方案概述及优化建议 [J]. 石化技术，2018（7）：284-285.

[2] 宫首超 . 催化裂化装置回炼加氢裂化反冲洗油技术的应用 [J]. 化工设计通讯，2017（5）：55.

[3] 吴振华，郭辉，张强 . 炼油厂重污油回炼技术探讨 [J]. 石油化工安全环保技术，2017，33（1）：56-60.

[4] 王慧 . 催化裂化装置粗汽油作急冷油进提升管回炼改质效果及其影响分析 [J]. 石油炼制与化工，2021（3）：50-55.

[5] 周毅 . 大榭石化全厂轻重污油管控优化攻关 [J]. 广东化工，2022（5）：118-119.

[6] 肖锋 . 反冲洗过滤器在加氢裂化装置中的应用 [J]. 化工装备技术，2003，24（6）：19-22.

[7] 王慧，朱金泉，徐振领，等 .MIP 装置回炼轻汽油馏分增产丙烯的实施方案及效果 [J]. 石油炼制与化工，2022，53（6）：18-22.

[8] 黄富，徐凯勃 . 重油催化裂化装置回炼柴油生产高辛烷值汽油的工业应用 [J]. 石化技术与应用，2017：59-61.

（作者：王俊宏，四川石化生产一部，催化裂化装置操作工，高级技师；张俊猛，四川石化生产一部，催化裂化装置操作工，技师；周明慧，四川石化生产一部，工程师；单顺风，四川石化生产一部，催化裂化装置操作工，技师；赵明全，四川石化生产一部，催化裂化装置操作工，技师）

乙烯装置用能分析

◆ 雷伟伟　刘正明　祁卫平　张锋刚　李宝军

四川石化乙烯装置采用SW公司前脱丙烷前加氢工艺，于2014年2月投产，以石脑油、液化气和加氢碳四碳五等为主要原料，生产乙烯、丙烯，并副产氢气、裂解碳四和裂解汽油等产品。该乙烯装置设置重质裂解炉4台，轻质裂解炉3台，气相炉1台，3大机组均采用蒸汽透平驱动的离心式压缩机，乙烯精馏塔与乙烯制冷压缩机组成开式热泵系统，乙烯制冷压缩机和丙烯制冷压缩机形成乙烯－丙烯复叠制冷循环，为装置提供不同等级的制冷剂。乙烯装置生产过程复杂，工艺指标苛刻，温度从-160℃（冷箱温度）到1000℃（炉膛温度），压力从-80kPa（复水器真空度）到10MPa（超高压蒸汽），产品质量要求严格，用能种类多样化，属于高耗能装置。本文旨在通过分析乙烯装置的用能过程，探索降低装置能耗的有效途径。

1　装置简况

1.1　工艺流程

四川石化乙烯装置裂解炉共8台，正常生产过程中采用7开1备的运行方式，裂解气压缩机为5段式压缩，在第4段出口设置碱洗塔，用来脱除裂解气中的酸性气体，碱洗后经气、液相干燥器脱除裂解气中夹带的微量水后进入高压脱丙烷塔，脱丙烷系统采用高低压双塔流程，高压脱丙烷塔顶气体被裂解气压缩机第5段压缩后进行碳二加氢反应，最后送至分离系统。流程见图1。

1.2　用能概况

乙烯装置输入的能量主要包括燃料气（含自产甲烷氢和外接天然气）、电、水（冷却水、脱盐水和生产水）、蒸汽、氮气、仪表风、工艺空气等。其中，燃料气主要供装置裂解炉使用，蒸汽作为机组及机泵透平驱动工质和部分热交换设备热源使用，在装置综合能耗中，燃料气和蒸汽能量消耗占到了装置总能耗的90%以上。本装置使用的燃料气主要由两部分组成，一部分为装置自产甲烷氢，另一部分为外接天然气，非烧焦状态下，装置自产甲烷氢可以满足装置自用外，还有部分甲烷氢可通过甲烷氢压缩机送至燃料气管

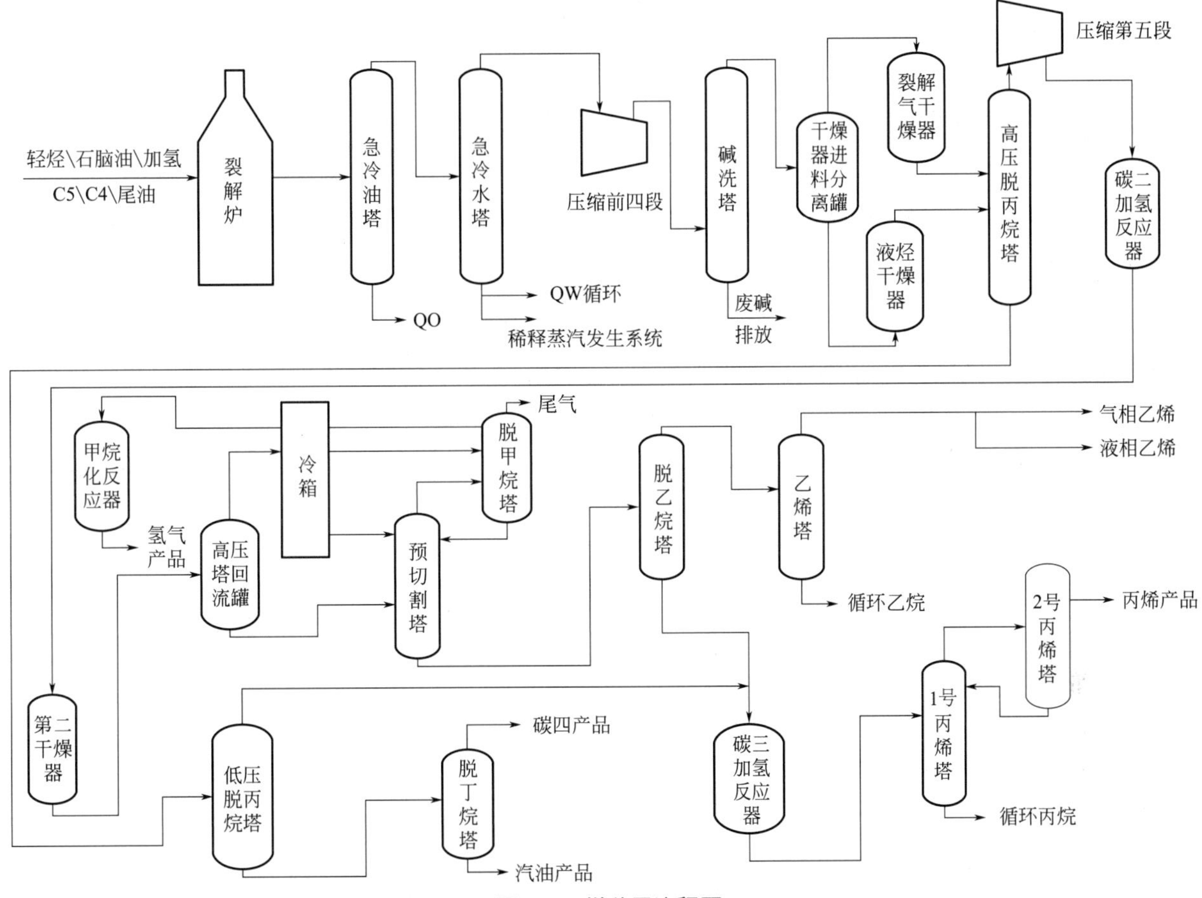

图 1　乙烯装置流程图

网[1]。装置使用的高压、中压、低压蒸汽皆需外接，该部分蒸汽由自备电站锅炉产生。表 1 为 2023 年 6 月装置主要能耗及其占比情况。

表 1　2023 年 6 月份装置主要能耗及其占比

能源名称	计量单位	能耗系数	单位能耗 kgEO/t	占比 %
燃料气	t	1200	494.997	79.81
天然气	t	0.85	3.765	0.61
生产水	t	0.17	0.086	0.01
脱盐水	t	2.3	4.053	0.65
循环水	t	0.1	45.107	7.27
电	kW·h	0.2338	15.664	2.53
4.0MPa 蒸汽	t	88	35.476	5.72
1.2MPa 蒸汽	t	76	19.078	3.08
0.4MPa 蒸汽	t	66	10.476	1.69

续表

能源名称	计量单位	能耗系数	单位能耗 kgEO/t	占比 %
仪表风	m^3	0.038	0.567	0.09
工业风	m^3	0.028	0.226	0.04
0.7MPa 氮气	m^3	0.15	5.933	0.96
2.5MPa 氮气	m^3	0.15	—	0.00
蒸汽透平凝液	t	3.65	-4.263	-0.69
蒸汽凝液	t	7.65	-10.962	-1.77
装置综合能耗	kgEO	—	620.203	—

表 1 显示装置综合能耗为 620.203kgEO/t，其中包含了汽油加氢、废碱氧化和碳四加氢装置的能耗，如扣除这些关联装置的耗能，则乙烯装置能耗为 578.15kgEO/t。

2 用能分析

2.1 裂解炉能耗

2.1.1 燃料消耗

从表1可看出，乙烯裂解炉燃料消耗占全装置综合能耗的80%以上，因而裂解炉运行水平的高低直接影响乙烯装置的效益。当前受烟气排放环保指标的影响，为确保达标排放，操作人员在调节风门及燃料气用量时，除了需要考虑能耗因素外，还需要考虑烟气排放指标，因而会造成少量燃料浪费。

本装置裂解炉热效率基本可保持在93%以上，表2列出了各台裂解炉排烟温度与热效率情况，按照热效率变化与燃料节省的比率计算，即使再进一步提高热效率，对燃料气的消耗影响也有限。

表2 裂解炉排烟温度与热效率

位号	排烟温度，℃	过剩空气系数	氧含量，%	热效率，%
F1111（烧焦）	—	—	—	—
F1112（HTO/NAP）	120.10	1.14	2.70	93.84
F1113（HTO）	129.20	1.13	2.60	93.44
F1114（NAP）	101.00	1.16	3.10	94.59
F1115（NAP）	123.00	1.16	3.20	93.57
F1116（LPG）	136.00	1.16	3.10	93.02
F1117（LPG）	139.60	1.16	3.10	92.88
F1118（循环乙烷）	145.60	1.16	3.11	92.60

2.1.2 烧焦周期

影响裂解炉运行周期的因素较多，包括原料性质、稀释蒸汽品质、投料结构、设备状态、工艺操作等。一旦运行周期缩短，烧焦频次增加，势必会对乙烯装置综合能耗带来不利影响。烧焦工况下，裂解炉稀释蒸汽耗量、空气耗量，甚至电量都相应增加，因而针对不同的影响因素，采取措施延长裂解炉运行周期是降低装置综合能耗的有效途径。

2.1.3 原料结构

优质原料不仅能提高乙烯收率，降低各类能量单耗，还能延长装置运行周期。以石脑油为主要原料的乙烯装置，一般设计原料适应范围较广，但随之也带来了装置产品收率变化较大的特性。本装置原料结构中，拔头油与石脑油形成混合石脑油进入裂解炉裂解，未有效地进行原料切割，轻重原料混合裂解无法精确控制产物收率分布，造成一定程度的能耗增加，目前，已经进行轻质化改造，技改项目投用后，可有效提高乙烯收率，降低单耗。

以液化气为主要原料的轻质炉，同时掺混裂解加氢碳四碳五。本装置加氢碳四原料主要来源于醚后碳四和含炔碳四加氢装置，加氢碳五来源于汽油加氢装置，该原料从分析结果来看，总烯烃含量长期偏高，易导致轻质裂解炉结焦速率增加，影响其运行周期。

2.2 蒸汽系统

2.2.1 蒸汽平衡

本装置裂解炉废热锅炉自产超高压蒸汽为11.5MPa，502℃，作为裂解气压缩机透平的驱动蒸汽。与同类乙烯装置相比，四川石化乙烯装置的自产蒸汽不能满足装置自用，尚需从自备电站接入较多高、中、低压蒸汽来满足装置的用气情况。

2.2.2 蒸汽分析

(1) 因装置已经运行至第5年，裂解炉废热锅炉产汽量有持续下降趋势，总产汽率仅为1.05，导致装置外接蒸汽量较大，装置能耗逐年增加。由图2可以看出，随着乙烯装置运行周期增长，废热锅炉结焦增加，换热效果变差，超高压蒸汽产量随着装置服役时间的增长而呈下降趋势。此种状况，必须通过大检修清理废锅，恢复设备状态，才能达到节能降耗的目的。

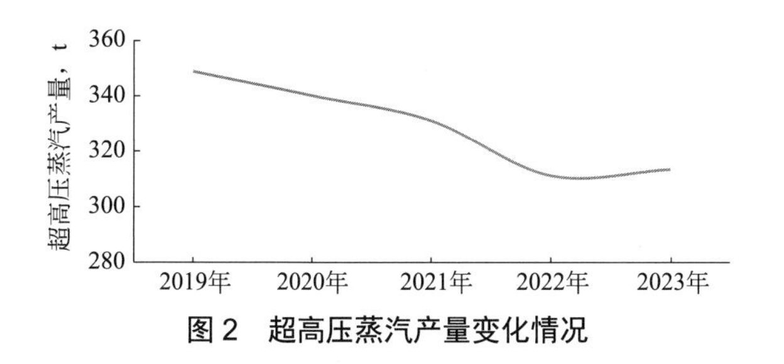

图2 超高压蒸汽产量变化情况

(2) 以蒸汽作为热媒的换热设备中，存在蒸汽利用不合理的设计。本装置甲烷化系统为低温催化剂固定床反应器，入口温度初期控制在183℃，即使到了催化剂使用末期，入口温度也不超过200℃。装置在设计时，采用高压蒸汽作为反应器入口物料加热源，换热器换热温差大，能源利用不合理，用高品位能量代替低品位能量，造成一定程度的能源浪费，同时，也给该系统的平稳操作带来不利影响。

(3) 稀释蒸汽发生量偏低，需要补入中压蒸汽作为稀释蒸汽。急冷水水质和稀释蒸汽发生器急冷油再沸器运行状态是影响稀释蒸汽发生量的主要因素，装置存在工艺水排污量偏大、换热设备易内漏的情况，对装置能耗不利。

2.3 技改降耗

四川石化乙烯装置自开工投产以来，持续进行优化，通过多次技改，达到提高生产负荷、降低能耗的目的。

裂解炉空气预热器改造项目，增加460台空气预热器，利用厂内热水作为热媒加热空气，有效降低了裂解炉燃料气耗量。

分离系统增设甲烷氢压缩机项目[2]，消除了装置生产瓶颈，使得装置能在满负荷下运行，并回收8t/h甲烷氢作为燃料气送至管网，可降低装置能耗13.11kgEO/t。

3 结语

(1) 燃料气和蒸汽消耗占乙烯装置总能耗90%以上，是优化装置能耗的重点着手点。

(2) 提高乙烯收率可有效降低乙烯装置综合能耗。

(3) 投产后，应对装置进行全流程分析，合理技改，消除瓶颈点。

参考文献

[1] 彭志翔，雷伟伟，蒋瑞，等.四川石化增设甲烷氢压缩机运行情况[J].化工设计，2019，29(4)：9-11.

[2] 雷伟伟，刘正明，史云伟，等. 乙烯装置增设甲烷氢压缩机节能效果评价[J].石油石化节能，2022，12(11)：53-58.

(作者：雷伟伟，四川石化生产四部，乙烯装置操作工，高级技师；刘正明，四川石化生产四部，乙烯装置操作工，高级技师；祁卫平，四川石化生产四部，丁二烯装置操作工，高级技师；张锋刚，四川石化生产四部，乙烯装置操作工，技师；李宝军，四川石化生产四部，乙烯装置操作工，技师)

顺丁橡胶装置含氟废液治理技术的研究

◆ 张军平　冯志强　吴　比　许广华　马祥文

镍系顺丁橡胶装置生产过程中，聚合催化剂三氟化硼乙醚络合物经溶剂回收后遇水分解生成酸性物质，具有强腐蚀性，经纤维膜碱洗系统中和后形成氟化物。按当前负荷计算，每月要产生40t的含氟废液，废液的pH值为6～9，氟离子含量为5000～20000mg/L，属于高浓度的腐蚀性含氟废液。由于含氟废水特有的高腐蚀性、高氟离子浓度，使其排放难度不断攀升。在现实生产中，装置生产需要定期排放含氟废液，且必须控制排污水中氟化物的含量低于30mg/L，才符合国家及公司要求的环保排放标准。故而在生产中为达到该排放标准，使得氟化物在装置中不断积聚且浓度不断提高，严重影响了装置的安全环保平稳运行，急需找到一种适用于顺丁橡胶生产的高效、经济的高浓度含氟废液治理技术。

1　含氟废液治理技术

目前我国采用的含氟废液治理技术主要有：离子交换树脂分离法、膜分离法、电化学絮凝法、化学沉淀法、吸附法、结晶法等。

1.1　离子交换树脂分离法

离子交换树脂分离法是利用特种树脂交换含氟离子，达到去除氟的效果。处理效果好，回收利用率高，但需要定期更换离子交换树脂，处理成本高。

1.2　膜分离法

膜分离法是利用电渗析及反渗透的膜分离技术，将含氟废液中的氟与水进行有效分离，此方法无污泥产生，但膜易被污染，后期更换和维护成本过高，推广困难。

1.3　电化学絮凝法

电化学絮凝法是利用电解反应的原理，将废液中的氟离子转化为不易溶解的氟化物，从而去除。该方法具有较好的效果和环保性，成本较高，适用于含氟浓度较高的废液，且电解反应需控制好电流密度、电解时间等参数，否则易产生有害气体造成二次污染。

1.4　化学沉淀法

化学沉淀法是利用化学反应生成沉淀物，将废液中的氟离子转化为不易溶解的氟化物，从而去除。常用的沉淀剂包括钙、镁等元素，生成的氟化钙、氟化镁等沉淀物通过过滤、沉降等方法去除。最常用的是石灰石沉淀法，通过投加石灰石产生氟化钙沉淀，继而分离水中的氟离子。该方法简单，处理方便，成本较低，但缺点是处理后的污泥量较大，脱水困难，管道易结垢，后续处理费用高。常用于处理含氟浓度较高的废液，且生成的沉淀物易产生二次污染，需进一步处理。

1.5 吸附法

吸附法是利用吸附剂的吸附性能，将废液中的氟离子吸附在吸附剂表面，达到去除的目的。吸附剂可分为无机类、天然高分子类、稀土类等，常用的吸附剂包括活性氧化铝、活性氧化镁、分子筛。活性氧化铝和活性氧化镁具有较强的吸附性能，对氟离子有很好的去除效果。分子筛是一种具有规则孔径的晶体材料，能够有效地去除水中的氟离子。吸附法具有较好的效果和环保性，主要用于低浓度含氟废水的深度处理，但吸附剂再生和处置困难，处理成本高，若吸附高浓度含氟废液易饱和，设备运行维护成本会更高。

1.6 结晶法

结晶法是含氟废水收集后，通过浓缩或加入结晶诱导剂的方法进行结晶，结晶完成再进入离心脱水系统进行脱水，脱水后的晶体物按危废处置。优点是泥渣含水量较低，泥渣量少、沉降速度快，流程短，操作简便。

2 顺丁橡胶含氟水处理方法的选择

综合以上6种氟化物的处理方法，比较其成本和除氟效率等优缺点，离子交换树脂分离法、膜分离法、电化学絮凝法效果很好，但成本高和除氟效率不高等问题使得推广难度较大。故目前工业上常用的处理含氟废水方法为3大种：化学沉淀法、吸附法和结晶法。

因吸附法主要用于低浓度含氟废水的深度处理，故本装置可选用两种处理高浓度含氟废水的方法，一种为化学沉淀法，另一种为蒸发脱盐结晶法。

3 脱氟工艺的选择

目前对于高浓度含氟废水的处理大致分为两种：一种为化学沉淀法，该方法是目前最普遍的方法；另一种为蒸发脱盐结晶法，该方法能耗高，适合于小水量、间断排放的情况。下面就两种工艺的优缺点分析见表1。

表1 化学沉淀法和结晶法的优缺点

工艺名称	优点	缺点
化学沉淀法	1. 工艺简单可靠； 2. 投资成本较低	1. 药剂耗量大，由于药剂不能完全溶解和反应过程中的包裹，导致药剂浪费较大； 2. 操作管理不方便，因为很难实现过程参数控制，导致自动加药的可操作性较差，故需要人工干预操作，导致人工耗量较大； 3. 污泥产量比较大，由于加入了大量药剂，导致反应过程中产生的悬浮物较高，故污泥处理较大，且作为危废处理，不经济； 4. 污泥脱水不便，由于反应过程中的包裹现象，导致污泥脱水达不到理想效果； 5. 对排放要求较高的废水很难实现达标排放，因为氟化钙在水中有一定的溶解度，故即使钙离子过量，水中还是有一定浓度的氟离子，对排放要求较高的废水很难达标
蒸发脱盐法	1. 工艺简单可靠； 2. 操作管理方便，可实现DCS自动控制，无人值守； 3. 不需要加药剂； 4. 污泥产量较低	1. 投资成本较高； 2. 对蒸发反应釜的材质要求较高； 3. 能耗相对较高

4 实验

为了本装置选择到合适的除氟工艺方法，将含氟废水的取样后，采用加钙离子、加脱氟剂以及蒸发结晶3种方式进行了实验。

4.1 加氯化钙和PAC絮凝剂

4.1.1 实验步骤

（1）取实验废水200mL于烧杯中，测得氟离子浓度为21986mg/L；

（2）经过计算，需要加入12.8g可与氟离子全部反应，故取无水氯化钙15g（过量）倒入烧杯中充分搅拌，然后加入2g PAC絮凝剂，继续充分搅拌后静置沉淀，取上清液测得氟离子浓度为4868.5mg/L；

（3）取第2步上清液100mL于另一个烧杯中，加入2g氯化钙和1g PAC絮凝剂，充分搅拌后静置沉淀，取上清液测得氟离子浓度为980.6mg/L；

（4）将第3步的上清液过滤，再次投加1g氯化钙和0.5g PAC絮凝剂，充分反应后，取上清液测得氟离子的浓度为98.5mg/L；

（5）把全部沉淀收集后用滤纸过滤并烘干称重，为9.85g，如表2所示。

表2 加钙离子法实验步骤

工艺名称	一级反应加药量	一级上清液氟离子浓度 mg/L	二级反应加药量	二级上清液氟离子浓度 mg/L	三级反应加药量	三级上清液氟离子浓度 mg/L	污泥产量 g
加钙离子法（200mL水样）	加入15g氯化钙和2g PAC	4868.5	加入2g氯化钙和1g PAC	980.6	加入1g氯化钙和0.5g PAC	98.5	9.85

4.1.2 实验分析

（1）通过三级加药絮凝沉淀后，才能确保出水的氟离子浓度可以控制在100mg/L以内，每一级的去除率基本在80%左右。

（2）总共加入氯化钙的量为18g，由于第2步只取了100mL，换算成200mL，总共加入氯化钙的量为20g，PAC的量为4g，换算成每吨水的加药量为：氯化钙100kg，PAC 20kg。故需要氯化钙和PAC的加药费用为370元/t。

（3）200mL水产生的绝干污泥量为9.85g，转化成每吨水产生的绝干污泥量为49.25kg，实际工程中通过板框压滤只能做到含水率60%，故产生60%的含水污泥为123.1kg，危废处置费为4000元/t，污泥处置费为492.4元/t，故总处置费（不含电费）为862.5元/t。

4.2 加脱氟剂

4.2.1 实验步骤

（1）取实验废水200mL于烧杯中，测得氟离子浓度为21986.0mg/L；

（2）脱氟剂添加量为质量比5∶1，将22g脱氟剂倒入烧杯中充分搅拌，然后加入2g PAC，继续充分搅拌后静置沉淀，取上清液测得氟离子浓度为1895.8mg/L；

（3）取第2步上清液100mL于另一个烧杯中，加入2g脱氟剂和1g PAC，充分搅拌后静置沉淀，取上清液测得氟离子浓度为78.6mg/L；

（4）把全部沉淀收集后用滤纸过滤并烘干称重，为8.6g，如表3所示。

4.2.2　实验分析

（1）通过两级加脱氟剂絮凝沉淀后，出水的氟离子浓度可以控制在100mg/L以内，每一级的去除率较高，可基本达到90%以上。

表3　加脱氟沉淀法实验步骤

工艺方法	原水氟离子浓度 mg/L	一级反应加药量	一级上清液氟离子浓度 mg/L	一级反应去除率 %	二级反应加药量	二级上清液氟离子浓度 mg/L	二级反应去除率 %	污泥产量 g
加脱氟剂沉淀法（200mL水样）	21986.0	加入22g脱氟剂和2g PAC	1895.8	91.4	加入2g脱氟剂和1g PAC	78.6	95.8	8.6

（2）脱氟剂的总用量为24g，换算成每吨水的脱氟剂用量为120kg。每吨脱氟剂的价格为4200元，故加药费用为504元/t。

（3）200mL水产生的绝干污泥量为8.6g，转化成每吨水产生的绝干污泥量为43.0kg，实际工程中通过板框压滤只能做到含水率60%，故产生60%的含水污泥为107.5kg，危废处置费为4000元/t，污泥处置费为430元/t，故总处置费（不含电费）为934元/t。

4.3　蒸发结晶脱氟

4.3.1　实验步骤

（1）取实验废水200mL于烧杯中，测得氟离子浓度为21986.0mg/L；

（2）通过加热蒸发冷却结晶，然后分离结晶物称重为5.36g；

（3）蒸出液的氟离子浓度为0.1mg/L。

表4　蒸发结晶法实验步骤

工艺方法	原水氟离子浓度 mg/L	蒸发出水氟离子浓度 mg/L	污泥产量 g
蒸发结晶法（200mL水样）	21986.0	0.1	5.36

4.3.2　实验分析

通过蒸发结晶脱氟可以取得很好的效果，出水氟离子浓度非常低。

200mL水产生的结晶体的质量为5.36g，转换成每吨水产污泥26.8kg，危废处置费为4000元/t，故污泥处置费为107.2元/t。

采用刮膜蒸发器，理论上每蒸发1t水需要0.8t蒸汽，故每吨水的蒸汽费用为176元，故总处置费（不含电费）为283.2元/t。

5　结论

上述实验数据的分析，通过加钙离子脱氟的运行成本为862.5元/t，加脱氟剂的运行成本为934元/t，采用蒸发脱氟的运行成本为283.2元/t。通过运行成本和工艺优缺点综合对比，顺丁橡胶装置选用蒸发结晶工艺脱氟是比较理想的方法，该工艺不但运行成本低，管理操作也比较方便。

同样方式方法也可以为相关领域的研究提供参考，并为环境保护和人类健康提供有效的解决方案。含氟废液治理技术是保护环境和人类健康的重要手段，目前，离子交换树脂分离法、膜分离法、电化学絮凝法、化学沉淀法、吸附法、结晶法都可以有效地去除废液中的氟离子，但每种方法都有其优缺点，未来，应致力于研究开发各种含氟废液治理技术的集成与优化、新材料与新技术的应用以及绿色环保与可持续发展等方面，以提高治理效果、降低成本和减少对环境的影响。同时，应加强含氟废液的源头控制和全过程管理，确保治理技术的有效实施，为环境保护和可持续发展作出贡献。

参考文献

［1］张三林，王欣，王晓毅.吸附法处理含氟废液的研究进展［J］.环境污染与防治，2020，42（4）：97-103.

［2］李大鹏，王晓毅，王建兵.电化学法处理含氟废液的研究进展［J］.环境科学与技术，2019，42（6）：140-147.

［3］王晓毅，王国庆，王建兵.含氟废液处理技术研究进展［J］.环境科学与技术，2019，42（4）：109-116.

［4］Wang H，Li M，Wang X.Resource utilization of wastewater containing fluorine［J］. Environmental Science & Technology，2017，40（1）：45-50.

（作者：张军平，四川石化生产六部，顺丁橡胶装置操作工，技师；冯志强，四川石化生产六部，顺丁橡胶装置操作工，技师；吴比，四川石化生产六部，工艺工程师；许广华，四川石化生产六部，工艺工程师；马祥文，四川石化生产六部，设备工程师）

硫黄回收装置绿色停工若干问题探析

◆ 王会强

四川石化 2×50kt/a 硫黄回收装置于 2014 年 1 月投产，共由 2 列相同规模的主体装置组成。从 2017 年 7 月投产尾气提标络合铁脱硫吸收单元为两个系列共用，四川石化硫黄装置执行 GB 31570—2015《石油炼制工业污染物排放标准》的要求，大气污染物排放中 SO_2 质量浓度应小于 $100mg/m^3$。硫黄回收装置全运行周期内的尾气达标排放平稳运行，是考验人员素质与装备素质的关键。尤其是无后碱洗装置的停工阶段，如何统筹解决停工阶段的稳定运行，是值得深入探讨的话题。硫黄回收装置受自身工艺、物料及设备性能等限制，腐蚀、堵塞、停工及非计划停工时有发生。在停工过程中遇到各种问题，深入分析其产生的原因，逐一破解，为同类装置停工过程中遇到的问题，提供有效的解决办法。

硫黄回收装置采用成熟的一级高温热反应和两级催化反应的 Claus 硫回收工艺。生产工艺根据酸性气中 H_2S 的含量，采用部分燃烧法。硫黄回收尾气处理部分采用加氢还原吸收法，再用高效醇胺脱硫溶液吸收 H_2S，经吸收处理后的净化气中的总硫小于 300mg/L [1]~[3]。吸收后的废气自吸收塔顶引出，进入脱硫反应器与 CTS 络合铁脱硫催化剂溶液逆向接触，在传质吸收过程中发生 Fe^{3+} 对 HS^- 离子的吸收氧化反应，废气中的 H_2S 与催化剂溶液中的 Fe^{3+} 反应生成单质硫。脱除了硫化氢的净化尾气经水封罐后进入尾气焚烧炉，焚烧后排放。

本文将硫黄装置分解为制硫系统、尾气处理系统及尾气提标单元 3 个部分，针对各部分存在的问题，分析产生的原因，同时采取针对措施，避免对尾气排放产生影响，实现大型硫黄回收装置绿色停工。

1 制硫系统

硫黄回收装置停工过程中制硫系统为整个系统提供了热源动力及气相介质，也回收了大约 80% ～ 90% 单质硫，制硫系统流程见图 1，该部分存在高温、积硫及硫化亚铁积聚等风险。结合两个检修周期的硫黄装置运行情况，总结在历次停工过程中容易出现的异常情况，析因探源寻

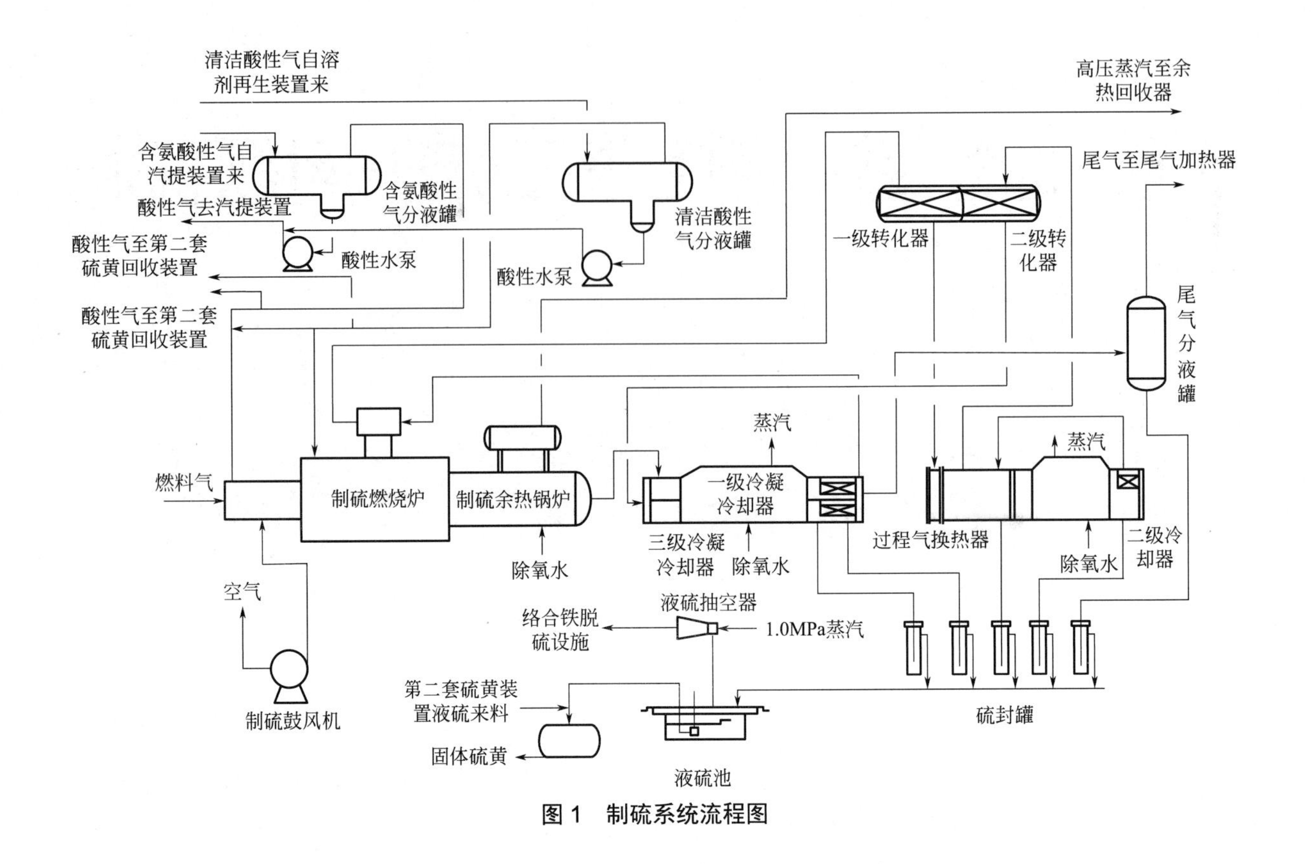

图 1　制硫系统流程图

找解决办法，确保设备安全稳定高效停工的同时降低风险，提高装置停工阶段尾气达标排放可靠性。

1.1　停工末期制硫系统低负荷运行

1.1.1　情况分析

硫黄回收装置的原料一般由酸性水汽提及溶剂再生装置提供富含硫化氢的酸性气组成。在停工统筹阶段，随着上游装置逐步降量，酸性气中的硫化氢浓度及流量均大幅度降低，制硫系统会处于短时间的低负荷运行期。低负荷运行期制硫系统存在配风困难，炉体超温，系统整体热量降低，催化剂床层积硫等问题。

1.1.2　应对措施

结合上游装置停工统筹安排，由多个系列硫黄装置组成的单元，可集中单系列运行，确保其配风稳定。其他单元按照酸性气负荷及停工进度计划安排提前进入停工吹硫阶段。单系列运行中稳定制硫系统配风是操作中的难点，可稍关尾炉后部至烟囱的蝶阀，控制整个系统压力避免配风失调。低负荷运行阶段装置的原料组成变化较大，系统极易过氧，要严格监控 Claus 催化剂及加氢催化剂床层温升变化，避免飞温造成催化剂活性降低。并且结合实际情况掺天然气或者氢气提高系统温度及过程气量，避免系统过氧及催化剂积硫，增加停工吹硫难度。

1.2　制硫系统催化剂床层温升变化

1.2.1　情况分析

在上游装置停工阶段容易出现富胺液带油带烃及酸性水带油情况。酸性气烃类含量过高会造成制硫燃烧炉炉膛温度过高，进而导致炉膛衬里损坏，严重的将导致制硫燃烧炉因超温而发生联锁停炉。硫黄回收装置停工吹硫阶段催化剂床层容易飞温，系统过氧容易造成二级反应器入口气气换热器出口管线因积聚硫化亚铁自燃而出现超温情况，硫冷凝冷却器液硫排污阀打开的过程中容易造成硫化亚铁自燃事件。

1.2.2　应对措施

装置停工检修前 15 ～ 30 天，及时将强酸性水及富胺液进行撇油操作，避免酸性水汽提及溶剂再生装置操作波动造成酸性气带烃。催化反应器上部降温蒸汽及降温氮气盲板提前调通备用。停工吹硫初期阶段硫冷凝器排污口的排污时长间隔要短，及时排净积聚的碳、催化剂杂质、单质硫和硫化亚铁。

2　尾气处理系统

硫黄回收装置停工过程中尾气处理系统是确保排放达标的关键单元，也回收了大约 10% ～ 15% 的单质硫，尾气处理系统流程见图 2。结合两个检修周期的硫黄装置运行情况，总结在历次停工过程中容易出现的异常情况，分析原因并提出针对性的解决措施，确保硫黄装置在停工阶段尾气达标排放。

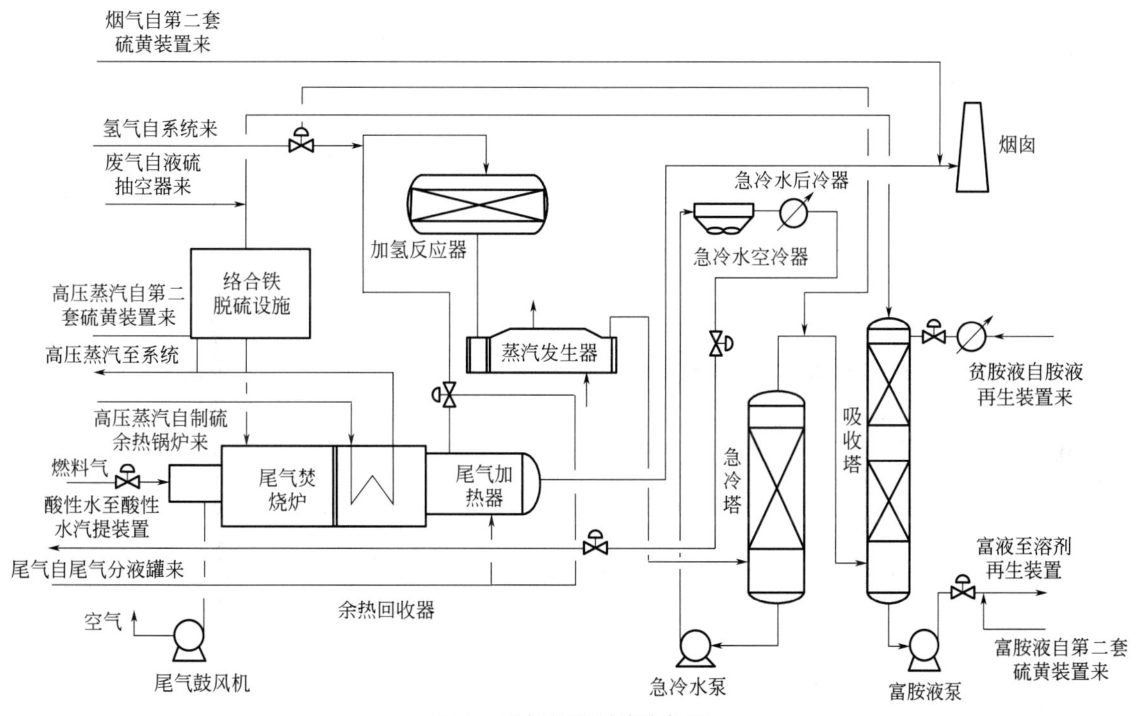

图 2　尾气处理系统流程图

2.1　加氢催化剂钝化床层异常

2.1.1　情况分析

硫黄装置停工吹硫采用天然气吹硫模式，Claus 含硫尾气经过加氢反应器加氢处理。在此过程中大量的二氧化硫在加氢催化剂床层放热反应，床层温升较高，容易超温，同时停工后加氢催化剂钝化时床层同样容易出现超温现象。装置停工钝化过程中严格按照加氢催化剂钝化方案规定的氧含量梯度进行，所有与加氢催化反应器相连的管线设备，都有可能存在漏氧情况。

2.1.2　应对措施

采用天然气吹硫模式，制硫系统尾气氧

含量需要连续监控，确保加氢催化剂床层不飞温。

2.2 尾气加热器泄漏

2.2.1 情况分析

在采用 Claus 与斯科特部分合并停工吹硫模式下，前期过程气量较小导致尾气加热器热负荷过高。同时随着尾气中硫及硫化物含量降低，出现尾气加氢量发生大幅度变化、氢气在线仪表失效等情况。氢气过量会使尾气焚烧炉维持较高温度运行，导致尾气加热器出现异常。尾气加热器运行后期存在壳程结垢问题，严重影响换热效果。由于尾气加热器管程出口存在负压，对采样分析造成困难，延缓了对故障点位的判断。

Claus 尾气含有一定量的单质硫及其他固体杂质，在流程布置上存在缺陷。含硫等尾气流程由高到低，且在尾气加热器壳程减速沉降，致使固体沉积在壳程。尾气加热器采用固定管板式结构，壳程容易结垢且不易清理，长时间高温运行容易造成腐蚀穿孔。尾气加热器管束堵塞图如图 3 所示。

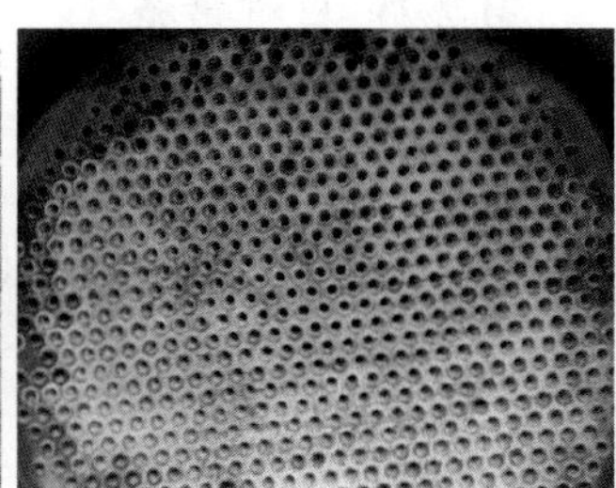

图 3 尾气加热器管束堵塞

2.2.2 应对措施

尾气加热器位于制硫及尾气处理系统后部紧邻烟囱部位，如图 4 所示，管程内压力较低，该处出现异常将直接导致尾气排放异常。准确快速判断该处泄漏，是处理问题的关键。

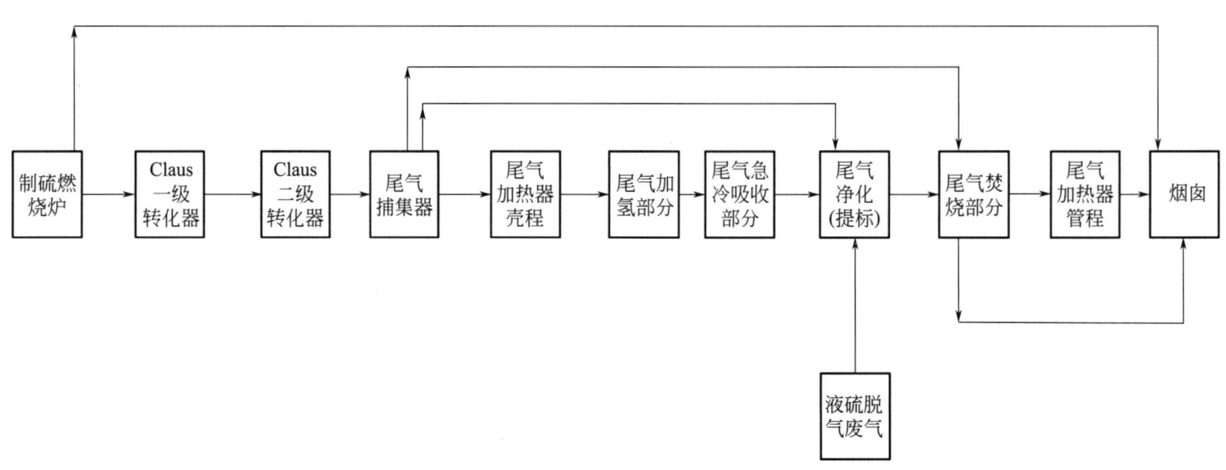

图 4 硫黄系统方框图

通过对一套吸收塔顶、二套吸收塔顶、尾气提标净化单元急冷塔顶、一套焚烧炉进口、二套焚烧炉进口采样分析，并对尾气加热器管程出口采用在线烟气监测仪分析，如表 1 所示，可初步判断泄漏部位。

表 1 停工过程中尾气采样分析

项目	总硫，mg/m^3	硫化氢，mg/m^3
一套吸收塔顶	270	167
二套吸收塔顶	320	182
尾气提标净化单元急冷塔顶	50	76
一套焚烧炉进口	30.4	1.52
二套焚烧炉进口	45.6	12.16
尾气加热器管程出口	22800	15200

在确认尾气加热器泄漏后，通过现有的尾气处理部分跨线进行流程切换，如图5所示，并建立尾气加氢系统氮气循环，尽量避免高含硫尾气未经处理就直接排放。系统经过停工吹硫降温后，再进行检修处理。后续操作过程中，特别是停工吹硫初期，为避免尾气焚烧炉及尾气加热器温度过高，升级该部位材质，减少腐蚀穿孔风险。

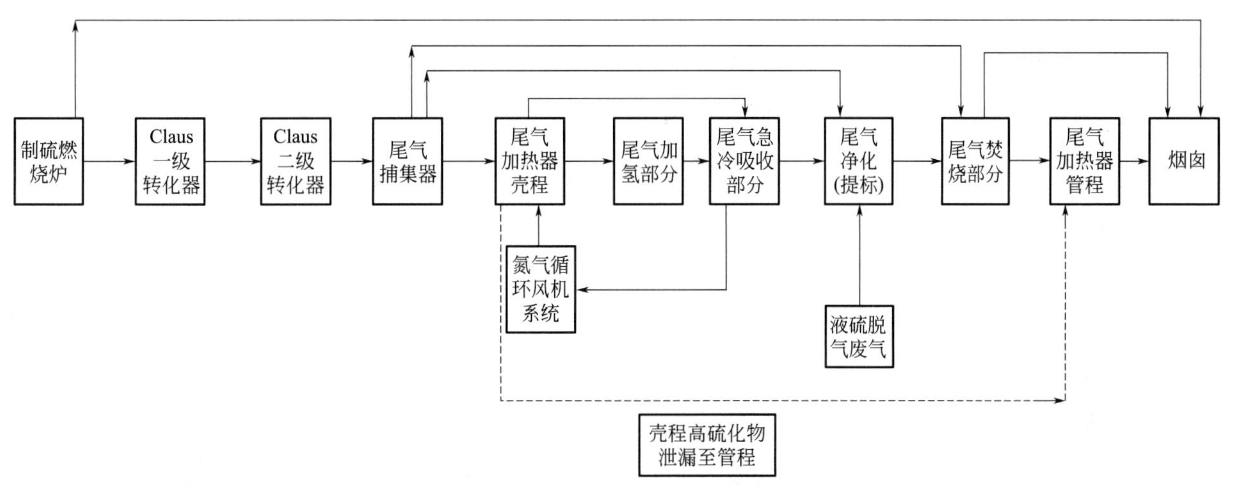

图5　尾气加热器泄漏处理方框图

2.3　尾气焚烧炉无火焰联锁

2.3.1　情况分析

更换尾气加热器装置平稳运行近5个月后，尾气焚烧炉频繁出现熄炉现象。更换前尾气焚烧炉炉头压力为8～10kPa，更换后炉头压力为3～5kPa。尾气焚烧炉进炉总风量由原来的5500m^3/h提高至6000m^3/h，后部氧含量逐步提高至2%以上。通过降低进炉尾气量、调整燃料气配风比及降低尾气焚烧炉压力损失等措施，频繁熄炉问题均未有明显改变。

2.3.2　应对措施

针对此种问题，采取调整尾气焚烧炉进烟囱蝶阀的措施降低炉头与后部的压力损失，避免因系统压力波动，对火焰造成干扰。并且连续多天跟踪燃料气组成，发现CO含量多对火焰稳定燃烧有影响。同时按风燃比不小于19同步调整尾炉燃料气及入炉风量，控制F1002燃料气用量不大于470m^3/h，F2002燃料气用量不大于350m^3/h，界区燃料气进装置总表流量不大于1050m^3/h。

由于天然气中CO含量增加，CH_4含量降低，导致燃烧热大幅度下降，焚烧炉中的H_2S燃烧反应被抑制；且副反应中CO分压增加，导致CO_2含量大幅度增加，以上两个原因可能使火嘴处燃烧反应下降，CO_2含量局部增加，导致焚烧炉燃烧强度下降，甚至熄灭，最终引发火检联锁事故。

通过上述措施，再对燃料气用量、质量控制及调节幅度制定对策，一定程度上可以减缓火焰熄灭的频次，但是要完全避免熄灭，效果并不理想。经过现场查看火孔中的火焰颜色发红，但是尾气焚烧炉后部氧含量大于2%。

通过观察火焰颜色，判断为中心火焰缺氧导致。本装置尾气焚烧炉采用低氮氧燃烧器，结合

图3所示，由于一、二次风道积聚杂质，在调节燃料气的过程中，造成一次与二次风缺失，进而造成火焰波动甚至熄灭。针对此问题，采取开大一、二次风旋钮调节阀和稍关三次风旋钮调节阀的措施。经过两个检修周期，炉头调节一、二次风旋钮生锈卡涩，稍关三次风旋钮调节阀，同时结合检查火焰燃烧颜色，暂时解决火焰燃烧不稳定问题。一、二次风道积聚杂质，判断为尾气提标净化单元氧化反应器顶部含硫废气经过尾气焚烧炉风机进入风道，并在此积聚造成的。

2.4 尾气管线及烟囱内部积硫

2.4.1 情况分析

尾气管线包括开工烟气线、尾气焚烧炉跨线及尾气提标净化单元氧化反应器顶部废气线等。该部分管线与烟囱直接相连，若管线内存在积硫，遇到流程变动时，大量未经处理的含硫尾气被直接排放，造成指标异常。同时这部分管线积累大量的单质进入烟囱并附着在内壁上，将造成长时间排放异常。由于该部分管线积硫导致的问题，处理手段较少，特别是烟囱底部积硫，处理时还应尽量避免烟囱露点腐蚀问题。

2.4.2 应对措施

采取开工烟气线加盲板的措施，从根本上防止积硫。尾气焚烧炉跨线积硫不容易被发现，阀门内漏，造成含硫物质积聚。在该部位管线加氮气密封或停用该跨线等，可避免积硫。尾气提标净化单元氧化反应器顶部含硫废气是造成烟囱积硫的根本原因，由于该部分尾气温度低且含有大量水分，进入烟囱并不会立即燃烧，而会随着气流向上运动，在低温部位积聚。当排烟温度及烟囱氧含量上升时，就会发生缓慢燃烧，造成排放值异常。将氧化反应器顶部废气经水洗后排放可解决这一问题。

3 尾气提标单元

尾气提标单元由急冷塔、脱硫反应器、氧化反应器及水封罐组成。停工过程中大量含硫废气进入脱硫反应器，超过该反应器反应负荷，大量单质积聚反应器填料层造成堵塞[4]。其次在Claus段吹硫末期，将该部分尾气引入急冷塔，会产生少量含盐废水。

3.1 脱硫反应器积硫

3.1.1 情况分析

脱硫反应填料层采用聚丙烯材质，在实际运行中破损率较高，如图6所示。经常造成循环溶液泵过滤器堵塞。由于循环量降低，进而影响脱硫效果。

图6 尾气提标单元脱硫反应器填料图

3.1.2 应对措施

通过对填料材质升级[5]，采用不锈钢填料后，如图7所示，破损情况得到缓解。经过合理计算适当降低填料层高度，可降低系统压力损失，避免床层积硫。

3.2 急冷塔产生含盐废水

3.2.1 情况分析

停工吹硫末期Claus系统内含硫废气进入急冷塔，需加注KOH溶液吸收，产生高浓度含盐废水。通过实践操作发现加氢净化水pH值在

8.5～9，硫化物和氨氮指标均符合设计要求。加氢型净化水完全具备回用条件。

图 7　尾气提标单元脱硫反应器填料材质升级图

3.2.2　应对措施

通过技改将加氢型净化水引入尾气提标单元急冷塔。连续注入加氢净化水的方法维持尾气提标单元急冷水 pH 值在 7 左右，既能防止因 pH 值过低造成管线设备腐蚀，又能降低碱液的加注量，同时降低含盐废水排放。

4　结论

以上措施在历次停工过程中得到实践检验，取得了很好的效果。对硫黄装置绿色停工运行进行的探索和实践，实现了 SO_2 排放质量浓度小于 $50mg/m^3$ 的控制指标，而且进一步提高了装置停工阶段尾气排放的可控性，为同类装置停工过程提供参考。

参考文献

[1] 王会强 .100kt/a 硫黄回收装置降低 SO_2 排放的制约因素及改进办法 [J]. 硫酸工业，2015（4）：32-37.

[2] 王会强 . 四川石化 100kt/a 硫黄回收及尾气处理装置运行总结 [J]. 石油与天然气化工，2015，44（4）：33-38.

[3] 王会强 . 可控氧含量工艺在硫黄回收装置停车过程中的应用 [J]. 中外能源，2020，25（6）：90-95.

[4] 杨涛，王会强，赵生标，等 .CTS 技术处理硫黄尾气问题分析与对策 [J]. 炼油技术与工程，2019，49（3）：49-53.

[5] 王会强，朱连昀，缪竹平，等 . 大型硫黄回收装置尾气提标单元问题分析及对策 [J]. 石油与天然气化工，2019，48（5）：24-29.

（作者：王会强，四川石化生产一部，硫黄回收装置操作工，高级技师）

乙二醇装置产品结构优化调整的创新与应用

◆ 张秋林　王龙兰

1　乙二醇装置及生产概述

36×10^4t/a 乙二醇装置采用 Shell 技术，以 Shell/CRI S-882 高选择性催化剂为设计基础，氧气直接氧化法生产环氧乙烷，氧化反应在装有银催化剂的列管式固定床反应器中进行[1]，反应热由壳程锅炉水撤热，副产蒸汽。甲烷做氧化反应致稳剂，环氧乙烷和水在管式反应器中直接水合生成乙二醇，经四效蒸发脱水后，真空精馏分离得到各种高质量产品。

装置于 2014 年 3 月 9 日建成投产，生产能力是以每年 30×10^4t 当量环氧乙烷（EOE）为基础。具体产能可以根据市场情况对环氧乙烷（EO）和乙二醇（EG）的产量进行调节。

由于环氧乙烷产品边际效益大幅优于乙二醇产品，乙二醇装置近两年来一直按照工况 3 进行生产，始终保持环氧乙烷高负荷，后部乙二醇单元低负荷[2]。如何用最少的乙烯进料生产出最高产量的环氧乙烷，且生产的聚酯级乙二醇产量最少，需要进一步开展技术攻关。

2　乙二醇装置产品结构优化关键技术及创新

2.1　通过 Aspen Plus 流程模拟软件确定装置生产环氧乙烷最高负荷

为了探究各操作条件对 EO 精制塔的影响，在保障高纯 EO 产品合格的前提下，调整操作条件，以达到增产增效的目的。使用 Aspen Plus 流程模拟软件，对 EO 精制塔模拟优化，并依据模拟结果调整实际生产的操作参数，在满足操作指标的同时实现效益最大化。

用 Aspen Plus 模拟搭建 EO 精制塔 C303 模型（图 1）。物性方法选择 NRTL-RK。建模过程中，该塔的压力分布和全塔压降为已知量，全塔压降为 52.1kPa，塔顶压力为 0.21MPa（表压）。利用设计规范，通过塔顶、塔底以及侧线采出的组分分布计算出塔的 Murphree 板效率，通过已知的塔板温度计算出塔压降。经过计算，确定了该 EO 精制塔 Murphree 板效率为 88.5%。

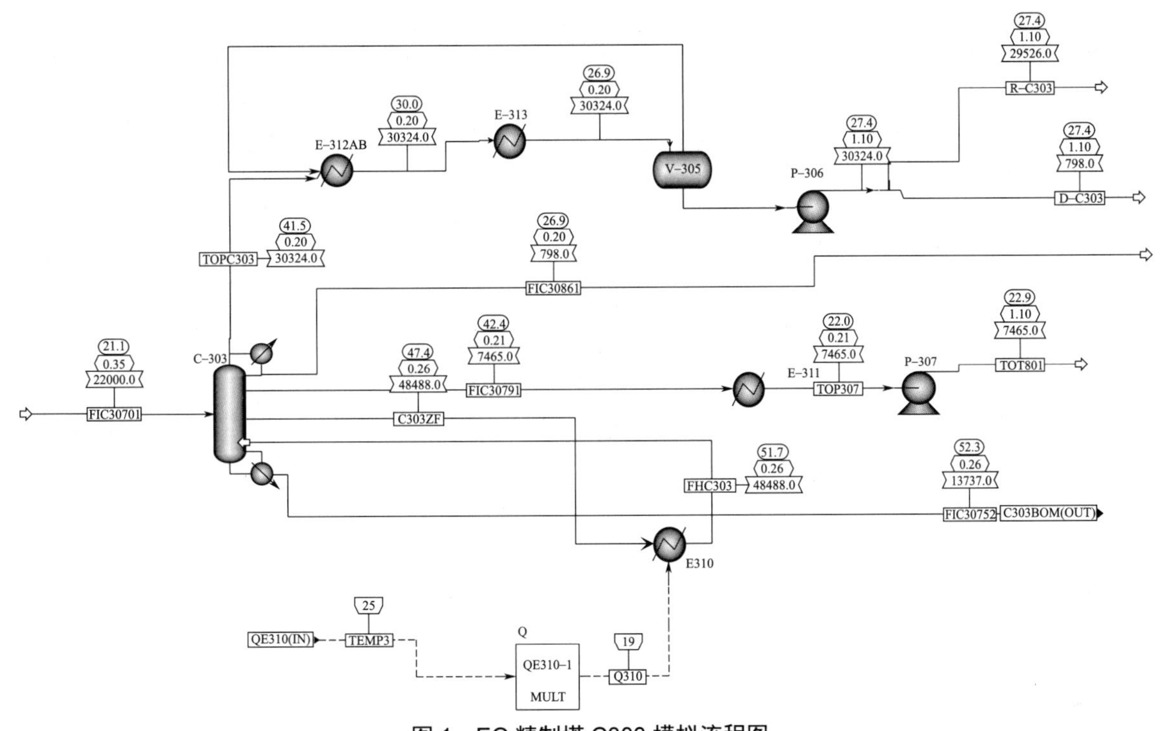

图 1　EO 精制塔 C303 模拟流程图

建模完成后，对模型进行优化，首先利用软件的优化器功能进行优化。塔底热负荷是塔底加热能量消耗的直接体现，且这部分能耗为该塔主要能耗，故优化思路是改变操作条件，在保证塔顶凝液 COD 合格、塔釜采出合格的前提下，找到使塔底热负荷为最小值的操作条件。

分析指标要求 EO 精制塔侧线采出水含量不大于 100mg/kg，塔顶 EO 含量不小于 99.96%。实际生产中，高纯 EO 产品质量受影响的主要因素是水含量指标 [3]，其他的分析指标一般都没有问题。由于 EO 精制单元一直高负荷运行，EO 精制塔 C303 侧线采出量越大，产品中的水含量可能也就越高。限定的约束条件为，EO 精制塔 C303 侧线采出水含量小于 100mg/kg，高纯 EO 浓度不小于 99.96%，误差范围为 1×10^{-7}。

利用设计规范，改变塔顶回流流量，回流流量在 20～40t/h 之间变化，计算产品质量情况。通过计算得出，在回流比为 31.3914，回流量为 24.6422t/h 时，满足约束条件，侧线采出的高纯 EO 产品为合格产品。

除使用优化器优化外，为了更直观地表现出各个可操作变量的变化对塔的影响，进一步利用灵敏度分析分别观察侧线采出、EO 精制塔进料量及回流流量变化对产品质量的变化。

随着侧线采出量增加，塔釜温度增加。由于塔釜热源受限，塔釜温度高报设置为 65℃，因此侧线采出最高流量不能高于 10.5t/h（表 1）。

随着 EO 精制塔 C303 进料流量增加，塔侧线采出流量维持在 10t/h 时，塔釜温度下降。另外进料量过低会导致较高的塔釜温度，产品中水含量高使得产品不合格。从分析结果数据可以看出，EO 精制塔进料量由于产品质量和塔釜温度要求，塔的进料量不能低于 21t/h，采出量增加的时候，塔的进料量也应适当增加（表 2）。

表 1　EO 精制塔 C303 侧线采出流量变化状态下塔组分温度变化情况

序号	模拟结果	侧线产品产出流量 kg/h	产品中的 EO 含量 %	产品中的水含量 %	塔釜温度 ℃	塔釜 EO 含量 %	热源 GJ/h
1	正常	5000	1.0000	0.0000	49.82	0.5411	25.055
2	正常	5500	1.0000	0.0000	50.28	0.5265	25.055
3	正常	6000	1.0000	0.0000	50.81	0.5109	25.055
4	正常	6500	1.0000	0.0000	51.43	0.4943	25.055
5	正常	7000	1.0000	0.0000	52.17	0.4765	25.055
6	正常	7465	1.0000	0.0000	52.96	0.4588	25.055
7	正常	7500	1.0000	0.0000	53.04	0.4574	25.055
8	正常	8000	1.0000	0.0000	54.07	0.4368	25.055
9	正常	8500	1.0000	0.0000	55.32	0.4147	25.055
10	正常	9000	1.0000	0.0000	56.83	0.3907	25.055
11	正常	9500	1.0000	0.0000	58.67	0.3647	25.055
12	正常	10000	1.0000	0.0000	60.97	0.3363	25.055
13	正常	10500	1.0000	0.0000	63.87	0.3053	25.055
14	正常	11000	1.0000	0.0000	67.60	0.2713	25.055
15	正常	11500	1.0000	0.0000	72.53	0.2337	25.055
16	正常	12000	0.9999	0.0000	79.28	0.1921	25.055

表 2　进料量对 EO 精制塔 C303 产品采出的影响

序号	模拟结果	进料流量 kg/h	采出量 kg/h	塔釜温度 ℃	产品中的水含量 %	塔釜 EO 浓度 %	回流量 kg/h
1	正常	13000	10000.01	139.52	0.2195	0.0017	29526
2	正常	14000	9999.96	139.39	0.1536	0.0020	29526
3	正常	15000	10000.00	139.25	0.0877	0.0023	29526
4	正常	16000	10000.00	139.09	0.0219	0.0026	29526
5	正常	17000	10000.00	110.15	0.0000	0.0737	29526
6	正常	18000	10000.00	86.71	0.0000	0.1554	29526
7	正常	19000	10000.00	75.04	0.0000	0.2172	29526
8	正常	20000	10000.00	68.31	0.0000	0.2655	29526
9	正常	21000	10000.00	63.96	0.0000	0.3044	29526
10	正常	22000	10000.00	60.96	0.0000	0.3363	29526
11	正常	23000	10000.00	58.79	0.0000	0.3630	29526
12	正常	24000	10000.00	57.16	0.0000	0.3856	29526
13	正常	25000	10000.00	55.90	0.0000	0.4051	29526
14	正常	26000	10000.00	54.89	0.0000	0.4220	29526

随着回流量增加，C303塔釜温度增加，同时产品的纯度以及水含量逐渐下降。回流量为28t/h时，EO纯度满足不小于99.96%的要求，同时水含量也小于100mg/kg（表3）。

表3 回流对EO精制塔C-303产品的影响

序号	模拟结果	回流量 t/h	产品中的EO浓度 %	产品中的水含量 %	塔釜温度 ℃	塔釜EO浓度 %	热源 GJ/h
1	正常	20	99.828	0.0017	60.83	0.338	25.055
2	正常	22	99.890	0.0011	60.88	0.337	25.055
3	正常	24	99.932	0.0007	60.91	0.337	25.055
4	正常	26	99.958	0.0004	60.93	0.337	25.055
5	正常	28	99.977	0.0002	60.94	0.337	25.055
6	正常	30	99.988	0.0001	60.95	0.336	25.055
7	正常	32	99.995	0.0001	60.96	0.336	25.055
8	正常	34	99.998	0.0000	60.96	0.336	25.055
9	正常	36	99.999	0.0000	60.96	0.336	25.055
10	正常	37	99.999	0.0000	60.96	0.336	25.055
11	正常	38	100.000	0.0000	60.96	0.336	25.055
12	正常	40	100.000	0.0000	60.96	0.336	25.055

另外对环氧乙烷精制塔C323塔进行AspenPlus模拟。通过模拟，当C323塔回流在80t/h以上时，高纯环氧乙烷的水含量小于100mg/kg，满足客户需求。

根据上述模拟结果，2021年10月28日8时至10月31日8时，对环氧乙烷精制系统C303/C323塔进行了实践，乙烯进料负荷在28.5t/h时，氧化反应运行稳定，环氧乙烷精制系统C303/C323塔环氧乙烷采出量为30.5t/h，达到设计负荷的122%，产品指标都是在优级品指标控制范围内，实现环氧乙烷高负荷生产。

2.2 通过技术改造降低乙二醇单元生产负荷

乙二醇第四浓缩塔C404塔底出料阀270-FCV40621阀位在小开度时，闪蒸严重导致调节阀出现大幅振动，执行机构支架出现多次断裂。当阀位开到17%（流量达到25t/h）时，阀门振动基本变小（工艺能够接受的程度），每次装置开车阶段在小流量条件下没有办法通过调节阀调节。

对现场运行工艺参数与原设计工艺参数进行了对比（表4）。

表4 设计参数与设计运行参数对比

工艺参数	阀前压力 MPa（表压）	阀后压力 MPa（表压）	压差 MPa	最小流量 kg/h	正常流量 kg/h	最大流量 kg/h
原始设计参数	0.656	0.056	0.6		74370	89244
现在运行参数	0.5	0.013	0.487	10000	55000	80000

2.2.1 原因分析

通过参数数据分析，压差、流量等运行参数与设计参数存在较大的变化。从参数分析，此位置调节阀属于典型的闪蒸工况，当介质出现闪蒸时，管道及调节阀会出现剧烈的振动。

依据原始设计参数，选型阀门为FISHER NPS 6X4。阀笼选型为标准的等百分比阀笼。开度正常，最大分别为74370kg/h（67%），89244kg/h（71%）。设计参数中没有最小流量时的参数要求，在选型的过程中满足正常流量和最大流量即可，无须考虑最小流量时调节阀的开度及振动情况。根据设计参数分析，若不结合现场使用工况情况，此位置阀门单纯从参数来看，不能确定为闪蒸工况。

从现场安装分析，现场管道阀前2m处有1个90°弯头，管道尺寸为6in，阀后直接从6in变为12in，距离调节阀1m左右的地方有膨胀管，经过膨胀管后又将12in变至14in，直到进真空塔尺寸为18in。设计管道时的思路是通过管道变径方式消除介质闪蒸。

从阀型配套阀笼固有特性分析，现场调节阀固有流量特性为等百分比流量特性，即相等的行程增量产生相等百分比的流量的变化。

通过查阅文献分析振动原因发现，共振噪声的特征是一个单独的声音和几个谐波叠加而产生的。共振效应仅涉及阀和管道几何形状的固有频率与湍流频率的声学相互作用。共振效应可能在一定的频率范围内（20～10kHz）被激发，此共振也可同样地发生在声学乐器内[4]。

若共振发生，阀内部零件上可能会出现局部金属微动或磨损。在某些情况下，管道或阀门的固有频率受湍流和声音的影响会发生共振，从而产生严重的振动，甚至可能损坏管道、设备和支撑结构。共振噪声水平可能会超出根据当前预测标准计算出的预测值（90～125dBA）。Glenn的研究工作，将这种离散共振称为“刺耳声”。Glenn研究表明：当压力低于产生气体的声波流或液体的气蚀时，发出这种“刺耳声”也是可能的。任何阀门类型和任何品牌阀门都可能会存在产生这种“刺耳声”共振的条件。导致阀门发声的几种可能原因为：由于压力恢复特性的不确定性（阀门开度的影响），阀门中的速度高于预期的速度；管道共振模式被激发；流量不稳定性导致涡流脱落；层流向湍流转换的T-S波；双稳态流分离；不稳定冲击波纹；不稳定蒸汽–液体界面等。

综上所述，此阀门产生振动的原因为：

（1）运行参数与设计参数存在差异。

（2）阀型使用阀笼没有将介质流道改变的作用。

2.2.2 解决方案

（1）流道设计的改变方法有：阀门反向安装，稍微改变一下阀芯、阀座或阀笼结构即可；

（2）阀内件改变的方法有：改变阀杆尺寸、阀芯重量，或者改变阀门导向方式。这些改变是将阀芯和阀杆的固有频率移出了流动湍流的激发范围，反之亦然。

将FCV40621调节阀阀笼通过改变阀芯和阀座结构形式，形成迷宫式多级降压，降低阀前后压降，更改为抗噪声、抗闪蒸特征性阀笼。当闪蒸介质通过调节阀节流面时，通过特征阀笼的特性，将闪蒸作用力经过特征阀笼局部消除。

阀门改造后，在最小流量、正常流量、最大流量的流速都比较小，满足现场使用要求，C404塔至C405塔FCV40621调节阀的流量从25t/h降低至18t/h。

2.3 通过优化调整工艺参数确保乙二醇单元低负荷安全平稳运行

（1）优化调整水合反应水合配比，调整P216碱泵碱液加入量，调节EG反应水进料pH值在7～8左右。

（2）通过调节四效运行参数，降低C401塔顶压力、C404塔釜温度，维持C404至C405塔进料在18t/h以上，保证C405塔正常运行。

（3）通过调节C501塔顶、侧线采出回流量，C502塔釜温度以及塔顶回流量，保证MEG、DEG产品质量。

2.4 通过工艺变更水合反应进料流量联锁值，进一步降低乙二醇产品产量

经原工艺专利商SHELL以及寰球设计院落实，在安全平稳生产运行的前提下，可以小幅度降低EG反应P401A/B出口环氧乙烷溶液进料流量联锁值设置，P401A/B出口环氧乙烷溶液进料流量低，低低联锁值由21t/h降低至19t/h。

2.5 通过工艺参数优化调整EO精制单元达到降低乙二醇产量目的

（1）降低环氧乙烷精制塔C303塔顶脱醛流量，从1.5t/h降至0.5t/h；降低环氧乙烷精制塔C323塔顶脱醛流量，从4t/h降至0.6t/h。

（2）环氧乙烷精制塔C323塔釜温度从65℃提高至70℃，适当提高环氧乙烷产品采出量至22.5t/h。

经过工艺参数优化调整，“非目标”乙二醇产品产量由14.875t/h降低到了13t/h。

3 实施效果

通过上述关键技术优化、创新及技术改造，以及在工况3运行条件下各岗位运行参数的不断优化、总结、再优化调整。实现了在装置乙烯进料量仅为26.2t/h（装置94%负荷）时，实现环氧乙烷产量为27.5t/h（EO设计采出量110%负荷），乙二醇产量仅为10.5t/h（MEG设计采出量22%负荷）的最优生产方案。装置EO产品产量占装置产品产量的比例达到78%，比设计工况3 EO产品产量占比提高了11个百分点，达到了将装置产品效益最大化的目的，装置产品结构调整取得了新突破。

4 存在问题及改进措施

（1）环氧乙烷精制系统C303/C323塔高负荷运行时，回流流量及回流比低于设计值较多，从采样分析结果看，环氧乙烷产品中水含量平均能够达到70mg/kg，距离优级品指标100mg/kg差距较小，系统稍有波动或是氧化反应岗位波动，易造成环氧乙烷产品质量不合格，因此进料需保持负荷稳定。

（2）环氧乙烷精制系统C323塔两个再沸器，有时会出现再沸器偏流的情况，已经联系设计院，建议将再沸器增加强制循环线。

（3）乙二醇装置的负荷大幅降低后，乙二醇精制系统的操作难度加大，产品质量不好控制，装置密切监控碱液的注入量，必要时采取间歇加入的方式来调整产品质量。

参考文献

［1］成卫国，孙剑，张军平，等.环氧乙烷法合成乙二醇的技术创新［J］.化工进展，2014

(7)：1740-1746.

[2] 丰存礼.国内乙二醇生产工艺技术情况与市场分析[J].化工进展，2013，32（5）：8-12.

[3] 蔡丽娟.乙二醇生产技术的发展及比较分析[J].煤化工，2013（5）：59-62.

[4] 崔小明.乙二醇生产技术进展及国内市场分析[J].聚酯工业，2012，25（1）：5-10.

（作者：张秋林，四川石化生产六部，工艺工程师；王龙兰，四川石化生产六部，环氧乙烷装置操作工，高级技师）

A/O 生化池控制要点的分析与实践

◆ 张庆国　魏汉金　王计明　武修亮　陈　东

A/O 生化池是一种高效的生物处理技术，通过生物降解的方式可以有效地处理各种有机废水和污染物，从而达到净化水质的目的。公用工程部污水处理厂 A/O 生化池采用活性污泥法去除 BOD_5、COD_{cr} 和 NH_3-N。活性污泥法的生物反应器是曝气池，系统主要组成还有二次沉淀池、污泥回流系统和鼓风曝气系统。本文将从 A/O 生化池运行原理、控制要点等方面进行探讨分析。

1　A/O 生化池的原理

A/O 生化池是一种基于生物降解原理的处理技术，其主要原理是利用微生物对有机物进行降解和转化。A/O 生化池分为 2 个阶段：第 1 阶段是反硝化阶段，即将硝酸盐还原为氮气排放到大气中；第 2 阶段是氨氧化阶段，即将废水中的氨氮转化为亚硝酸盐和硝酸盐。

2　A/O 生化池的控制要点

2.1　温度

硝化反应的最适宜温度范围是 30 ～ 35℃，温度不但影响硝化菌的增长速率，而且影响硝化菌的活性[1]。温度低于 15℃时硝化反应会迅速下降，因此低温运行时应延长污泥的泥龄，将溶解氧提高到 4mg/L。夏季白天污水处理厂炼油、化工总进水温度长时间处于 35℃以上，生化池温度长时间处于 37℃左右。当 O 池温度超过 30℃时，硝化反应速率降低，这是因为温度超过 30℃时，蛋白质的变性降低了硝化菌的活性，因此当生化池温度过高时应当采取以下措施降低温度：

（1）调整上游排水温度。

（2）在溶解氧 2 ～ 6mg/L 的范围内减少风机的运行台数和风量，避免过多的高温压缩风进入曝气池。

（3）适当开启生化池的窗户，通过流通空气降温。

2.2　溶解氧

硝化反应必须在好氧条件下进行，溶解氧浓度为 0.5 ～ 0.7mg/L 是硝化菌可以忍受的极限，溶解氧低于 2mg/L 条件下，氮有可能被完全硝化[2]，但需要较长的污泥停留时间，因此一般应维持混合液的溶解氧浓度在 2mg/L 以上。

反硝化过程是反硝化菌异化硝酸盐的过程，即由硝化菌产生的硝酸盐和亚硝酸盐在反硝 化菌的作用下，被还原为氮气后从水中溢出的过程。反硝化过程要在缺氧状态下进行，溶解氧的浓度不能超过 0.5mg/L，因为氧接受电子的能力比氮氧化物强，反硝化菌优先选择氧接受电子。如果水中氧的浓度过高，反硝化过程就要停止；如果无氧存在，则选择氮氧化物作为电子受体。实际生产中混合液内回流或二沉池污泥回流会导致 A 池溶解氧过高。需要控制曝气池末端溶解氧在较低水平，略大于 2mg/L 即可，A 池溶解氧可控制在 0.5mg/L 以下。

2.3 pH 值和碱度

硝化菌对 pH 值十分敏感，硝化反应的最佳 pH 值范围是 7.2 ～ 8.0。每硝化 1g 氨氮大约要消耗 7.14g 碱度（$CaCO_3$），如果污水没有足够的碱度进行缓冲，硝化反应将导致 pH 值下降、反应速率减缓。反硝化反应的最佳 pH 值范围是 6.5 ～ 7.5。

2023 年 7 月 26 日开始炼油总进水总氮偏高，曝气池硝化反应负荷增加，7 月 26 日开始炼油线 A/O 生化池 pH 值明显下降。混合液回流至 A 池导致 A 池 pH 值持续下降，由于炼油 A/O 生化池 O 池硝化反应释放氢离子，pH 值继续下降。8 月 1 日 pH 值已经降低至 6.8 左右，低于最佳 pH 值范围，硝化反应效果变差，二沉池出水总氮持续升高。根据此现象立即向炼油 A/O 生化池投加碳酸钠，提高生化池 pH 值和碱度，同时提高炼油中和池和气浮池的氢氧化钠投加量，经过 10 天的持续投加，生化池 pH 值上升至 7.2 左右，炼油二沉池出水总氮下降至 14mg/L 左右。近期炼油生化池 pH 值与炼油二沉池出水总氮关系如图 1 所示。

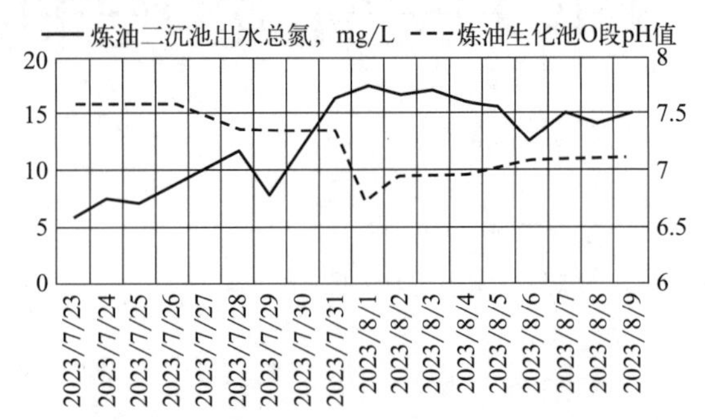

图 1　炼油生化池 pH 值与炼油二沉池出水总氮关系图

从图 1 可以看出，随着炼油生化池 pH 值的下降，炼油二沉池出水总氮明显上升。紧急投加碳酸钠并增加氢氧化钠投加量后，炼油二沉池出水总氮已有明显的下降趋势。

2.4 抑制性物质

某些有机物和一些重金属、氰化物、硫及衍生物、亚硝酸盐、硝酸盐等有害物质在达到一定浓度时会抑制硝化反应的正常进行[3]，如亚硝酸盐为 10 ～ 150mg/L，硝酸盐为 0.1 ～ 1mg/L。有机物抑制硝化反应的主要原因有 2 点：（1）某些有机物对硝化菌具有直接的毒害或抑制作用；（2）有机物浓度过高时，硝化过程中的异养微生物浓度会大大超过硝化菌的浓度，从而使硝化菌不能获得足够的氧而影响硝化速率[4]。

2020 年 1 月炼油均质池出水 COD 显著上升，大量有机物污水进入炼油生化池。导致异样菌微生物迅速繁殖，污泥浓度升高，生化池溶解氧迅速下降，影响硝化反应。只能采用增加曝气机运行数量的方式逐渐将生化池恢复到正常状态。炼油生化池进水 COD 与污泥浓度之间的关系如图 2 所示。

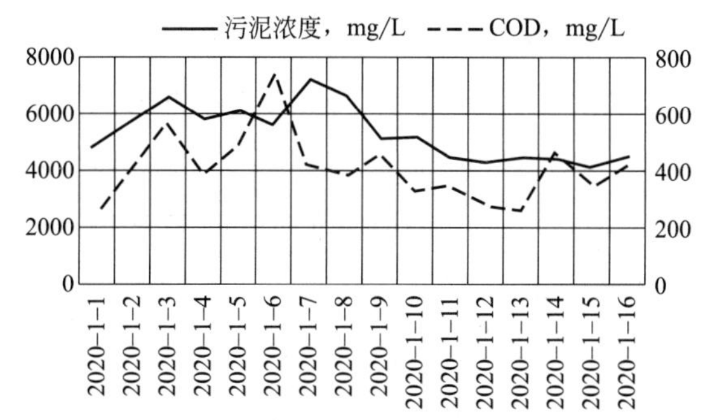

图 2　炼油生化池进水 COD 与污泥浓度之间的关系

从图 2 可以看出，随着炼油生化池进水化学需氧量的增加，污泥浓度明显上升。采取的应对措施是调整一级配水构筑物清净废水量和厂区污水进炼油线水量，降低炼油处理线的有机物负荷，并适当加大炼油二沉池排泥量，炼油生化池污泥浓度逐渐降低。

2.5　污泥容积指数

污泥容积指数是评估 A/O 生化池处理效果的重要指标，其大小反映了污泥的浓度和活性。因此，研究 A/O 生化池污泥容积指数的影响因素、测定方法及提高方法，对于 A/O 生化池的优化设计和运行具有重要意义。污水水质是影响 A/O 生化池污泥容积指数的重要因素之一，污水中的有机物质含量越高，污泥容积指数越大。此外，污水中的氮、磷等营养物质也会影响污泥容积指数。2020 年 4 月炼油生化池进水氨氮量升高，由于在可控范围内，氨氮去除率保持在 95% 左右。炼油生化池进水氨氮与污泥指数之间的关系如图 3 所示，炼油生化池污泥指数与氨氮去除率之间的关系如图 4 所示。

可以看出，随着炼油生化池进水氨氮量的增加，污泥指数明显上升。进水氨氮量下降后，污泥指数下降缓慢。随着污泥指数的上升，氨氮去除率略有提高，保持在 95% 左右。

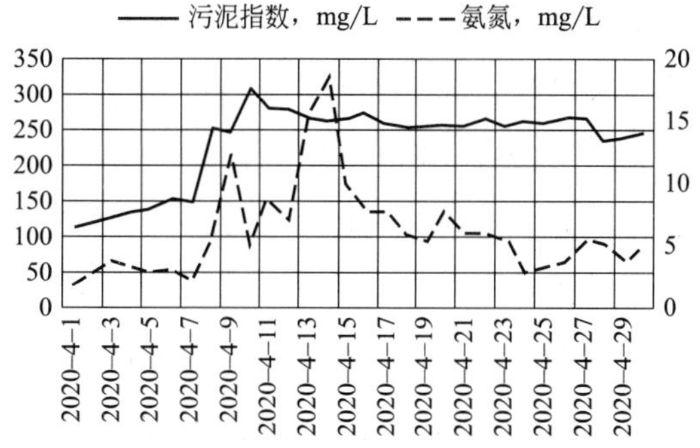

图 3　炼油生化池进水氨氮与污泥指数之间的关系

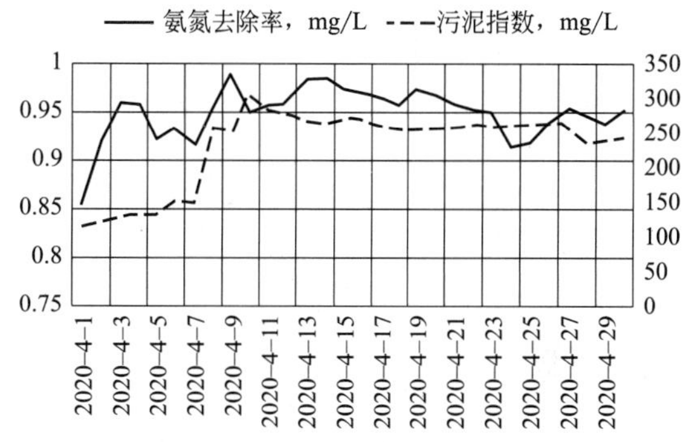

图 4　炼油生化池污泥指数与氨氮去除率之间的关系

2.6　进水质量和水力负荷

在 A/O 生化池的运行过程中，进水质量是非常重要的参数，对于污水处理效果和设备运行稳定性都有着至关重要的影响。

进水质量是指污水中各种污染物的含量和性质，包括 COD、BOD、NH_3-N、TP 等指标。不同的进水质量会对 A/O 生化池的处理效果产生不同的影响。水力负荷是指单位时间内污水进入 A/O 生化池的流量，也称为污水负荷[5]。在实际生产中进水质量和水力负荷要同时考虑，二者决定了进入生化池的污染物总量。

2.6.1　COD

COD 含量是评价污水有机污染程度的重要指标。当进水 COD 含量较高时，A/O 生化池中的微生物会大量繁殖，消耗氧气，导致缺氧和厌氧环境的出现，从而影响污水的处理效果。

2018 年 6 月 8 日，化工、炼油线各构筑物 COD 分析数据如表 1 所示，总进管线、中和池、均质池、气浮池 COD 严重超标后，已影响到后续出水水质的 COD 等指标。为避免超标污水对化工生化池造成影响，将化工污水部分切至炼油污水，炼油生化池处理负荷增大，6 月 9 日炼油二沉池 COD 达 90.1mg/L，氨氮达 12.7mg/L，对后续水处理工艺造成严重影响。由于污水处理厂 A/O 生化池进水 COD 上限是 500mg/L，所以正常运行时需要严格控制总进管线进水 COD。

表 1　化工、炼油线各构筑物 COD 分析数据

项目	化工总进管线	化工中和池	化工均质池	化工气浮池	炼油二沉池
COD mg/L	8340	6040	1850	1604	90.1
进水流量 m^3/h	240	300	300	320	350

2.6.2　NH_3—N

NH_3—N 含量是评价污水中氮污染程度的指标。在设计 A/O 生化池时，需要根据进水 NH_3—N 含量的大小来确定池体的大小和进水量。

2021 年 5 月 8 日炼油总进 COD、石油类、氨氮、总氮持续超标排放，其中氨氮最高值达 422mg/L（超设计指标 600%），且时间长达 18h，导致炼油均质池、气浮池氨氮由 5.91mg/L、5.34mg/L 分别涨至 13.8mg/L、11mg/L。

针对此情况，采取了如下措施：

（1）炼油生化池降量运行，陆续由 $380m^3/h$ 降至 $220m^3/h$，降低生化池进水负荷。

（2）在炼油总进氨氮持续较高的情况下，加大清净废水对均质池的稀释水量，降低均质池氨氮。

（3）人工向均质池内投加次氯酸钠，通过药剂反应，降低均质池库存污水氨氮。

（4）5 月 9 日分 2 批次向炼油生化池 A、B 系列各投加 80kg 硝化菌，共计 160kg。5 月 10 日由于炼油生化池好氧段上清液氨氮由 0.2mg/L 涨至 0.66mg/L，故将剩余的 140kg 硝化菌分 2 批次投加至炼油生化池 A/B。

（5）每 4h 对炼油均质池、气浮池、生化池、二沉池等处理单元氨氮加样分析，监视氨氮变化趋势。通过控制来水水质，均质池、气浮池氨氮稳定下降，二沉池出水氨氮未受到影响。

（6）密切关注生化池 pH 值、溶解氧等在线表数据，保证曝气池溶解氧在 3 ～ 5mg/L，pH 值控制在 7.5 ～ 8.0 之间，确保生化池微生物生存环境良好。

采取以上措施后浓水线正常运行，观察池外排总氮未受影响。

3　结束语

A/O 生化池是一种高效、稳定的废水处理设备，其控制要点包括进水负荷、进水 COD 浓度、进水氨氮浓度、进水 pH 值、曝气量、池内溶解氧浓度等。在实际应用中，应根据不同的废水水质特点和处理要求，合理调整控制参数，确保生化池的正常运行和处理效果。同时，应加强对生化池的监测和维护，及时发现并解决问题，保障生化池的长期稳定运行。在未来的废水处理中，A/O 生化池将继续发挥其重要作用，为环境保护和可持续发展做出贡献。

参考文献

［1］宋吟玲，沈耀良 . 高温厌氧污泥的耐热性研究［J］. 苏州城建环保学院学报，2000，13（4）：76-79.

［2］王晓东，张志强，王建华 . A/O 生化池

处理废水的研究［J］. 环境科学与技术，2009，32（1）：81-84.

［3］马丽，李玉峰，王瑞芳 . A/O 生化池处理印染废水的研究［J］. 环境科学与技术，2012，35（3）：94-97.

［4］蒋克彬，彭松，高方述，等 . 污水处理技术问答［M］. 北京：中国石化出版社，2013.

［5］罗会龙 . 混合液温度对 A/O 工艺处理 ABS 树脂废水的影响及其 机理研究［D］. 西安：长安大学，2017.

（作者：张庆国，四川石化公用工程部，污水处理工，高级技师；魏汉金，四川石化公用工程部，汽轮机值班员，技师；王计明，四川石化公用工程部，污水处理工，高级技师；武修亮，四川石化公用工程部，污水处理工，技师；陈东，四川石化公用工程部，污水处理工，技师）

RTO治理VOCs技术在炼化污水处理过程中的应用

◆ 李星焱 师传琦 王计明 陈伟龙 朱佳洁

随着世界工业的发展，工业生产过程中排放的挥发性有机化合物（Volatile Organic Compounds，简称VOCs）成为污染环境、危害人类健康的重要来源。VOCs中如苯和甲苯具有一定的毒性，易诱发免疫系统、内分泌系统及造血系统疾病[1]，对人体造成危害，VOCs中的一些成分还具有明显的光化学性，在空气中会在紫外光的作用下和氮氧化物生成臭氧等强氧化性物质，产生光化学烟雾，导致雾霾和酸雨的形成，是形成臭氧（O_3）和细颗粒物（$PM_{2.5}$）污染的重要前体物之一。自2013年9月《大气污染防治行动计划》实施以来，全国二氧化硫、氮氧化物、粉尘控制取得明显进展，但VOCs排放仍呈增长趋势，迫切需要全面加强VOCs污染防治工作。炼化企业产生的污水中大多都含有VOCs成分，污水收集和处理系统的VOCs排放量占比较高，如未采取控制措施，排放量可达炼化企业30%以上。

1 RTO工艺原理

炼化企业在污水处理过程中产生的VOCs废气组分复杂[2-3]，治理技术多样，适用性差异大，技术选择和系统匹配性要求高。目前VOCs治理方法主要有回收利用技术和销毁技术[4]。回收利用技术包括吸附法、冷凝法和膜分离法；销毁技术包括热力氧化法、催化氧化法、生物降解法、光催化降解法和等离子破坏法。其中，热力氧化法处理VOCs废气具有分解率高和能耗低的优点，近年来发展很快。热力氧化法也称为燃烧法，是在高于有机物燃点的温度下将废气中的有机物裂解并彻底氧化为二氧化碳和水等物质。热力氧化法包括直接氧化法、蓄热式氧化法（简称RTO）、蓄热式催化氧化法和转轮浓缩－蓄热式氧化法。本文以某炼化企业污水处理过程中治理VOCs为例，着重介绍了RTO的工艺处理方案和该技术的优缺点。

三室式RTO是由3个蓄热室及1个燃烧室构成，采用陶瓷纤维棉保温，蓄热室内填有耐高温蓄热陶瓷，可以储存氧化后高温烟气所携带的能量，用于预热入口 VOCs 废气。RTO 工艺原理是利用气态燃料以维持燃烧室内在 760℃及以上的高温，VOCs 废气通过储能的陶瓷蓄热体预热后加热，在燃烧室中分解成 CO_2 和 H_2O。

在系统运转过程中，VOCs 废气通过上一循环为出口状态的高温蓄热室预热，经过此高温蓄热室预热后温度快速上升，废气进入燃烧室后燃烧，热量以及干净的气体将经过另外一床蓄热陶瓷，此时热量将被此蓄热陶瓷吸收。周期性的换向切换将使热量均匀地分布在整个蓄热室内。RTO 具有处理效率高、污染物分解彻底、换热效率高、节能、阻力低、风机装机功率小等优点，降低了系统能耗，是 VOCs 废气处理领域的一个重要发展方向[5]。RTO 与传统的直接氧化法、蓄热式催化氧化法相比，具有热效率高（不小于 90%）、运行成本低、处理风量大等特点，去除率可达到 98% 以上[6]。

2 RTO 工艺应用

2.1 VOCs 种类及特征分析

四川石化综合污水处理厂罐中罐、隔油池、均质池、气浮池、污泥脱水等构筑物是产生 VOCs 废气的主要设施，均通过微负压方式将封闭构筑物中的废气收集、输送、集中处理，各构筑物因其污水量及水质的变化，所检测风量及污染物浓度存在波动性，各构筑物产生的气量及主要污染物浓度如表 1 和表 2 所示。另外，VOCs 废气中监测到 N 元素浓度小于 45mg/m^3，S 元素浓度小于 25mg/m^3，颗粒物浓度小于 20mg/m^3。

2.2 VOCs 治理工艺方案

综合污水处理厂 VOCs 废气主要由罐中罐、隔油池等物化处理阶段产生的有机污染物组成，VOCs 废气风量大、种类多、浓度波动频繁，无回收价值。从表 2 可知，均质池非甲烷总烃浓度高达到 4800mg/m^3，而气浮池非甲烷总烃浓度相

表 1 综合污水处理厂各构筑物 VOCs 废气产生量

序号	构筑物名称	数量，个	体积，m^3	换气次数，n/h	气量，m^3/h	总气量，m^3/h
1	罐中罐	4	125	1	500	2000
2	隔油池	4	467.7	5	2338.5	9354
3	中和池	4	42.01	5	210.05	840.2
4	涡凹气浮池	4	364.8	5	1824	7296
5	均质池	4	1500	5	7500	30000
6	气浮池	4	490	5	2450	9800
7	污泥快速混合池	1	39.04	5	195.2	195.2
8	污泥储池	3	94.06	5	470.3	1410.9
9	污泥料仓	2	251	3	753	1506
10	厂区污水提升池	1	702	1	702	702
	合计					63104.3

表 2　综合污水处理厂各构筑物 VOCs 废气源主要污染物浓度

序号	构筑物名称	VOCs 废气监测分析项目，mg/m^3				
		苯	甲苯	二甲苯	甲烷	非甲烷总烃
1	罐中罐	6.16	4.26	9.64	14734.5	256862
2	隔油池	3.67	3.77	7.75	167.5	1218
3	中和池	2.06	2.67	1.63	2.25	24
4	涡凹气浮池	4.28	1.13	0.179	1.3	22.45
5	均质池	48	52.9	46	12.6	4800
6	气浮池	0.567	0.627	2.02	2.77	100
7	污泥快速混合池	0.039	0.036	0.123	30.2	166
8	污泥储池	0.026	2.26	0.163	4.31	14.65
9	污泥料仓	0.035	2.21	0.204	69.55	7016
10	污水提升池	5.81	4.06	10.7	21119	54515
	均 值	7.06	7.39	7.84	3614.3	32473.81

对较低，两者风量混合后可以稳定废气浓度。经连续监测和运行调整各构筑风量，结合实际运行并监测峰值数据，混合后的主要污染物浓度如表 3 所示。结合综合污水处理厂实际来水水量和水质，固定式 RTO 废气 VOCs 浓度按照最大值 $7.5g/m^3$ 设计，废气总量为 $70000m^3/h$，操作弹性为 75% ～ 115%，废气在高温中滞留时间大于 1s，使废气中有机物分解，每次切换时间为 90 ～ 120s [7-10]。浓度较高时，满负荷运行，浓度较低时，可降低进气量，适当提高进气浓度，灵活调整装置运行负荷，工艺原则流程图如图 2 所示。VOCs 废气首先进入气液分离罐，去除废气中夹带的细微颗粒物及水雾。主工艺风机前设置预热器，废气在预热器中与高温烟气混合，经主工艺风机增压后，进入 RTO 氧化炉。每个蓄热室会依次按照热室、吹扫室、冷室的顺序循环工作，每一循环中，各个蓄热室交替进行，依次历经蓄热—放热—吹扫程序，系统周而复始，连续运行。

表 3　VOCs 废气收集系统主要污染物浓度

主要污染物	主要污染物浓度，mg/m^3		
	最小值	最大值	均值
苯	23.9	107.8	65.85
甲苯	19.0	75.4	47.2
二甲苯	9.3	26.9	18.1
甲烷	28.0	64.7	46.35
非甲烷总烃	2185.9	7904.3	5045.1

VOCs 废气管道采用圆形耐腐蚀玻璃钢风管，沿管廊管架敷设至 RTO 处理装置，VOCs 收集系统在主工艺风机的抽吸作用下保持微负压的工作状态，VOCs 废气输送至 RTO 处理装置，设计主风管风速小于 10m/s，支风管风速小于 5m/s。为了检测废气收集系统各构筑物的抽吸风量和负压值，在均质调节池、除油池及污泥处理等设施的废气收集总管设置流量和压力检测仪表。

2.3　RTO 控制方案

2.3.1　设置 VOCs 浓度检测和报警联锁

在 RTO 废气进口设置两台非甲烷总烃 LEL

检测仪表。当废气中可燃气体浓度达到爆炸下限的20%时，打开新风阀门稀释废气浓度；当废气浓度持续升高到25%时，立即切断废气、天然气供给，新风阀门全开，启动异常停车流程，直至故障排除。另外，当废气浓度波动较大时，开启高浓度废气总管前端的新风阀门，确保进入蓄热燃烧装置的废气浓度低于爆炸极限下限的25%，是安全有效使用RTO处理VOCs废气的关键要素。

2.3.2 设置炉膛高温保护

当炉膛温度达到温度设定值时，自动减小助燃风和天然气比例阀的开度，反之，则慢慢增大。当炉膛温度达到850℃时，自动打开高温旁通阀；当炉膛温度继续升高达到1050℃时，系统自动执行停机程序，自动联锁打开新风阀门，关闭废气进口阀门。当炉膛温度降至720℃时，燃烧器自动点火，保证炉膛内反应温度。当炉膛温度降至温度低低值时，关闭废气进口阀门，系统自动执行停机程序，直至故障排除。

2.3.3 设置燃烧器保护

燃烧器燃料气和助燃风分别设置调节阀，采用电子比例调节方式，同时设置燃料输送管道紧急切断阀、燃烧火焰监视器和检测控制系统等安全保护设施。燃料气设置高压和低压保护开关，当触发联锁条件时，系统将关闭废气进口阀门。燃烧器的燃料输送管道设置双紧急切断阀，在燃烧器启动后点火不正常、燃烧用空气突然中断、检测炉膛无明火时立即切断主火和长明火等燃料供给阀。

2.3.4 设置废气进气管道压力保护

在进入固定式RTO装置的VOCs废气管道上装有压力传感器，通过压力设定值控制主工艺风机变频器，调节废气入口压力，确保气体流量稳定。流量变化主要反映入口的负压变化，负压值由系统阻力决定。另外，RTO装置进口和出口总管道设有差压监测，当进出装置管线压差达到联锁值时，切断废气和天然气供给，启动异常停车流程，直至故障排除。

3 RTO运行效果分析

3.1 非甲烷总烃去除效果

RTO装置自运行以来，整体上运行平稳，外排烟气非甲烷总烃在1～3mg/m^3，苯小于0.08mg/m^3、甲苯小于0.05mg/m^3、二甲苯小于0.01mg/m^3，合格率全部为100%，处理后的废气污染物浓度满足相关标准中排放限值的要求，非甲烷总烃去除率达98.5%以上，每月减排VOCs总量约30t，达到了设计要求。

3.2 运行平稳率与能耗分析

RTO装置自2021年12月开工运行以来，容易出现炉膛超温等影响装置平稳运行的情况，在不断摸索总结装置运行控制经验的基础上，通过控制污水处理厂内各设施气相压力，合理控制各设施废气收集量，并对装置炉膛运行参数进行了优化，经优化调整后装置运行平稳率达到100%。RTO的主要能耗为电耗和天然气消耗，电耗月均为38.92×10^{4}kW•h，天然气消耗月均为7.44×10^{4}m^3，折合动力成本约为26万元/月，VOCs废气去除成本约为0.86万元/t。RTO装置的能耗管理是一个复杂且多系统联动的过程，需要综合考虑安全、环保、能耗的关系，找出最佳能耗模式，提高能源的综合利用率，降低能耗，减少浪费。

4 总结

炼化企业污水处理过程中遇到VOCs污染

问题，来源复杂且种类繁多。随着国家标准和地方行业标准陆续出台，对于环保要求更加严格。RTO由于其较高、稳定持续的处理效率，得到大量运用，然而RTO的安全性也让很多企业望而却步。因此，在实际应用中，首先应从污染源头进行有效把控，在末端治理过程中遵循精细化管理原则，合理选择废气治理工艺路线，强化系统本质安全配置，优化运行控制措施，提高装置收集效率，从根本上解决实际运行中遇到的VOCs废气治理问题，提高企业环保治理水平，改善员工工作环境，降低企业的环保风险。

参考文献

[1] 伊冰.室内空气污染与健康[J].国外医学：卫生学分册，2001，28（3）：167-216.

[2] 张甜甜，柯国洲，陈志平，等.石化行业废气中挥发性有机污染物的调查[J].环境与工程，2016，34（221）：76-79.

[3] 孙晓犁.石化污水处理场挥发性有机物排放状况研究[J].环境科技，2010，23（1）增刊：72-73.

[4] 王志伟，裴多斐，于丽平.VOCs控制与处理技术综述[J].环境与发展，2017，29（1）：1-4.

[5] 王波，马睿，薛国程，等.工业有机废气热氧化技术研究进展[J].化工进展，2017，36（11）：4232-4242.

[6] 付守琪，方晓波，朱剑秋.RTO（蓄热式氧化炉）应用调研分析研究[J].环境科学与管理，2017，42（9）：132-136.

[7] 萧琦，姜泽毅，张欣欣.蓄热式有机废气焚烧炉的数值模拟和应用[J].北京科技大学学报，2011，33（5）：49-51.

[8] 田雄伟.废气焚烧系统的工作区控制[J].科学技术，2014（6）：119-121.

[9] 张建萍.浅析蓄热式热力氧化技术处理挥发性有机废气[J].浙江化工，2014（3）：5-9.

[10] 周明艳，杨明德，党杰.蓄热式热氧化器处理挥发性有机化合物[J].环境保护，2001（11）：16-18.

[11] 陈振坎，董其超，孙鑫，等.精细化工行业蓄热式热氧化炉系统安全设计优化[J].广州化学，2019，44（6）：31-35.

（作者：李星焱，四川石化公用工程部，污水处理工，技师；师传琦，四川石化公用工程部，污水处理工，技师；王计明，四川石化公用工程部，工程师；陈伟龙，四川石化公用工程部，汽轮机运行值班员，技师；朱佳洁，四川石化公用工程部，污水处理工，中级工）

蜡油加氢裂化装置反冲洗污油外送流程的研究与应用

◆张 猛 董 岩 颉兆龙 姚 峰 白亚东

四川石化 270×10^4t/a 蜡油加氢裂化装置（以下简称加氢裂化装置）主要以减压蜡油（终馏点不大于 540℃）为原料，采用双剂串联一次通过加氢裂化工艺，最大限度生产航煤及柴油，同时副产液化气、轻石脑油、重石脑油及尾油。

为应对市场对产品的需求变化，以多产重石脑油、增产航煤，适量生产尾油，少产或尽量不产柴油为目标，加氢裂化装置于 2018 年 6 月进行了质量升级改造。装置原料在原来的两路进料（分别来自常减压和罐区的减压蜡油）基础上，新增加了柴油加氢裂化航煤、渣油加氢柴油、催化柴油三路进料，改造为五路进料。原料性质发生变化，掺炼了部分轻组分，原料总体组分变轻。由于原料中含有各种杂质，不仅会使换热器或其他设备结垢或堵塞，还会污染催化剂或使催化剂结垢、结焦，降低活性，缩短运转周期等。因此装置设置自动反冲洗过滤器，过滤除去原料中不小于 25μm 的固体颗粒，起到保护催化剂的作用。

1 原料及反冲洗污油系统简介与工艺流程

常减压装置减压蜡油、罐区减压蜡油、柴油加氢裂化装置航煤、渣油加氢装置柴油、催化裂化装置柴油自装置外来混合后，经过自动反冲洗过滤器过滤，除去不小于 25μm 的固体颗粒后进入滤后原料油缓冲罐。再由反应进料泵升压并经过换热升温后，与循环氢加热炉出口热氢气混合，进入加氢精制反应器和加氢裂化反应器进行反应。

反冲洗过滤器使用混合后的原料作为冲洗油，以压差控制实现自动反冲洗。反冲洗产生的污油进入反冲洗污油罐，自罐底抽出经反冲洗污油泵升压后输送至仓储运输部 419 罐区。419 罐区是精渣罐，接收来自渣油加氢装置的精制渣油作为催化裂化装置进料。工艺流程如图 1 所示。

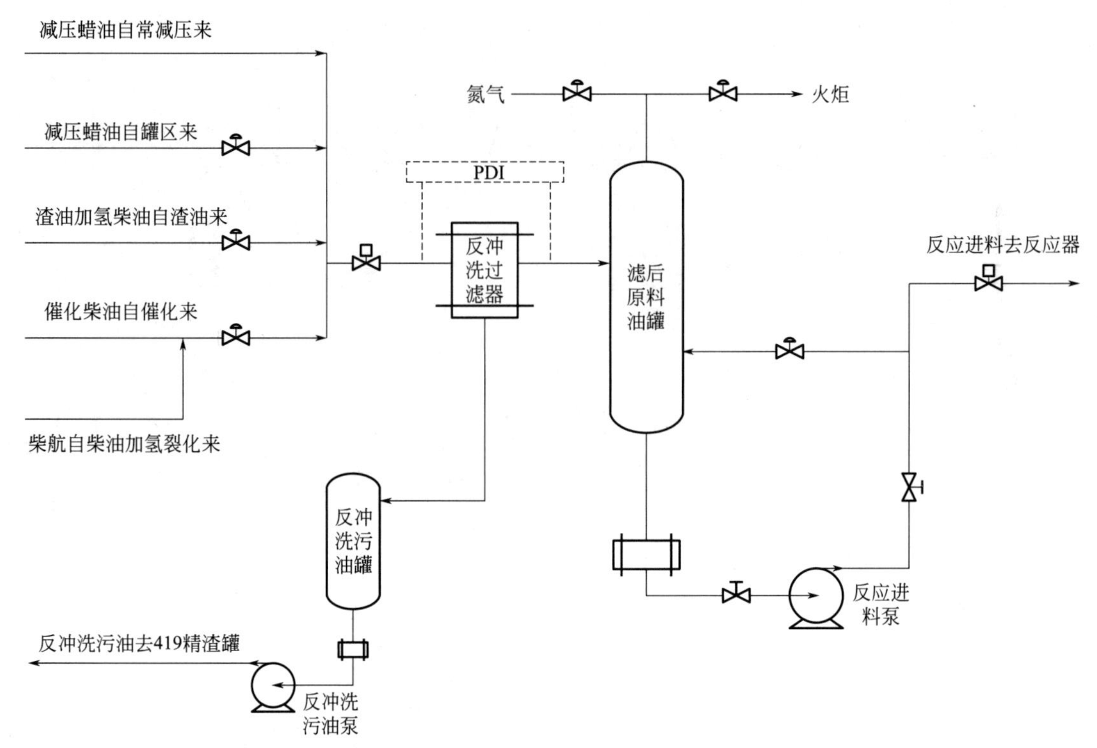

图 1　原料及反冲洗污油系统工艺流程示意图

2　生产运行中存在的问题

2018 年加氢裂化装置升级改造以后，原料油性质发生改变。反冲洗污油中含有大量轻组分，原设计反冲洗污油泵根据反冲洗污油罐液位联锁自动启停，外送反冲洗污油流量无法精确控制，因此，存在大量反冲洗污油短时间内进入 419 精渣罐的情况。419 精渣罐温度控制为 135℃，大量轻组分进入 419 精渣罐后气化，最终导致 419 精渣罐压力超高，存在极高的安全风险。

为解决超压问题，降低安全风险防止次生事故的发生，2018 年 10 月采取措施，利用现有流程将本装置反冲洗污油在罐区改至 436 罐（重污油吹扫罐），再由 436 罐底部抽出并入常减压装置原料油罐，经过常减压装置处理后送至各生产装置二次加工。

采取上述措施后，虽然成功解决了 419 精渣罐的超压问题，但也带来了一些其他问题：

（1）反冲洗污油改至 436 罐导致公司的污油罐存增加。

（2）反冲洗污油的外送温度约为 110℃，在传输过程中造成了热量损失。

（3）反冲洗污油进入 436 罐需要经过泵加压后并入常减压装置二次加工，导致电耗增加，加工成本增加。

（4）反冲洗污油的回炼造成多套装置频繁反冲洗，导致生产波动，不利于装置平稳运行。

3　解决措施及效果

3.1　反冲洗污油改至催化裂化装置直供

对反冲洗污油采样分析，分析结果如表 1 所示，可以看出，加氢裂化装置反冲洗污油组分完全符合催化裂化装置对原料性质的要求。所以为

表 1　反冲洗污油与催化裂化原料要求对比

催化裂化原料油性质要求	规格指标	反冲洗污油分析项目	实测值
总硫含量	不大于 0.3%（质量分数）	总硫含量	0.049%
残炭	不大于 5.5%（质量分数）	残炭	0.02%
密度	不大于 0.94（g/cm^3）	密度	$0.87g/cm^3$
氮含量	不大于 0.27%（质量分数）	氮含量	0.006%
氯含量	不大于 2（mg/L）	氯含量	0.2mg/L
镍 + 钒	不大于 15（mg/L）	镍 + 钒	0.09mg/L
水分	不大于 0.1%（体积分数）	水分	痕迹

了降低公司污油罐存，减少二次加工成本、中间环节，充分利用直供优势减少热量损失，可以通过技术改造将加氢裂化装置反冲洗污油直供给催化裂化装置加工。

3.2　项目实施

2022 年 6 月窗口检修期间，对加氢裂化装置反冲洗污油外送流程进行改造，增加反冲洗污油至催化裂化装置流程。为实现提质增效目标，公司将污油回炼，污油按计划少量掺炼至常减压装置。自污油掺炼以来，本装置反冲洗过滤器冲洗次数增多，产生的反冲洗污油量随之增加，所以将原反冲洗污油泵更换为大流量离心泵。泵出口增加流量控制阀实现 DCS 远程控制，将反冲洗污油作为催化裂化装置原料，以一定流量稳定输送至催化裂化装置。工艺流程如图 2 所示。

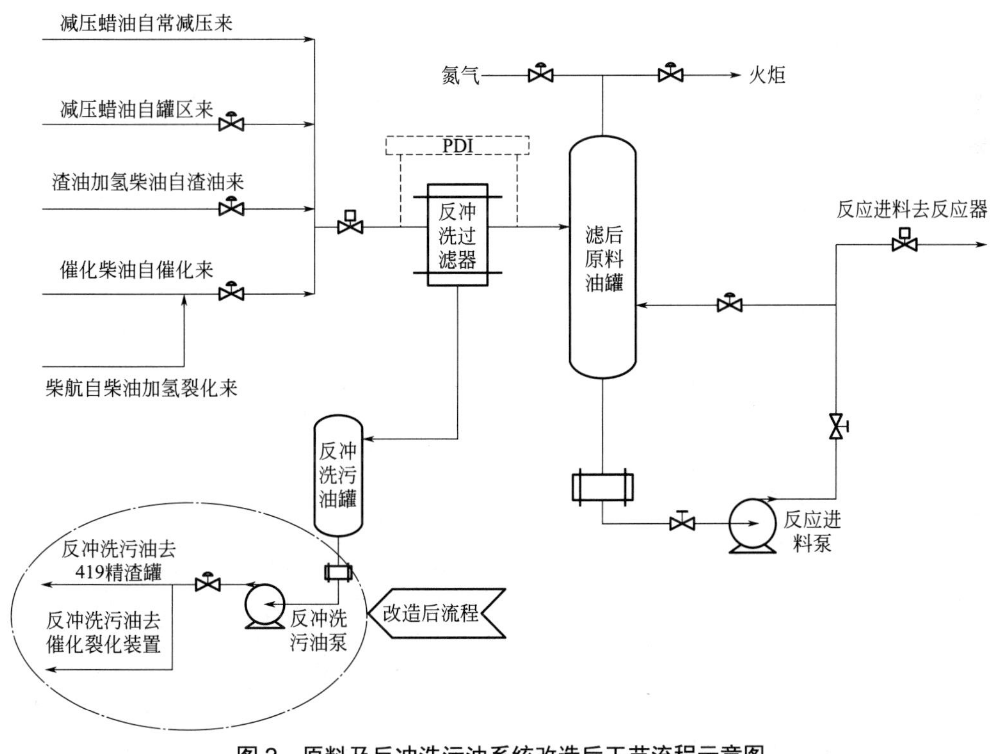

图 2　原料及反冲洗污油系统改造后工艺流程示意图

3.3 效果分析

改造后流程于2022年7月首次投用，一直运行稳定，可以实现反冲洗污油泵连续运转，反冲洗污油罐液位远程控制，保证输送至催化裂化装置的流量稳定，不会因原料组分的变化对催化裂化装置造成影响。该项目通过创新性的改造解决了如下问题：

(1) 因蜡油加氢现原料中含部分轻组分，反冲洗污油外送温度高，易导致仓储419精渣罐超压的问题。

(2) 反冲洗污油不再送至仓储重污油罐，减少了污油的产生，降低了公司污油罐存。

(3) 反冲洗污油直接送至催化裂化装置减少了热量损失，节约能耗。

(4) 反冲洗污油不用再送至仓储重污油罐掺炼至常减压装置，节约了二次加工的成本。

4 结语

随着加氢裂化装置质量升级改造项目的实施，反冲洗污油外送导致的罐区储罐超压问题逐渐显现。在解决这一问题的过程中，又出现了污油罐存增加、二次加工成本增加、反冲洗频繁等一系列问题。经过深入分析和不断探索，最终采取了将反冲洗污油直供至催化裂化装置加工的方法，这一举措不仅优化了原料互供，还减少了热量损失，降低了公司污油罐存，节约了二次加工成本，并消除了生产运行中的安全风险。

自该项目投用以来，运行稳定且节能效果显著。此方法能够为企业实现节能减排和安全生产的目标，对于同类型装置具有较好的借鉴意义。

（作者：张猛，四川石化生产二部，加氢裂化装置操作工，高级技师；董岩，四川石化生产二部，加氢裂化装置操作工，技师；颉兆龙，四川石化生产二部，加氢裂化装置操作工，技师；姚峰，四川石化生产二部，加氢裂化装置操作工，高级技师；白亚东，四川石化生产二部，加氢裂化装置操作工，技师）

高密度聚乙烯装置降本增效实践与探索

◆刘 强 安 宁 邹 滨 李 炜 纪新超

高密度聚乙烯作为一种常见的工程塑料而被现有工业生产及人们生活广泛使用。而结合现有情况，随着环境污染问题的日益严重以及社会大众对环保和经济可持续发展认识的逐步深入，应对高密度聚乙烯生产中所存在的能源利用率不高等问题，通过采取有效措施，进一步降低企业运营成本，减少温室气体排放量。企业结合生产工艺及所使用的设备，积极采取措施应对目前突出的能源利用率低、排放不达标等问题，以降低生产对环境造成的不利影响并促进可持续发展战略的实施。

1 高密度聚乙烯装置简介

四川石化 30×10^4t/a 高密度聚乙烯装置（HDPE）主要生产工艺技术采用德国利安德巴塞尔公司赫斯特低压淤浆法聚乙烯专利技术暨高科技淤浆层叠技术，装置采用 DCS 分散控制系统，生产通过以乙烯（C_2H_4）为原料，1-丁烯（C_4H_8）为共聚单体，使用能够让乙烯单体单程转化率达 99%以上，具有高活性的齐格勒-纳塔钛系催化剂为主催化剂，利用氢气（H_2）调节分子量，生产出可用于吹塑、注塑、管材、拉丝、膜料等 24 种不同牌号产品。目前，装置主要以生产 PE100 级管材料 HM CRP100N 为主，工艺流程如图 1 所示。

2 高密度聚乙烯生产主要工艺及说明

2.1 聚合反应机理说明

对于高密度聚乙烯而言，其主要以乙烯为原材料，乙烯、1-丁烯、氢气为共聚体在聚合釜中实现聚合，后将聚合悬浮液采取闪蒸的方式进行离心分离、干燥、挤压[1]。结合现有情况，可以看到应用在高密度聚乙烯制造工业中的主要技术方法和工艺有 3 种，即溶液法、淤浆法和气相法。四川石化高密度聚乙烯是一种在石油化工生产中采用低压淤浆法进行加工和生产的先进技术，具体来讲，淤浆法主要是将脂肪烃作为溶剂与乙烯融合，其中乙烯单体就是一种具有 π-π 共轭体系的烯烃类单体，处于络合状态的钛铝活性中心，

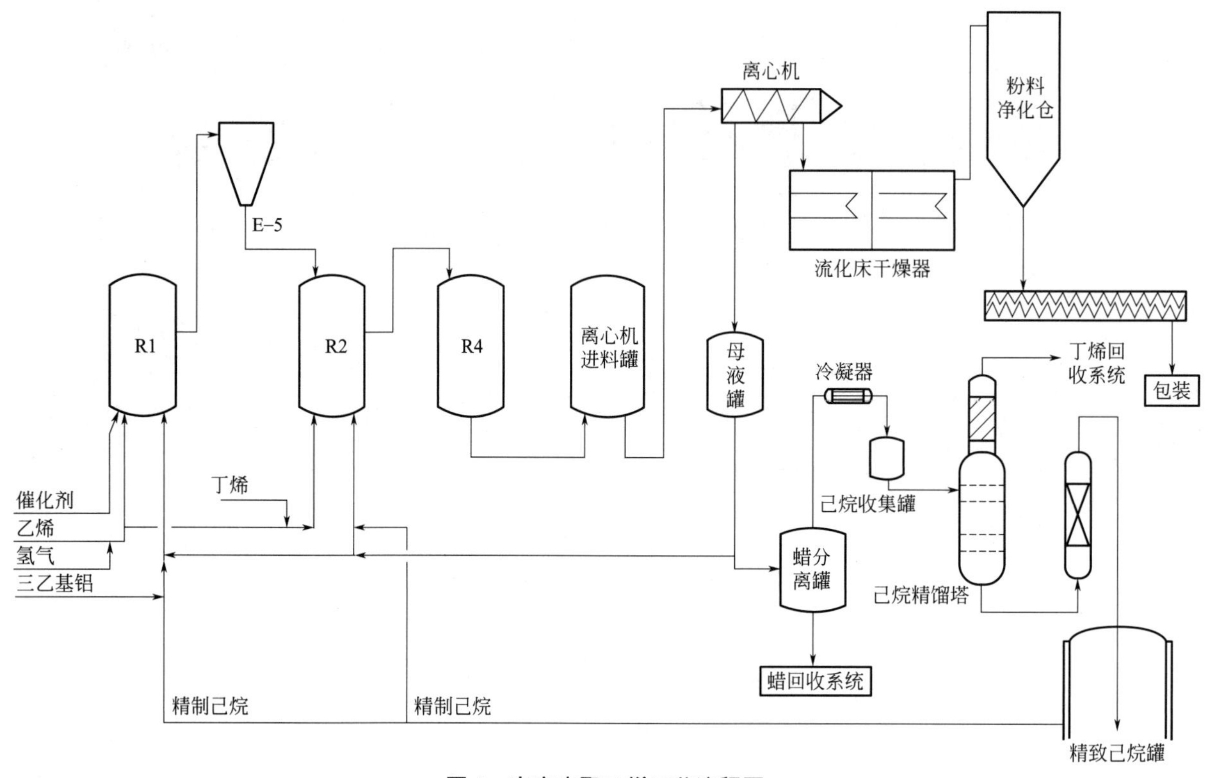

图 1　高密度聚乙烯工艺流程图

使乙烯单体双键上的电子云密度大大降低，从而直接打开乙烯双键，使乙烯单体不断在钛铝活性中心位置聚合。生成的聚合物悬浮于溶剂中。聚合反应属于一种放热反应，其反应热大部分由聚合反应器 R-1201/1202 外蛇管夹套水及外循环冷却器 E-1201A/B、E-1202A/B 撤出。PE100 级管材料 HM CRP100N 主要控制参数如表 1 所示。

表 1　PE100 级管材料 HM CRP100N 主要控制参数

设备名称	关键控制点	仪表位号	单位	操作范围
第一反应器 R-1201	R-1201 温度控制	TRC-12101	℃	84.5±0.5
第二反应器 R-1201	R-1201 压力控制	PR-12101	MPa	0.80±0.05
第一反应器 R-1202	R-1202 温度控制	TRC-12201	℃	81.8±0.5
第二反应器 R-1202	R-1202 压力控制	PR-12201	MPa	0.3±0.05

2.2　己烷精制系统生产原理

己烷精制系统是将粗己烷罐中的母液和聚合反应单元生成的母液汇合，经己烷预热器 E-3101 升温至 60 ～ 80℃后进入己烷分离罐 V-3101 中，通过己烷蒸发器 E-3102 加热到 115 ～ 122℃，根据己烷、1- 丁烯、蜡等物质的沸点不同从而达到固、液、气三相分离的效果，分离后的液态己烷通过吸附塔内无固定形态的硅铝酸盐进行物理吸附脱出己烷中的氧、水等影响催化剂活性的杂质和微量重金属杂质，从而获得满足聚合生产所需的精制己烷。其中己烷蒸发器 E-3101 是采用热虹吸的工作原理，利用设备内部液柱压力差、温度差，使进入蒸发器的己烷液体上升后再流回低处，在己烷蒸发器中设备上下温差越大，己烷、蜡和 1- 丁烯等物质实现固、液、气三相分离的效果越好，反之则不然。

2.3 粉料干燥系统工艺原理

粉料干燥系统由流化床干燥器、循环氮气鼓风机、氮气洗涤塔等构成粉料干燥系统闭合工作回路。聚合反应单元生产的聚合物经过沉降式离心机离心分离后得到己烷含量不大于 35%（质量分数）的聚合物湿粉料，依靠重力下料的原理从顶部进入流化床干燥器，在流化床干燥器第一段通过流化干燥方式，使湿粉料通过充分返混达到干燥的效果。在流化床干燥器两段间压差作用下，聚合物粉料经段间闸板阀流入第二段，通过柱塞流干燥方式进一步蒸发聚合物粉料中的剩余己烷，使粉料中的己烷含量小于 1.0%（质量分数）。

3 高密度聚乙烯装置节能减排工作中存在的技术难题

现阶段国内聚乙烯发展前景最好的品种仍是高密度聚乙烯树脂[2]。“源头治理、预防先行”是企业保证高密度聚乙烯产品充足供给的基础。基于此，科学合理地运用工艺调整、设备改造等措施进行聚乙烯产品的生产是非常必要的。但经过深入分析，回顾近年来四川石化高密度聚乙烯装置生产实际情况，发现该装置存在能源利用率不足等问题制约着企业在“双碳”目标下的可持续发展。

3.1 聚合系统工艺生产中存在的技术难题

四川石化高密度聚乙烯装置自 2014 年 2 月开工投料以来，主要以德国利安德巴塞尔公司供货的管材料专用 Z501 催化剂生产 PE100 级管材料 HM CRP100N，先后通过生产技术攻关解决了因聚合反应系统存在细粉多、低聚物多等引起流化床干燥器和己烷蒸发系统换热器堵塞、生产周期较短的诸多能源利用率不足问题，但仍存在因管材产品内壁不光滑、产品静液压试验时间略低等问题，最终引起市场多次投诉甚至索赔事件的发生，导致企业降本增效专项工作无法顺利开展。

3.2 己烷蒸发系统工艺生产中存在的技术难题

高密度聚乙烯装置根据企业生产计划要求，全年高负荷生产管材料 HM CRP100N。由于生产时精制己烷用量大、己烷精制系统压力高，导致己烷蒸发器受碱性环境热应力影响，管板焊接处存在腐蚀、泄漏现象的发生，使精制己烷中含水量增加，造成回收丁烯水含量升高，无法并入聚合反应单元回收利用，生产成本上升。吸附塔 C3102A/B/C、C3103A/B 的频繁再生，能耗、物耗增加。聚合单元生产波动，影响产品质量、己烷蒸发系统运行周期短等诸多问题的发生，使生产成本居高不下，无法降本增效。

3.3 流化床干燥器工艺生产中存在的技术难题

流化床干燥器是进一步降低聚合物湿粉料含量的重要设备，运行过程中，由于氮气中夹带有部分微小聚乙烯颗粒，在装置运行一段时间后，微小的聚乙烯颗粒集聚于流化床干燥器分布板底部的氮气集合管中，且微小的聚乙烯颗粒无法通过分布板循环回至干燥床中，导致细粉含量在集合管中逐步累积，进而造成分布板压差升高，最终导致流化床干燥器循环氮气量无法满足正常生产需求，装置被迫停工清理流化床，严重不利于企业降本增效专项工作的全面开展。

4 实践解决高密度聚乙烯生产中存在的技术难题

4.1 优化聚合反应系统工艺控制条件具体措施

4.1.1 一反融指（MFR1.2）调整

聚合物粉料熔融指数变化取决于聚合反应温度和聚合反应系统氢气/乙烯分压比等。30×10^4t/a 高密度聚乙烯生产串联双峰管材料时，其一反 R-1201 生成高融指（MFR1.2 为 95 ～ 111g/10min）、低分子量聚乙烯粉料，主要为管材料产品提供良好的加工性能。而二反 R-1202 不加入催化剂，需要将一反生成的高融指产品降低为低融指（MFR5 为 0.27 ～ 0.35g/10min）、大分子量聚乙烯产品，主要为管材料产品提供良好的力学性能。

本次调整前，根据专利商生产配方，一反 R-1201 融指 MFR1.2 控制范围为（103±8）g/10min，经过与专利商和同类装置比较，决定将一反 MFR1.2 逐渐提高至（118±8）g/10min。

4.1.2 二反反应温度、密度调整

生产过程中提高二反温度，有利于提高 1- 丁烯的共聚能力，降低 1- 丁烯加入量，提高管材料产品支化度。二反温度由 81.5℃逐渐调整至 81.8℃，调整过程中，二反 1- 丁烯的加入量降低了 43kg/h，管材料产品支化度略有降低。

降低二反密度，有利于提高管材料产品拉伸断裂标称应变。管材料粒料产品由（0.9490±0.0005）g/cm^3 升高至（0.9495±0.0005）g/cm^3，管材拉伸断裂标称应变维持为 550% ～ 700%。调整前后对比如表 2 所示。

表 2 二反反应温度、密度调整对比

项目	温度，℃	密度，g/cm^3	1- 丁烯量，kg/h
调整前	81.5	0.9490±0.0005	698
调整后	81.8	0.9495±0.0005	655

4.1.3 离心机进料罐温度调整

生产过程中提高聚乙烯浆液温度，有利于提高聚乙烯浆液中低聚物蜡的溶解度，降低聚乙烯粉料中的蜡含量，提高管材产品的分子量，有助于提高管材产品的机械性能。因此将离心机进料罐温度由 43 ～ 43.5℃提高至 45 ～ 46℃。

生产过程中在保证管材产品力学性能的前提下，将粒料融指（MFR5）控制范围由 0.20 ～ 0.24g/10min 提高至 0.22 ～ 0.26g/10min，提高了管材制品的加工性能，保证了管材料的表面光洁度，有效降低了生产波动，提高了加工产率和能源利用率。

4.2 己烷蒸发系统增设备台

企业通过攻关立项，对高密度聚乙烯装置己烷精制系统采取增加备用蒸发系统的技术改造，解决了因单台己烷蒸发系统腐蚀、泄漏而停工检修所造成的成本升高等问题，将聚合生产周期由以前的 3 个月延长至 6 ～ 7 个月，每年减少停车时间近 7 天，增加产量 6300 余吨，减少过渡料约 1200t/a，以高密度聚乙烯产品目前边际效益为 1500 元 /t、过渡料边际效益 1100 元 /t 计算，产品增效可达 949.8 余万元，每年增加产品经济效益达 251.8 万元。

新增己烷蒸发系统建成投用后，精制己烷质量大大提升，使回收丁烯顺利并入聚合反应系统，以生产 PE100 级管材料 HM CRP100N 产品加工负荷 37.5t/h 为例，每小时新鲜 1- 丁烯加入量可由 630 ～ 650kg/h 降至 460 ～ 520kg/h，1- 丁烯单耗降至 12.5 ～ 14kg/t-PE，每年可节省

1- 丁烯约 1200t，切实从源头降低生产成本，促进了装置经济健康的可持续发展。增设己烷蒸发系统工作原理如图 2 所示。

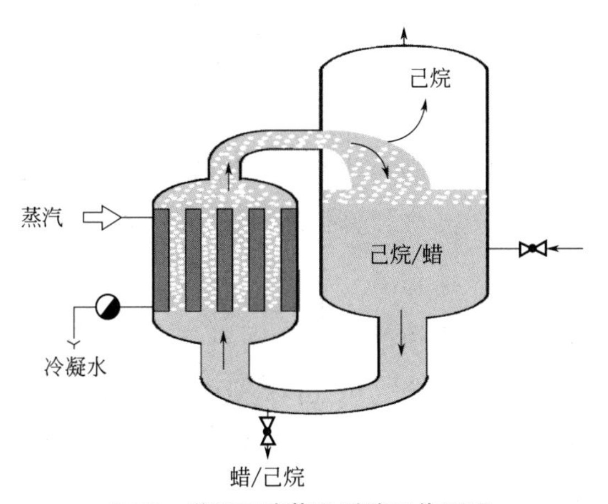

图 2　增设己烷蒸发系统工作原理

4.3　流化床干燥系统增设袋式过滤器

在进行流化床干燥系统工艺的改造过程中，企业通过增设袋式过滤器的方法，达到流化床干燥器长周期运行的效果。这种袋式过滤器的主要工作原理是将夹带有部分微小聚乙烯颗粒的氮气从整个过滤袋容器的侧面向下冲击而进入，滤袋因为氮气的相互作用而向一定的压力面扩大展开，使气体在整个过滤袋内的各个表面都能够得到均匀地移动和分布，透过滤袋后的氮气沿着金属支承网的篮壁，经由过滤器底部向下排放。在具体的生产实际使用过程中，增设的袋式过滤器发挥了巨大的作用，其工作明显的优点之一就是可以有效增大过滤的面积，过滤速度和效率也更高，且更换的滤袋方式更加方便快捷，操作费用也更低，过滤品质更佳。经过长期生产实践结果显示，此项改造有效缓解了细粉料堵塞流化床干燥器分布板的概率，其运行周期由 90 ～ 100 天显著提高至 513 余天，助推了企业降本增效专项工作的全面开展。流化床干燥器增加袋式过滤器工艺图如图 3 所示。

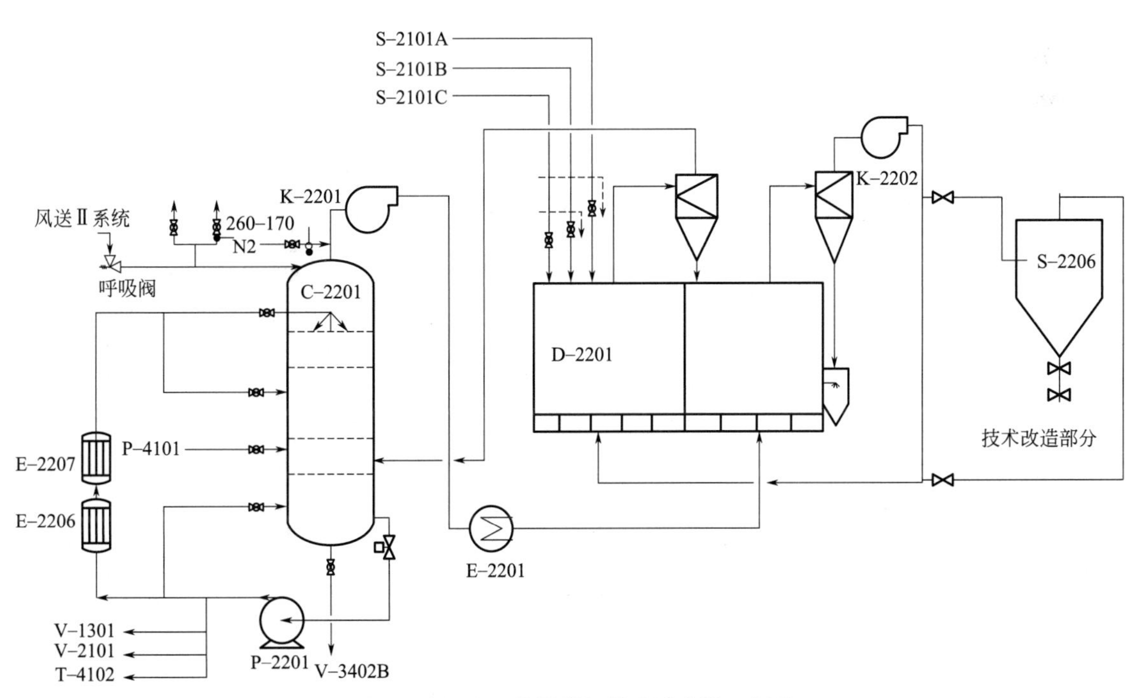

图 3　流化床干燥器增加袋式过滤器工艺图

5 结论

综上所述，高密度聚乙烯装置安稳长满优生产在企业深耕能源利用率、强化节能减排能力中占有重要地位，直接影响着企业在“十四五”期间“双碳”目标的完成质量。通过本文对高密度聚乙烯产品生产中技术实践应用的探讨，总结出通过工艺调整、设备改造等措施不断提高企业能源利用效率，降低企业运营成本以及温室气体排放量，进而为“双碳”目标的实现贡献企业力量。

参考文献

［1］郭云亮，池亮，刘爱民，等.降低Hostalen低压淤浆工艺聚乙烯装置协议品量的方法［J］.化工科技，2022，30（3）：39-42.

［2］张胜利，焦洪桥，杨靖华，等.碳中和背景下现代煤化工产业生态链布局和创新发展路径［J］.中国煤炭，2022，48（8）：7-13.

（作者：刘强，四川石化生产五部，聚乙烯操作工，高级技师；安宁，四川石化生产五部，聚乙烯操作工，技师；邹滨，四川石化生产五部，聚乙烯操作工，高级技师；李炜，四川石化生产五部，聚乙烯操作工，高级技师；纪新超，四川石化生产五部，聚乙烯操作工，技师）

循环水塔下水池连通渠格栅异常堵塞的研究

◆ 贾顺利　喻　军

在石化企业的工业用水中，循环冷却水用量约占总用水量的80%，而且冷却介质复杂多样，生产装置物料泄漏是目前制约石油化工行业循环水管理的“瓶颈”。且由于化工泄漏物化学性质的复杂性以及各种泄漏物料之间的化学反应等因素，循环水塔下水池连通渠格栅异常堵塞是目前需要关注的一个新焦点，不仅会影响水的流动性，还可能导致设备故障、水质恶化等一系列问题。因此，研究化工装置循环水塔下水池连通渠格栅异常堵塞的原因和解决方法，对今后的循环水系统稳定运行具有重要的理论和实际意义。鉴于此，从实地调查、数据分析和解决方案提出等方面展开研究，通过对第三循环水厂塔下水池连通渠格栅异常堵塞的调查和分析，找出造成异常堵塞的主要原因，并提出切实可行的解决方法。

1　概况

四川石化公用工程部第三循环水场为化工装置丁辛醇、乙二醇和顺丁橡胶供水，共有8座冷却水塔，单塔设计量为5000m^3/h，3个连通渠连接2座吸水池，配5台循环水泵，单泵设计水量为11000m^3/h，具体如图1所示。

在装置实际运行期间，发现第三循环水场塔下水池格栅液位差增加过快，3号、4号循环水泵对应的格栅出现高液位溢流现象。清理后，短时间内格栅再次严重堵塞，基本上每24h需要清理一次。清理格栅时发现许多絮状物聚集黏附在格栅上，造成格栅网堵塞，同时在循环水塔池中发现小朵形絮状漂浮物。打捞起观测单团的絮状物大小约4～8cm不等，浅灰棕色，无异味。除此现象之外，日常水质分析数据各项指标均在正常范围，单从水质分析数据来看并没有显现出明显的泄漏迹象。

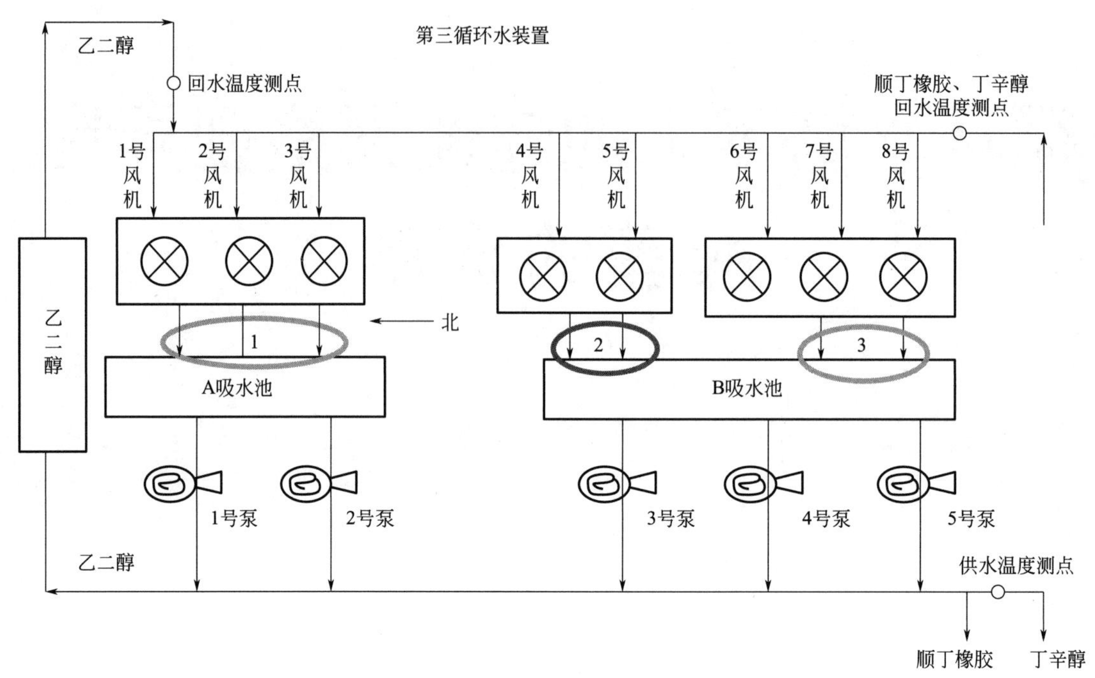

图 1　第三循环水场示意图

2　原因排查

通过对格栅堵塞物的分析，其在水中展现出来的状态为朵形絮状物，黏附在格栅上，与黏泥物接近[1]。利用气味辨别的办法，水体中没有微生物大量滋生后出现的腥味，在塔池上可嗅到有轻微的腐败性酸臭味。在利用次氯酸钠试验过程中，选取 1% 次氯酸钠浸泡朵形絮状物。经过一段时间观察，发现没有出现明显改变，之后利用人工搅拌的方式搅拌循环水，观察发现无被氧化的情况，完整性强，这一结果表明，朵形絮状物不是微生物黏泥。为进一步查明原因，采取二氧化硅排查手段，最终发现少量的二氧化硅也不是朵形絮状物产生的原因。此外，在 2 号、3 号连通渠对应的 B 吸水池侧补水，如果堵塞由补水引起，那么 1 号连通渠格栅也会缓慢堵塞。目前为止 1 号连通渠格栅没有堵塞情况发生，可以排除因补水造成。

在对装置循环水侧排查过程中，根据余氯值、pH 值、ORP 值、浊度的变化，在现场快速分析典型数据来判断换热器是否泄漏。同时对装置换热器循环水现场分析，完成 160 台次换热器现场水质分析对比，检测异常数据见表 1。通过对获取的现场监测结果和送检的水质分析数据，发现丁辛醇换热器 E-1108 循环水回水数据异常明显，对其进行降压处理后，数据恢复正常。物料降压与格栅堵塞速率减缓时间节点对应，2 号格栅清理由每天 1 次降低至两天 1 次。同时发现丁辛醇 E-1213 回水数据异常，继续采取物料侧降压处理办法，经过处理之后，COD 数据与循环水基本一致，石油类还略高于循环供水。E-1213 物料降压后堵塞速率再次下降，3 号格栅已基本恢复正常。通过分析数据以及其他案例可知，朵形絮状物形成的原因与甲醇泄漏和水中带入絮凝体混合有较大联系，主要黏附物为透明胶体状，呈现片状和糊化的黏稠状。

表 1　排查数据

	换热器位号	回水 pH 值	回水 ORP，mV	回水余氯 mg/L
顺丁橡胶	E-215	8.41	486	0.50/0.54
	E-4018	8.12	402	0.22
	E-2101	8.14	395	0.43
	E-2201	8.14	322	0.31
丁辛醇	E-1213	8.22	270	0.28
	E-1108	8.28	275	0.28/0.30

3　絮状物实验室分析和推断

为了解循环水塔下水池连通渠格栅异常堵塞原因，对絮状物进行实验室分析，送至实验室的两份样品中，一份为格栅上黏泥状样品，一份为格栅清理后地面黏泥状物被晒干后样品。进行有机物分析和无机分析。

有机分析结果：使用涂片铸膜法对样品的二氯甲烷抽提物进行红外分析，确定有机物成分，根据萃取物的图谱分析，黏泥状样品和黏泥状晒干后样品的二氯甲烷抽提物主要成分为 0.4% 和 0.56% 的脂肪酸酯。

无机分析结果：将干燥后的样品在 575℃下灰化，灰分经熔融、溶解、定容后，导入电感耦合等离子原子发射光谱仪（ICP-OES），进行元素含量分析。在 575℃灼烧失重 50.07% 和 65.66%，说明样品有机物含量很高，在排除微生物黏泥的可能性后，系统中的絮状物应该为泄漏的有机物料反应物与循环水中杂质黏合后的产物（杂质包括悬浮物、甲虫壳、脂肪酸酯类）。

实验结果明确，絮状物中含有少量的脂肪酸酯类有机物，基于装置换热器物料的特点，并在明确现有换热器泄漏现状的前提下，认为与丁醛泄漏后被氧化成丁酸，丁酸再与泄漏的丁醇、异丁醇、辛醇等大分子醇反应生成脂肪酸酯有关。

结合上述排查的结果以及换热器泄漏物料压力调整之后堵塞情况的变化，最终明确导致循环水塔下水池连通渠格栅异常堵塞的关键原因是物料泄漏。在堵塞之前，丁辛醇装置高压蒸发器塔顶换热器 E-1108 混合醛已经出现轻微泄漏问题，但只有泡沫生成，并且处在循环水场塔下水池。当 E-1213 泄漏的正丁醇与 E-1108 泄漏的醛类出现低聚反应，同时有黏附悬浮物情况时，最终形成朵形絮状物，进而导致循环水塔下水池连通渠格栅出现堵塞问题。

4　应对措施

絮状物上黏附大量悬浮物和甲虫残渣，如果长时间在格栅处堵塞网孔，会导致清理工作量加大。若絮状物越过格栅后，在换热器中沉积形成有机污垢，进而造成有机污垢沉积腐蚀。遇堵塞后换热器高温再造成结垢，易造成垢下腐蚀，导致换热器效率降低。因此，结合循环水塔下水池连通渠格栅异常堵塞的原因，从多个角度出发，制定行之有效的应对措施。

（1）第一时间排查换热器泄漏情况，通过 COD、TOC 对泄漏情况准确判断，倘若有泄漏现象，要立即采取切除措施，如由于各种原因无法切除可选择物料侧降压等方式，并掌握泄漏量大小。

（2）根据系统的实际运行情况，对余氯值的上限适当调整，并每月冲击投加非氧化杀菌剂和有机分散剂，保证系统细菌总数能满足既定要求，生物黏泥量可以达到规定标准，确保填料间隙位置、水走壳层的换热器和低流速部位的微生物滋生速度能得到有效控制。

（3）水质维保人员和运行人员加强巡检质

量，对格栅堵塞清理情况密切观察，保证清理的及时性和连续性。在检查过程中，加大重视程度，确保循环水不会出现溢过格栅，将絮状物带入吸水池中，最后与系统融合[2]的情况。

（4）针对循环水塔下水池及格栅附近出现的大量泡沫，应该及时打捞，确保泡沫不会透过连通渠格栅在吸水池顶部聚集，避免对循环水浊度造成影响。

（5）增加旁滤手动反洗次数，有效减少絮状物以及防止旁滤板结。

5 结束语

通过对循环水塔下水池连通渠格栅异常堵塞的研究，可以更好地了解问题出现的原因，并结合具体问题制定解决办法，包括及时准确判断泄漏设备并采取切除或降压措施、增加旁滤手动反洗次数、调整系统余氯值的上限等，从而提高水处理设备的效率和可靠性。除此之外，化工装置换热器泄漏介质的化学性质以及相互作用后的结果，也是循环水系统稳定运行的关注重点。

参考文献

［1］于海龙，霍凤华，张洪军．急冷塔上段格栅堵塞原因分析［J］．化工管理，2015（10）：1.

［2］崔政平．水厂格栅反应池絮凝工艺的优化措施［J］．工业水处理，2012，32（6）：4.

（作者：贾顺利，四川石化公用工程部，循环冷却水处理工，技师；喻军，四川石化公用工程部，电力调度，技师）

减温减压器存在的问题及解决办法

◆彭　虹　吕　祥

目前大部分减温减压器的减温水阀门有内漏现象，在低负荷和热备用状态下，管道内存在积水，影响减温减压器的安全稳定运行；少数减温减压器调压阀开度调整受限，调压阀到达一定开度就会出现大幅振动，不能满足生产装置的正常运行需求。为了保证设备的安全稳定运行，提出了相应的解决办法。

1　简介

减温减压器是由减压装置、降温装置、安全保护装置及蒸汽管道所组成。减压装置的蒸汽减压过程是靠减压阀来实现的，可遥控操作改变减压阀的流通面积从而达到降低压力的目的。蒸汽降温过程是靠降温装置将冷却水由喷嘴喷入使水汽直接混合来实现的。安全保护装置安装在减温减压后的蒸汽管道上，其作用是当管道内蒸汽压力超过允许值时，将蒸汽排至大气，使管道内蒸汽压力保持在允许值内，从而保证减温减压装置的安全运行。

四川石化自备电站共设置12台减温减压器，其中1号～6号为常规减温减压器，与汽轮发电机没有联锁保护，7号～12号为快开减温减压器，与汽轮发电机有联锁保护。减温减压器按出口压力分为4.0MPa、1.2MPa和0.4MPa 3个压力等级，其中1号、2号、7号、8号、9号、10号为4.0MPa压力等级蒸汽供给减温减压器，3号、4号、11号为1.2MPa压力等级蒸汽供给减温减压器，5号、6号、12号为0.4MPa压力等级蒸汽供给减温减压器。

自备电站是四川石化公司供汽的核心装置，主要向全公司供给4.0MPa、1.2MPa和0.4MPa蒸汽。供汽方式主要是由减温减压器装置和汽轮发电机组可调整抽汽调节控制，汽轮发电机组作为主要供汽设备，减温减压器作为辅助和应急设备。随着公司运行方式的调整变化，减温减压器供汽将作为主要供汽方式，减温减压器的稳定运行将直接影响全厂供汽稳定。

2 存在问题

(1) 减温减压器在长期运行过程中，出现减温水阀门内漏的现象，导致低负荷和热备用状态下减温减压器出口温度不能控制在正常范围内，进而出现蒸汽管道内积水、流量计法兰漏水、管网温度低等现象。在外供负荷低的情况下，减温减压器出口温度及管网外供温度都得不到保障，直接影响外供蒸汽参数。

(2) 部分减温减压器调压阀不能满足正常运行需求，调阀开度稍大就会出现大幅振动现象，严重威胁安全生产和整个蒸汽系统的平稳运行。

(3) 减温减压器运行过程中噪声大，负荷越高声音越大，对运行人员的听力有一定影响。

3 原因分析

(1) 在低负荷和热备用状态下减温减压器出口温度不能控制在正常范围内的原因主要有两点：①由于原设计减温水压力高、管径大，减温水阀门长期处于节流状态，冲刷严重，导致减温水管线阀门内漏，随着时间的推移，减温水内漏量逐渐增大。②根据减温减压器现场管件布局来看，减温减压器系统存在疏水盲区、积水洼地，流量计前有凸台，疏水不畅。

(2) 减温减压器振动大是由于减温减压器设计流量大，调压阀选型、管系设计及管道支撑不合理等多种原因造成。

4 解决办法

(1) 针对部分减温水无法控制、内漏量大的减温减压器，采取封堵原减温水管线，临时新增减温水管线及阀门（图 1)。在保证减温水满足使用的前提下减小减温水的管线管径，确保减温水手动门全开、减温水调压阀有较大开度，尽量减少高压减温水对阀门的冲刷。

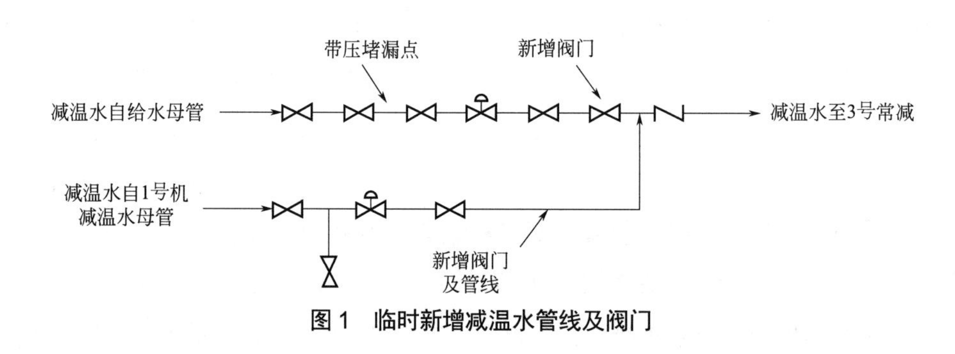

图 1 临时新增减温水管线及阀门

(2) 针对流量计法兰漏气、漏水的减温减压器，在流量计前新增疏水管线及阀门，让流量计前的积水能够及时排走，避免管道积水、泄漏甚至发生水击。

(3) 根据厂家给的建议，在保证流量不变的前提下，将调压阀阀芯更换为三级减压阀芯，在阀芯更换后，根据噪声变化情况，再进一步采用其他降噪措施。

(4) 邀请国内同类装置专家对减温减压器试验、评估，减温减压器系统存在低频高幅和高频低幅振动，通过增加阻尼器、更改弹簧支撑等手段，有效地改变了减温减压器系统的振动情况。目前振动主要为高频低幅振动，其主要原因是减温减压器及管系设计不合理，通过调整配置运行减温减压器台数、开度等方式来降低振动，待大检修时统一更换新的调压阀。

（5）根据减温减压器的运行情况，对减温减压器编制特护方案，增加巡检频次，对常见故障点进行预知维护。对内部连接结构增大接触面积和增加弹簧垫片，减小对活塞的伤害；对测温元件改形，更换固定安装结构，增加各零部件使用寿命。对各减温减压器进行试验，摸索减温减压器运行情况对管线、各减温减压器振动的相互影响，为运行提供参考资料。

5 改造效果

减温减压器减温水改造后，在低负荷和热备用状态下，减温减压器都能维持正常，减温水不再内漏进入蒸汽管道，减温减压器出口温度及管网温度都能得到有效控制；流量计前增加疏水点，确保疏水无死角，保证蒸汽管道疏水畅通；更换部分减温减压器调压阀，调整安装管系支撑及阻尼器后振动情况得到明显改善，后续时机成熟时将更换全部调压阀，效果会更好。

6 结束语

减温减压器系统由6套常规减温减压器和6套快开减温减压器组成，其中6套常规减温减压器采用直通式，6套快开减温减压器采用角式。减温减压器系统的主要作用是将高压力等级蒸汽通过节流减压、喷水降温的方式，调节为符合工艺要求的低压力等级的蒸汽。自备电站减温减压器作为主要供汽设备，至关重要，它关乎整个系统的平稳运行，解决减温减压器存在的系列问题就是为安全生产保驾护航。

（作者：彭虹，四川石化公用工程部，汽轮机值班员，技师；吕祥，四川石化公用工程部，汽轮机值班员，技师）

航煤离心泵振动高原因分析及改进方法

◆叶向伟　曾　奇　郑　震　曲　凯　薛智鹏

1　问题提出

某公司柴油加氢裂化装置反应产物经过汽提塔脱除硫化氢和轻烃后，经分馏塔进料换热器E-2003、E-1008分别与精制柴油、反应产物换热后进入产品分馏塔C-2002第32层塔盘。产品分馏塔C-2002设有38层浮阀塔盘，塔底物料经过重沸炉F-2001加热后返回到产品分馏塔。产品分馏塔设有一个中段回流，回流液返回第14层塔盘。航煤自分馏塔C-2002第16层塔盘抽出，并入航煤侧线塔C-2006，经过底部重沸器E-2018加热，轻组分被汽提至上部塔盘，轻重组分分离后，塔底航煤经过P-2009加压，进入蒸汽发生器G-8001发生0.4MPa蒸汽，侧线汽提塔顶气相返回产品分馏塔（图1）。

离心泵具有适用范围广、结构简单、流量均匀、造价及维护费用相对较低等优点，因此被广泛地应用在石化行业中。通常来说，生产的某些工况中，正常泵的外输流量为额定流量的50%～80%，并处于稳定波动状。当泵的外输流量远小于泵的额定流量时，就会出现泵送液体介质温度上升、泵体振动过大、泵能耗增大等问题，状态严重时还会出现安全事故。

柴油加氢裂化装置航煤泵P-2009自2018年7月大检修投用以来，面临如下问题：(1) 在停工期间，航煤收率低，反应产物组分较轻，为了尽快建立分馏塔物料平衡，通常采取关小泵出口阀限量的方法来维持出口压力，而此法极易引起泵抽空。(2) 柴油加氢裂化装置处于低负荷运行时，泵出口流量一旦低于35t/h，出口调节阀的阀位低于10%，会频繁出现泵非驱动端振动值超4.5 mm/s的情况。

柴油加氢裂化航煤泵P-2009的泵体型号为ZE80-4450，电机型号为YBX3-315M，技术参数如表1所示。

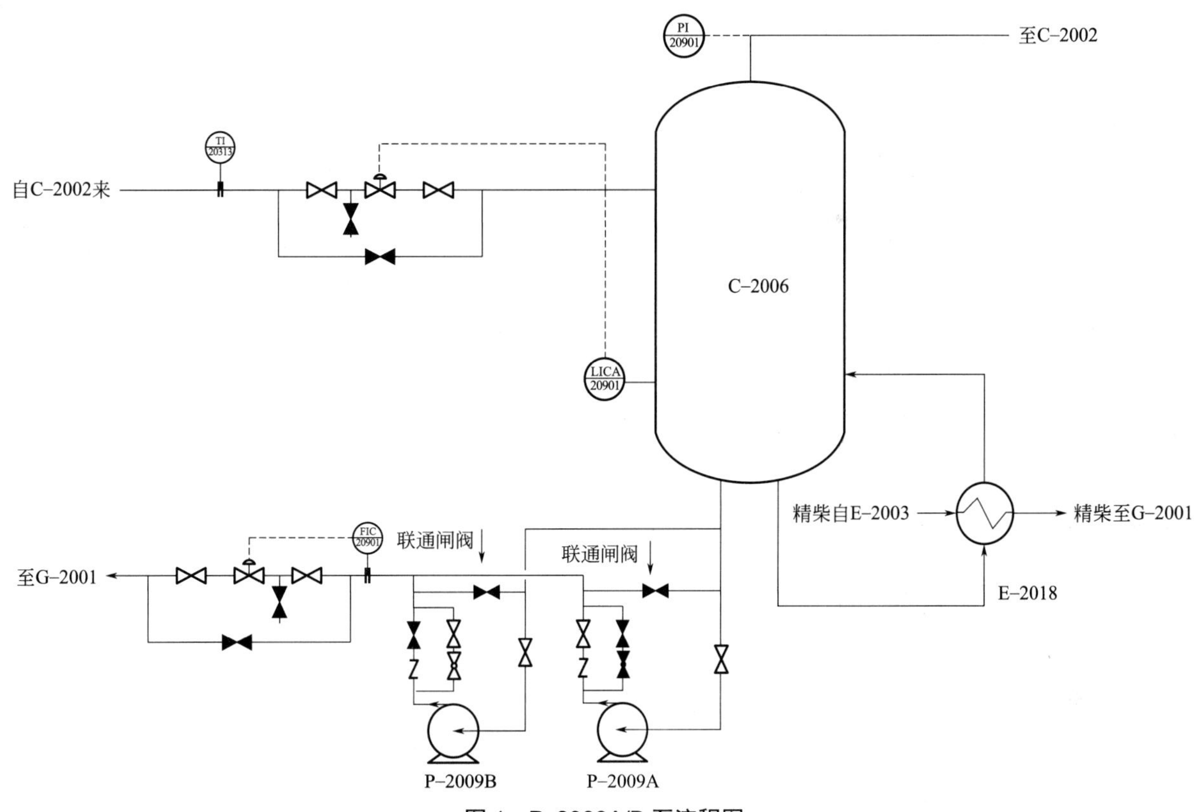

图 1　P-2009A/B 泵流程图

表 1　航煤泵 P-2009A/B 泵技术参数

项目	数据	单位
额定流量	144.6	m^3/h
额定扬程	230.4	m
吸入压力，额定 / 最大	0.10	MPa
有效汽蚀余量	5.00	m
频率	50	Hz
额定转速	2980	RPM
叶轮直径，额定	429	mm
叶轮直径，最大	458	mm
叶轮直径，最小	350	mm
额定点效率	57.73	%
汽蚀余量（3% 压头损失）	2.56	/
最小连续稳定流量	48.37	m^3/h
额定叶轮的最大扬程	262.8	m
扬程上升（额定点到关闭点）	14.06	%
额定叶轮的最佳效率点	187.6	m^3/h
流量比（额定点 / 最佳效率点）	77.10	%
直径比	93.67	%
扬程比（额定叶轮 / 最大叶轮）	84.84	%

2　航煤泵振动高原因分析

2.1　开工初期物料密度变小

根据表 2 可以分析出，正常航煤中 20% 具有重石组分（重石干点≤ 175℃）。但开工期间，转化率不够，航煤中轻组分远远大于 20%，物料密度进一步减小。如果泵输送介质密度发生变化，影响最大是压力水头和轴功率。根据公式 $H=(p_1-p_2)/\rho g$ 可以看出，当泵的扬程不变，密度减小，泵的进出口水头压力之差将减小，体现出的主要现象是泵的出口压力值（表压力）将降低，出口压力降低现象符合离心泵抽空特点。

表 2　航煤样品技术参数

项目	数据	单位
密度（20℃）	814	kg/m^3
闪点（闭口）	39.0000	℃

续表

项目	数据	单位
初馏点	149.0250	℃
5%	162.2625	℃
10%	165.9125	℃
20%	170.9000	℃
50%	186.6000	℃
90%	223.4500	℃
95%	239.7500	℃
终馏点	250.3375	℃
烟点（20 ～ 25mm）	21.0000	℃
运动黏度（20℃）	1.4310	mm/s

2.2 泵选型不合理

由图 2 可知，该泵最小稳定连续流量为 48.37m^3/h，换算航煤工况为 39.37t/h。但在开工初期，因反应转化率未到，分馏塔第 16 层塔盘集液箱物料积攒不足，航煤泵出口实际流量 FIC20901 只能控制在 35 ～ 40t/h。而长时间偏离最小连续稳定流量，造成泵内流动呈现不稳定状态，且泵径向力大、效率低，振动和噪声高于设计值，也符合泵在小流量下运行振动容易超标的规律，因此可以证明泵选型不合理且额定流量偏大。

此外，通过试验适当增大现场流量，流量 FIC20901 提高到 45t/h，振动明显降低。由此证明振动与运行流量大小有直接关系，流量越小产生的水力径向力越大，振动也越大。振动易造成机封损害，严重阻碍了机泵长周期运行。

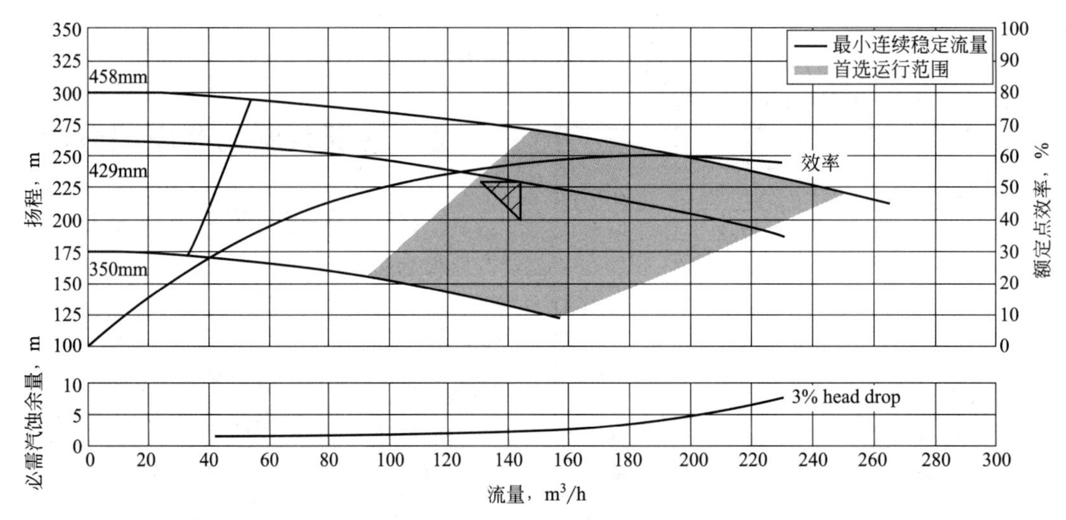

图 2 P-2009A/B 泵特性曲线

2.3 设计流程缺少最小流量控制

工程设计中，泵流量随着系统的需求而变化，某些工况下会低于最小需求流量点。在小流量工况下，离心泵内会产生叶轮进口回流、旋转失速、脱液、黏性尾流及间歇流动等多种不稳定流动现象，引起压力场和速度场的剧变，诱导强烈的振动噪声。通常在泵出口主管上设置一条小流量回流支管，用来避免主管外输流量过低时对泵产生不利影响。

柴油加氢裂化装置在 2018 年大检修技术改造中，新增航煤泵 P-2009 泵出口并没有设计单独返回线控制阀，如出现低流量运转状态造成泵体振动超标的情况，需要外操根据经验，适当调整泵出口联通闸阀的开度来降低振动值。闸阀因其结构并不能有效地控制回流量，一旦阀芯磨损或脱落，大量液体将直接回到泵的入口，不断循环，长时间运行会导致介质的升温。操作温度升高导致液体开始汽化，极易引发离心泵出现气蚀现象。该操作法虽然可以实现对泵的保护作用，但对操作人员的依赖性很强，手动操作耗费人工，容易误判或延时，存在安全隐患。

2.4 航煤干点偏低

柴油加氢裂化是重油轻质化的过程，转化率对产品的分布有重要的影响。转化率升高，航煤组分收率逐步增加。通过查阅相关工艺研究表明，航煤干点正常设计值为260～265℃，而根据表二航煤干点为250.3℃，远低于设计值，由此反映出分馏塔切割航煤组分偏轻，抽出量偏小。

3 解决方法及说明

3.1 适当控高C-2006液位，提高泵入口静压

根据航煤侧线塔C-2006技术参数，C-2006总高20.9m，出口管线距泵入口约3.9m，每提高10%的液位，相当于提高泵入口静压0.012MPa。在实际中维持塔液位的65%～70%，保证泵入口高压头有利于航煤泵P-2009泵稳定运行。

3.2 优化塔底温度，尽量控高航煤侧线塔C-2006底温

在开工中，经多次调整后观察，发现通过对整个分馏系统提温和塔底重沸器E-2018换热优化，尽量维持侧线塔底温不低于210℃，航煤抽出温度不低于190℃。重石组分被大量挥发上层塔盘，P-2009输送介质密度提高，抽空和振动现象明显好转。

3.3 将泵出口联通闸阀改为截止阀，并保证适当开度

泵出入口联通线管径为DN80，阀门形式为闸阀，建议将闸阀改为相对精确控制流量的截止阀，无须设置限流孔板。在启泵前稍开截止阀，根据电流，使其启泵流量大于最小连续稳定流量，根据控制阀流量FIC20901的大小，调整截止阀开度，保证控制阀开度在10%以上，且截止阀精度较高，保证流量无大幅波动。此法无须停工大幅改造，较为经济。

3.4 技改增加离心泵最小流量控制

通过技改在航煤泵P-2009出口增设最小流量旁路返回侧线航煤塔C-2006，采用最小流量线调节阀保证输送流量大于最小连续稳定流量，该方法相较于手动调节出口连通阀，可避免误判或现场操作滞后的情况发生，更利于机泵长周期运行，节约人力劳动。

3.5 适当增加原料油催柴比例

催柴中含有大量烯烃和芳烃，主要作用是提高精制床层温度，随着催化柴油掺炼量的不断增加，反应器精制床层的平均温度增温显著，二床层裂化床层温升均相应增加。在实际生产中，维持催化柴油掺炼量不低于30t/h（掺炼比例约10%），否则将影响反应裂化床层转化率，不利于提高航煤干点，进而影响航煤抽出量。

4 实施效果

经过多次工艺参数调整和设备进出口流量调整，目前，P-2009出口调节阀的阀位控制在15%左右，泵体非驱动端振超水平值降低至2.5～3.0 mm/s，振动区间处于正常范围。

5 结论

综上所述，造成航煤泵 P-2009 振动高的原因是在某些特殊工况下输送物料的密度低于设计值和实际流量低于泵最小连续稳定流量。从生产调整角度而言，提高塔底温度保证泵入口物料密度、控制高液位提高泵入口静压和调整泵出口联通闸阀开度增大泵入口流量可以解决航煤泵 P-2009 振动高的问题。从设计和泵的选择来看，由于实际生产工况可能偏离设计工况，当泵出口流量低于最小流量时，泵将会产生振动、噪声等异常情况，在条件允许的情况下，有必要实施离心泵增设最小流量保护方案。

参考文献

[1] 孙永航．浅析离心泵振动故障诊断及解决措施［J］. 中国设备工程，2022（4）：168-169.

[2] 李健．离心泵振动常见原因分析及预防措施［J］. 工艺与设备，2020（3）：138-139.

[3] 喻芳．离心泵最小流量控制方案的选择［J］. 化工设计，2017（1）：19-22.

[4] 邵晨，王小鹏，邢桂坤，等．石油化工装置离心泵最小流量浅析［J］. 化工设备与管理，2015（6）：51-54.

（作者：叶向伟，四川石化生产二部，加氢裂化装置操作工，高级工；曾奇，四川石化生产二部，加氢裂化装置操作工，高级工；郑震，四川石化生产二部，加氢裂化装置操作工，技师；曲凯，四川石化生产二部，加氢裂化装置操作工，技师；薛智鹏，四川石化生产二部，加氢裂化装置操作工，高级工）

芳烃装置甲苯塔液击的原因分析

◆苏 健 马振宇 朱晓琪 蒋亚鹏 何光军

四川石化芳烃装置采用美国 UOP 热联合工艺，甲苯塔采用加压操作方案，利用甲苯塔顶物料作为苯塔重沸器热源。开工过程中，甲苯塔进料后，回流管线出现液击现象，严重时管托被震歪，法兰泄漏，存在重大安全隐患。管线液击造成的开工时间延长、能耗浪费、风险加剧，成为制约装置长周期运行的瓶颈问题。文章通过分析甲苯塔液击产生的原因，找出开工阶段苯塔组分分离等关键因素，创新芳烃装置开工再沸器，为同类装置初步设计、装置技术改造提供参考。

1 流程简介

苯甲苯分馏单元采用抽提装置混合芳烃为原料，设置中间缓冲罐，原料自罐区抽出，进料泵升压后经换热器换热，并经 4.0MPa（G）蒸汽进一步加热至需要的温度后，送入白土塔。经白土塔吸附脱除微量烯烃后，与歧化物料、吸附分离粗甲苯混合自压送入苯塔。苯产品从塔侧线抽出送往苯产品罐，苯塔塔底芳烃送往甲苯塔处理。甲苯塔顶物即甲苯，部分循环为苯塔再沸器加热，回流罐采出产品外送，甲苯塔底重芳烃送往二甲苯分馏塔（图 1）。

甲苯塔采用加压操作方案，塔顶压力为 0.375MPa（G），塔顶温度可达 176℃，从而可以利用甲苯塔顶物料作为苯塔重沸器的热源，甲苯塔采用加热炉加热[1]。

2 液击现象及原因分析

开工过程中，当甲苯塔进料后，进料线、再沸炉出口靠近塔壁管线出现严重液击现象。甲苯回流泵启动后，回流管线随之出现液击现象，管托被震歪，管线法兰出现泄漏。甲苯塔回流罐顶放空排放到火炬系统，能耗浪费严重，装置开工风险加剧。

经分析，装置开工以混合二甲苯为介质进行热油运。甲苯塔再沸炉点火，塔底温度升温至 220℃，单塔循环等待投料。当上游装置产品质量合格，中间罐达到指定液位后，启动原料进料泵开始投料。原料温度为 35℃，经进料换热器加热到 90℃进入苯塔，此时苯塔底没有热源，大部分苯落到底部，被塔底泵送到甲苯塔进料。苯的常压沸点是 80℃，

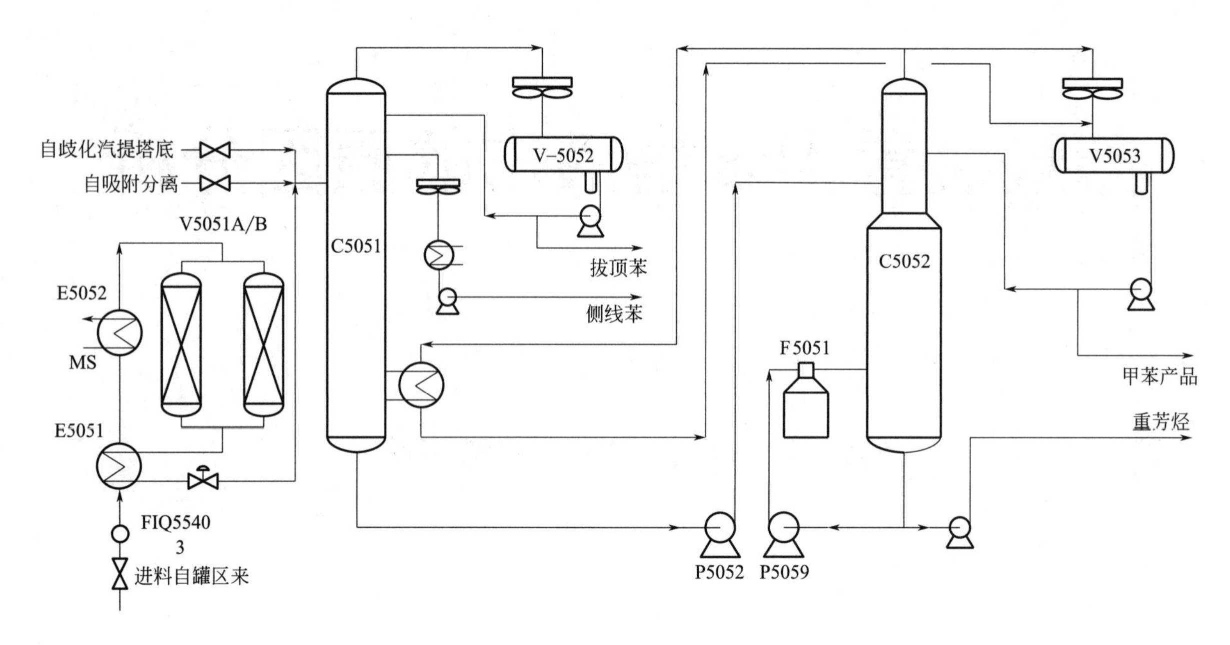

图1　苯甲苯单元流程图

在控制阀后部分气化，出现进料管线液击现象。

开工物料进入甲苯塔后压力迅速上升，由于塔顶冷却后温度为150℃，部分苯进入回流罐后依然保持气相状态，随放空排放到火炬系统。部分液相苯经回流泵升压送回塔顶，苯在回流管线内气化产生液击现象。

3　应对措施

3.1　开工专用再沸器方案分析

四川石化芳烃联合装置甲苯塔采用加压控制，其目的是回收甲苯塔顶物料热量，为苯塔再沸加热。同国内其他类似装置调研交流，发现甲苯塔液击是甲苯塔加压工艺的共有问题。为消除此类问题，在后期工艺设计或者改造过程中，苯塔增加1台开工蒸汽再沸器，专门用于开工投料过程中使用[2]。

增设苯塔开工专用再沸器（图2），苯塔进料后，单塔升温。当塔底温度达到工艺指标，苯塔底组分不再含有苯类轻组分时，再向甲苯塔进料，可成功解决苯组分进入苯塔造成的液击问题。

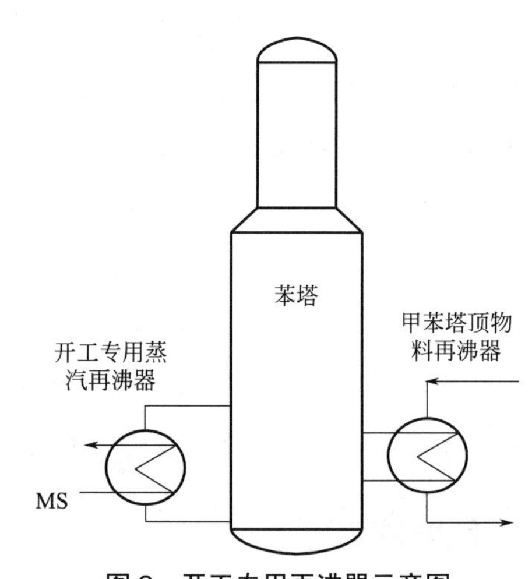

图2　开工专用再沸器示意图

此方案存在不足：前期投资或者改造投资大；施工期限长；开工正常后，蒸汽再沸器没有持续作用，如果停止使用，常年搁置放置，设备腐蚀压力增大；如果蒸汽和甲苯塔顶物料同时提供热源，会造成能量浪费，装置综合能耗增加。

3.2　增设开工循环线技改方案

四川石化芳烃联合装置苯塔周围预留空间狭

小，改造成本高，施工周期长，难度较大。结合现场实际，与设计院沟通计算，探索新工艺，确定技术改造方案：在苯塔塔底泵后增加一条开工线，增加苯塔底至E5051换热器前的跨线，利用白土塔进料蒸汽加热器将苯塔底物料预热，建立循环后再供给甲苯塔。管线自F55602后引出，敷设至FT55403之前，同时在新设管线上增设控制阀（图3）。

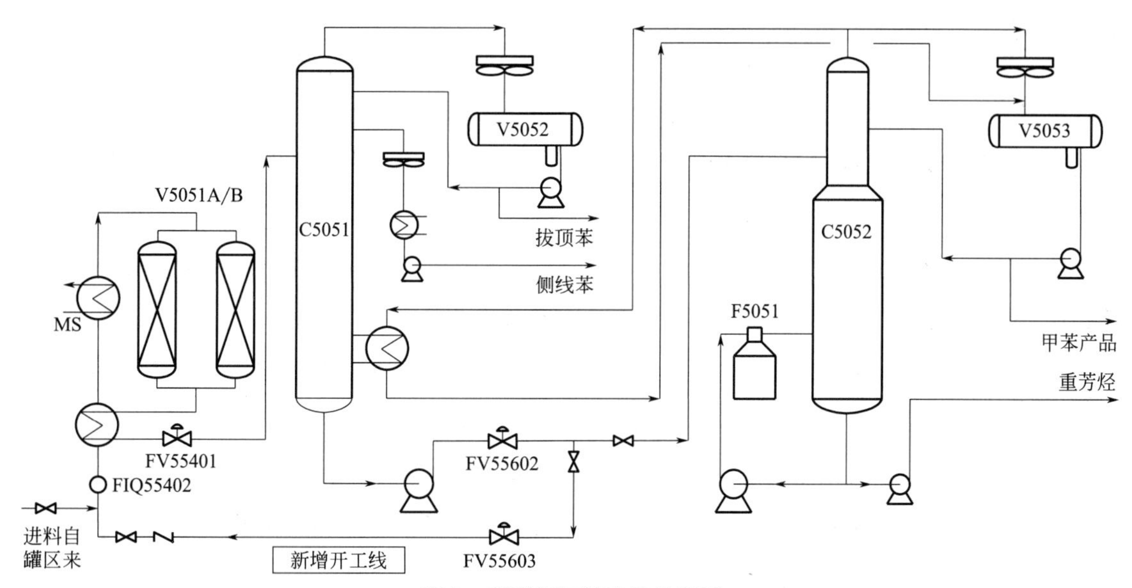

图3 新增开工线改造示意图

4 现场应用

利用装置检修期间，对开工循环线完成改造。在随后装置开工过程中的具体应用如下：

4.1 垫油建立单塔循环

甲苯塔垫油，混合二甲苯作为油运介质，再沸炉点火，甲苯塔单塔升温等待进料；苯塔垫油建立单塔循环，当抽提装置产品合格后，苯甲苯单元原料罐液位达到30%，启动原料泵以60t/h的速度向苯塔进料，苯塔底液位达到60%，启动塔底泵，通过新增开工循环线打循环，塔底液位稳定后，停止原料泵供料。通过苯塔底新增的调节阀，控制流量60t/h建立苯塔单塔循环流程。

4.2 投用加热器升温，间歇进料

投用白土塔进料蒸汽加热器，将苯塔进料温度升至140℃，精馏段温度逐步上升，直到塔顶回流罐见液位。苯塔底温度达到130℃时，减少循环量，以20t/h流量间歇向甲苯塔供料。甲苯塔顶物料温度达到150℃时，导通至苯塔再沸器流程进行预热。苯塔再沸器流量达到120t/h时，停止苯塔底循环。启动苯塔进料泵，建立正常开工流程。

4.3 甲苯塔建立回流

由于甲苯塔进料去除苯类轻组分，当甲苯塔顶物料达到正常170℃，回流罐液位到30%时，启动回流泵，以120t/h的流量建立回流，此时回流管线没有出现液击现象。甲苯塔底温度224℃，再沸加热炉出入口管线均没有发生液击。

4.4 实施效果检验

通过上述试车方案，开工过程未出现甲苯塔管线液击现象，减少了苯类放空排放，实现绿色安全环保开车。自改造完成至今，装置经历数次

开工，均未发生甲苯塔管线液击现象。实践证明通过增加开工线，利用装置原有进料加热器，实现了开工再沸器的创新，达到开工专用再沸器的同等效果，安全可靠。

5　结论

芳烃装置开工循环线在四川石化取得成功应用，彻底解决了甲苯塔管线液击瓶颈问题，消除了安全隐患，保障装置平稳开工。相比采用开工专用再沸器方案，具有投资少、工期短、无维护费用等优点。用一根线代替一个换热器，通过新增开工线，利用原有加热器，实现了芳烃联合装置开工再沸器的创新，为国内同类装置的工艺改造新探索。

参考文献

［1］李建雷，史永利，李腾，等．加热炉烘炉新方法探讨［J］．化学工程师，2013（9）：56-57.

［2］苏健，王永朕，许兆春，等．抽提蒸馏技术在四川石化的应用［J］．化学工程师，2015（7）：61-63.

［3］徐承恩．催化重整工艺与工程［M］．北京：中国石化出版社，2014.

（作者：苏健，四川石化生产三部，催化重整装置操作工，高级技师；马振宇，四川石化生产三部，工程师；朱晓琪，四川石化商务部，工程师；蒋亚鹏，四川石化生产三部，催化重整装置操作工，技师；何光军，四川石化生产三部，对二甲苯装置操作工，技师）

制冷压缩机效率低原因分析及对策

◆ 刘 强 张兵堂 赵 铁 陈智林

在石油化工生产中，为了保证乙烯球罐储存压力平稳，避免乙烯球罐超压排火炬浪费物料及对周围环境造成污染，需要增加制冷设备维持乙烯球罐压力的稳定。生产四部中间罐区设计了一套以液氨为制冷剂的压缩机，在乙烯装置停工或不允许返料时，通过开启制冷压缩机确保乙烯球罐压力在操作工艺范围内。本文从设备设施及工艺操作方面探讨如何提高冰机的制冷效率，在乙烯装置停工或不允许返料时减少气相乙烯的火炬排放。

1 制冷压缩机系统流程简介

1.1 制冷压缩机流程

罐区冷冻机组采用以液氨为制冷剂的螺杆式冷冻机组，在乙烯压缩机停车或装置检修期间，为了保持乙烯球罐压力的稳定，罐区须开启乙烯冷冻机组，将乙烯球罐冷损气化的气相乙烯平衡气和不合格气相乙烯平衡气分别冷冻液化，靠重力通过进料线流回乙烯球罐，冷冻机组气相乙烯进口温度为-20℃，液体出口温度为-36℃。冷冻机组主要由螺杆式压缩机、冷凝器、氨储罐、经济器、蒸发器、压缩机入口气液分离器等设备组成冷剂循环系统。蒸发器布置在乙烯储罐顶部平台上方，液相乙烯靠重力自流回球罐。

制冷压缩机系统流程见图1，蒸发器H-04是实现气相乙烯冷凝液化的换热设备，冷剂液氨由液位调节阀控制进入蒸发器壳程，在-40℃、0.072MPa（0.72bar、0.72atm）工况下蒸发，与管程内的乙烯气体换热，气相乙烯冷却后凝结成为液体，同时，液氨在蒸发器壳程中吸热蒸发成气氨进入压缩机入口的气液分离器V-03。压缩机C-10从分离器吸入气氨，压缩后的气氨压力1.554MPa、温度80℃，经油分离器V-01除去大部分润滑油后，高温、高压的气氨进入冷凝器H-03壳程，与管程的循环冷却水换热，冷却成为40℃的液氨后进入液氨储罐V-02，在1.554MPa气相压力的驱动下，液氨经氨储罐液氨出口管线去经济器H-02换热。经济器壳程出口液氨分两路：一路经节流阀节流后变成低温液氨，再返回进入经济器，吸收进入经济器壳程的液氨的热量后蒸发为气体，压力为0.121MPa，

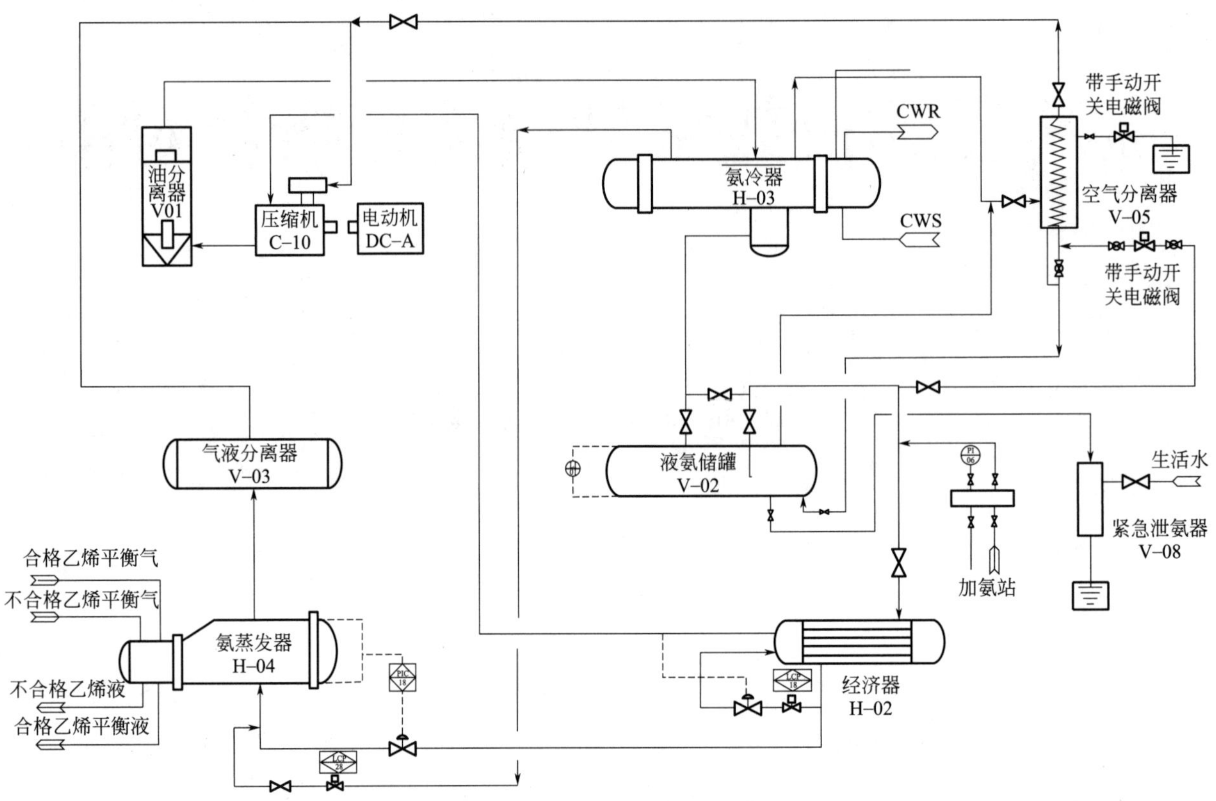

图 1　制冷压缩机系统简要流程

温度为 -29.8℃，被压缩机中间压力的孔口吸入，使制冷能力得到了提高，弥补了单级螺杆制冷压缩机在高压力比的低温工况下效率不高的缺陷；另一路液氨在经济器经热交换变成温度为 -19.8℃的过冷液氨后，由氨蒸发器液位调节阀控制进入液氨蒸发器进行制冷循环。

液氨冷却器及氨储罐顶部设有去往空气分离器 V-05 气相管线，在空气分离器壳程，气氨被冷凝返回氨储罐，以空气及惰性气体为主的尾气经过水槽吸收气氨后排大气。空气分离器管程的液氨来自氨储罐，经手动节流阀节流气化的低温气氨与壳程热介质换热后返回压缩机入口。

1.2　合格乙烯换热流程

合格气相乙烯来自 V-1001A、B、C、D、E、F 球罐的气相平衡线，经过氨蒸发器管程换热，因氨蒸发器安装在高于乙烯球罐的平台上，液化的乙烯由于重力作用经罐底部进料线重新回到 V-1001A、B、C、D、E、F 球罐内，制冷过程中，液化乙烯进入罐底相应球罐。

1.3　不合格换热流程

不合格气相乙烯来自 V-1001G、H、I、J 球罐的不合格气相平衡线，经过氨蒸发器管程，液化的乙烯由于重力作用经罐底部进料线重新回到 V-1001G、H、I、J 罐内，制冷过程中，液化的乙烯进入罐底相应球罐。不合格与合格的液化后的乙烯管线间有一条跨线，保证液化后合格与不合格乙烯之间的联通。

2　制冷压缩机系统运行过程中出现的问题

2.1　制冷压缩机负荷提不起来

原始开工过程中，乙烯球罐压力很高，当

提高压缩机负荷时气液分离器就会产生大量的积液，导致压缩机由于气液分离器液位高高联锁。

2.2 制冷压缩机油温高

制冷压缩机运转过程中，一级过滤器出口油温高，容易造成联锁。

2.3 压缩机高负荷却无法降压

乙烯装置大检修期间乙烯球罐压力非常高，压缩机负荷达到了100%却无法降低球罐压力，导致只能排火炬降压。

3 原因分析

原始开工期间，由于没有气相乙烯，热源采样的是氮气，制冷压缩机试运转，通过各方面的探讨与咨询，一致认为导致气液分离器积液的原因是热负荷不够，导致液氨无法在蒸发器内大量气化，气液夹带进入分液罐，后续乙烯卸车阶段也证实了这一点。

制冷压缩机油温高，检查循环水换热器出现结垢现象，清理后油温有明显下降。

乙烯球罐压力很高，开压缩机却无法降压，通过操作发现，通过对底部液化乙烯管线温度分析，确定在蒸发器内管程气相乙烯流动受阻，液化的乙烯并没有到达球罐底部进入球罐，制冷压缩机制冷效率低。

4 探讨提高制冷压缩机制冷效率的方法

4.1 氨蒸发器液位的控制

氨蒸发器液位对制冷效率结果影响很大，通过多组分析，在相同条件下，改变氨蒸发器液位，观察球罐压力降速率，得出结论是氨液位在50%时压缩机制冷效率高。操作结果见表1。

表1 操作结果

氨蒸发器液位，%	10	30	50	70	90
合格球罐压力压降，MPa/h	0.001	0.003	0.005	0.004	0.003
不合格球罐压力压降，MPa/h	0.001	0.004	0.006	0.005	0.003

4.2 氨储罐液位

乙烯装置大检修期间，制冷压缩机氨储罐的液位只有20%，氨储罐的液位关系到氨蒸发器液位。当要提高氨蒸发器液位来提高制冷效率时，发现氨蒸发器液位节流阀开到100%都无法达到设定的50%，氨蒸发器液位一直在20%运行，导致制冷压缩机效率低，乙烯球罐压力上升过快放火炬。根据经验，在正常运转下，氨储罐液位与蒸发器液位都处于50%时，制冷压缩机效率最高。

4.3 不凝气的影响

制冷压缩机操作过程中，加注制冷剂氨时，系统中容易引入不凝气。不凝气的存在导致制冷压缩机操作时出口温度和压力过高，液氨进入蒸发器的蒸发效果差，制冷效率低。定期排除制冷系统中的不凝气，能更好地提高制冷压缩机的制冷效率。

4.4 气相乙烯流程的设定

合格与不合气相乙烯经过氨蒸发器管程换热，液化后进入合格与不合格罐，由于液化后的液相乙烯是通过重力的原因从罐底进入球罐。乙烯装置大检修期间，合格乙烯球罐东西两侧球罐压力不相等，6个球罐的液位相差较大。检修期间即使制冷压缩机正常运行球罐压力的上升速度也是非常的快，降压的效果不佳，导致大量乙烯放火炬。通过分析发现，液化后液相乙烯流程设定不科学，由于东西两侧球罐压力不等，西侧的球罐压力高（离制冷剂换热器吸入口距离较远），东侧的球罐压力低（离制冷剂换热器吸入口距离较近），在压缩机正常运行时，液化后的乙烯进料在西侧，氨蒸发器在东侧高平台上，气相乙烯是通过东侧气相平衡线进入氨蒸发器。这个不合理的操作流程，导致液化后的乙烯因为西侧球罐压力高而无法通过重力进入球罐，大量液化后的乙烯积满管线倒串入东侧气相线，气相平衡线大量积液，通过东侧乙烯球罐罐顶温度表及气相排火炬U形弯积液可以确认这一点。合格气相乙烯管线由于积液，气相乙烯无法进入氨蒸发器管程，失去了制冷的意义。经过研究探讨，立即打通冷却后的液相乙烯线，同时为了增大液位差，选取西侧液位最低的球罐。流程设定合理后，合格乙烯球罐乙烯上升速度明显减缓，有时还会出现压力下降的情况。选取液位相对低的球罐，增加液位差，能够更好地增加气相乙烯的流量。若出现不合格气相平衡线压力相对较低，而合格乙烯气相平衡线压力高排火炬，可以稍开合格与不合格平衡气联通阀，提高不合格球罐压力，增加不合格气相乙烯进入氨蒸发器的流量。增加氨蒸发器的换热量，提高制冷压缩机制冷效率。

5 结论

在该研讨没有实施时期，制冷压缩机制冷效率相对较低，运转过程中稳定性差，对球罐降压的效果差。为了降低球罐的压力只能排火炬泄压，这样不仅浪费物料还对周围环境造成污染，造成巨大经济浪费。研讨实施后，提高了制冷压缩机制冷效率，减少了乙烯排火炬，从而确保了大检修期间乙烯球罐平稳运行。

参考文献

[1] 辛长平，李星活 . 制冷技术基础与制冷装置［M］. 北京：电子工业出版社，2013.

[2] 金文，杜鹃 . 制冷技术与工程应用［M］. 北京：化学工业出版社，2019.

（作者：刘强，四川石化生产四部，油品储运调和工，技师；张兵堂，四川石化生产四部，油品储运调和工，高级技师；赵轶，四川石化生产四部，设备工程师；陈智林，四川石化生产四部，乙烯装置操作工，技师）

原油罐区污水提升泵易抽空故障分析及处理

◆ 陆吉华　张明坤　张攸谏　卫　帅　梁　瑞

四川石化仓储运输部原油罐区的原油罐经静置沉降后，脱水至 PT-2004 含油污水池，再经污水提升泵 P-2004A/B 外排至含油污水系统管网。在生产运行过程中，出现污水提升泵频繁抽空，污水无法外排的情况，严重影响了原油罐的脱水备料工作，导致下游常减压装置中原油的水含量增多，塔压不稳，电脱盐电流增大，造成了生产波动。如何解决污水提升泵抽空故障并排尽水池污水成为问题的难点。

1　故障现象

原油罐区 PT-2004 含油污水池长和宽为 8m，高 6m，液位高报值为 3.6m，配备两台污水提升泵 P-2004A、P-2004B，扬程为 65m，流量为 $50m^3/h$。在输水过程中，含油污水池的液位在 3m 以上时污水提升泵才能正常启动，而且机泵容易抽空，水池液位降至 2.7m 左右时就无法外排，导致原油罐脱水工作暂停，严重影响了原油的脱水备料工作。经检查，机泵设备正常，污水排出管线采样口的水样含有大量杂质和浮油，水池采出的水样亦是情况相同。

2　故障分析判断

2.1　污水提升泵的组成

原油罐区的含油污水提升泵为 NTP 型同步排吸泵，其结构由泵壳、泵体、水泵罩、蜗壳、叶轮、叶片、密封环、轴套、泵轴、联轴器、吸入管线、排出管线、水罐等部分组成。机泵的入口连接水罐的底部，而入口管线连接在水罐的顶部。

2.2　同步排吸泵的工作原理

同步排吸泵的工作原理是首次启泵前向水罐内灌满水，排净罐内空气。电动机启动后，泵轴带动叶轮旋转，充满叶片之间的液体也随着一起转动，在离心力的作用下，液体在从叶轮中心被甩向边缘的过程中获得了能量，以很高的速度流入泵壳，然后沿着横截面积逐渐扩大的叶轮和蜗形泵壳之间的空间向出口方向汇集，随着流道的扩展，液体速度逐渐下降，压力则逐渐升高，最后经排出管排出。叶轮中心的液体被甩出时，叶轮中心处便形成低压，在吸入侧液面与泵吸入口处之间的压差作用下，水罐内液体源源不断地流入泵内，以补充排出液体的位置。水罐内液体被泵吸走，罐内形成真空，在水池液面与水罐内的压差作用下，水池的污水自动被吸入水罐内，连续被泵送走。停泵后由于入口管线在水罐的顶部，使得一部分液体储存在了水罐内。由于水泵的轴平面在水罐液面以下，因此在重力的作用下，水罐内的液体自动灌入泵腔完成灌泵，无须二次灌泵。

2.3 故障原因分析

由于设备和操作的原因，原油罐脱水作业所排入含油污水池的污水含有泥沙等机械杂质和污油，随着使用时间的累积，水池中的泥沙等机械杂质和污油会越来越多。当启泵外排污水时，泥沙等机械杂质和污油会随着污水被吸入泵内。在高速流动下，机械杂质冲刷管道内壁和泵壳，破坏表面结果，增加摩擦损失，同时堵塞管路和泵壳，造成机泵抽空。

根据离心泵的汽蚀余量计算公式：

$$NPSH_a = \frac{p_0}{\rho g} - H_g - \frac{p_s}{\rho g} - H_w$$

式中 $NPSH_a$——装置汽蚀余量，m；

p_0——液面的压力，Pa；

ρ——液体密度，kg/m^3；

g——重力加速度，m/s^2；

H_g——液面与泵水平轴心的垂直距离，m；

p_s——液体的饱和蒸气压，Pa；

H_w——吸入管路的水头损失，m。

由公式可知，在相同工况情况下，水中污油含量的增加会提高液体的饱和蒸气，从而降低汽蚀余量，导致机泵更容易抽空。

3 故障处理

造成原油罐区含油污水池的同步排吸泵频繁抽空的原因是污水中含有大量的机械杂质和污油，为了解决这一问题，必须减少污水中的机械杂质和污油。

3.1 解决思路

为了减少污水中的机械杂质和污油，在污水提升泵入口的水罐上增加一条生产水管线。当含油污水池中的机械杂质和污油增多，影响污水提升泵运行排水时，可在水泵运行过程中，打开入口水罐上的生产水阀门，生产水进入水罐中稀释污水中的机械杂质和污油，避免管道和泵壳堵塞，降低污水的饱和蒸气压，减少摩擦损耗，并提供额外压力补偿，从而避免机泵抽空。工艺改造如图 1 所示。

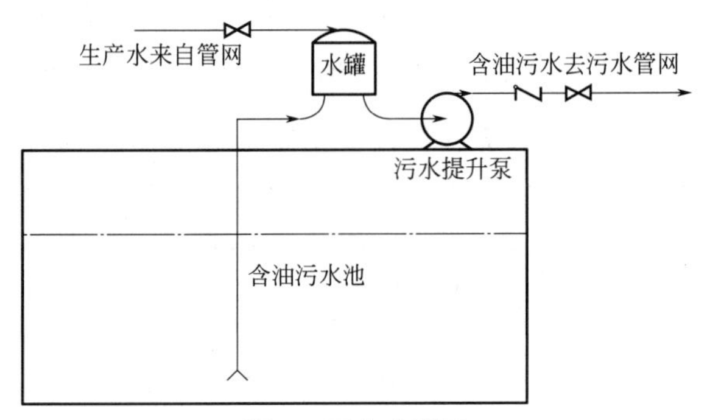

图 1 工艺改造图

3.2 实际改造

在实际改造中，使用一条 DN20 的管线将生产水连接至污水提升泵 P-2004A 入口水罐的放空阀上，生产水由水罐上的放空手阀控制。

在日常操作中，当污水提升泵因为含油污水池的机械杂质和污油过多而导致机泵抽空时，关闭污水提升泵的出口阀门，停止水泵运行，再打开污水提升泵水罐上的生产水手阀，将生产水注入水罐中，水罐注满后，启动污水提升泵，缓慢打开水泵的出口阀门至压力、流量均正常。观察含油污水池的液位，调节生产水的阀门开度，确保污水提升泵运行正常的同时污水池液位下降。

3.3 实际应用效果

自含油污水提升泵改造应用以来，借助生产水的注入，污水提升泵 P-2004A 可以在污水池的任意液位值启动而不抽空，而且水池污水基本上可以排至低报液位 200mm，大大提高了污水外排效果，避免了原油罐被迫停止脱水，从而影响备料工作的现象发生。

4 结论及认识

污水提升泵的改造不仅能更好地排净含油污水池的污水，而且在一定程度上减少了机械杂质对机泵、管道的冲击，降低设备故障率。同时也避免了频繁地申请吸污车吸收污油和清理水池污泥，很大程度地减少了工作量。水罐上增加生产水线，当污水提升泵抽空时，现场操作人员可以直接打开生产水线的阀门灌泵，无需打开水罐用人提水桶接水灌泵，简化了操作。另外，因为含油污水池中含有机械杂质和污油，所以水池污水的指标通常都严重超标，COD 和污油能达到 5000mg/L 以上，氨氮则达到 100mg/L 以上，而生产水的注入稀释了含油污水，降低了污水指标，在一定程度上减少了污水处理厂的压力。本次改造费用低、操作性强、效果显著。

（作者：陆吉华，四川石化仓储运输部，油品储运调和操作工，技师；张明坤，四川石化仓储运输部，油品储运调和操作工，技师；张攸谏，四川石化仓储运输部，油品储运调和操作工，技师；卫帅，四川石化仓储运输部，油品储运调和操作工，技师；梁瑞，四川石化仓储运输部，油品储运调和操作工，高级技师）

航煤装车流量计超差原因分析及处理

◆李 勇 郭 备 田 兵

航煤是四川石化主要效益项目，汽车装卸单元承接着公司的航煤汽车装车工作，而装车设备是否正常工作，直接关系到航煤出厂任务能否完成。目前汽车装卸单元共有汽车装卸 -Z-017A/B 两套底部密闭装车系统，通过定量装车系统将仓储运输部430罐区输送的航煤装车外运，气相回收至480单元油气回收装置。后期新增两套装车鹤管，设置在区域北侧。

装车的控制设备采用横河公司DL8000型批量装车控制系统，计量设备选用艾默生公司XMF300M355NAGZMZZZ质量流量计和梅特勒托利多公司SCS120型汽车衡。计量方式分为：流量计计量和汽车衡计量两种方式，在流量计计量与汽车衡计量超差超过0.3%时，要求查明超差原因并处理。2023年以来，航煤装车不断出现流量计计量与汽车衡计量超差较大的情况，超差率达6.7%。

1 航煤装车流量计计量与汽车衡计量超差较大原因分析

1.1 汽车衡积水

汽车衡积水分为汽车衡台面积水和地坑积水两种情况。汽车装卸单元的汽车衡处于露天环境，无避雨设施，在雨天时秤台有积水现象(图1)，容易引起称重不准。操作上要求及时对秤台数据进行清零，避免称重数据有误。跟踪日常装车数据分析发现，汽车衡台面积水是引起计量超差的间接原因。

图1 汽车衡积水图

1.2 管线介质中含有气泡或非满管装车

质量流量计和常用流量计一样都需要满管测量，在流量管未充满或介质出现两相流时会导致流量和密度测量值波动较大，流量计会给出报警信息，此时带来的测量误差无规律。质量流量计运行工况与设计工况偏差较大时需要进一步计算核实，避免出现工艺负荷变化带来操作流量过大或过小、背压不足介质气化等问题。跟踪日常装车数据分析发现，非满管装车是引起计量超差的间接原因。

1.3 质量流量计安装位置未满足设计规范要求

流体在管道内的流态比较复杂，不同流态下质量流量计有不同的工作状态，影响其测量精度。安装位置应选在避免流动扰动和温度梯度处，远离管道弯曲处、阀门和其他干扰源。在流量计前后应有足够的直管段，以确保稳定的流场条件。通常需要 5 倍至 10 倍的管道直径长度，且应按照流体流动方向正确安装，保持其与管道轴线平行。根据现场环境和特殊要求，对可能需要的流量计进行绝缘保护，以防止温度变化和外界干扰。

质量流量计前后未留出直管段、直管段长度不够、未按照流体流动方向正确安装质量流量计、未保持与其管道轴线平行、未对特殊质量流量计进行绝缘保护等因素均会影响质量流量计的测量精度。

1.4 震动对质量流量计准确度的影响

质量流量计本身的工作原理就是依靠振管自身的震动来实现流量计量的。如果外界有振动源就会互相干扰，从而影响产品的计量精度，甚至会造成仪表停振。如果因现场原因无法避免而距离太近，必须在仪表与振动源之间安装膨胀节以缓解外界震动对仪表的影响。跟踪日常装车数据分析发现，质量流量计的振动造成的流量计数据异常是引起计量超差的主要原因。

2 流量计计量与汽车衡计量超差较大处理方法

2.1 完善汽车衡排水避雨设施

按照行业规范和公司要求，安排维保人员定期、及时地清理汽车衡排水沟杂物，避免堵塞。特别是雷雨天气，须加强汽车衡巡检频次，发现异常情况及时处理。同时，采取对地磅增设雨棚等遮雨措施，避免雨天时的秤台积水情况，减小雨水引起的计量超差。

2.2 排除管线中的气泡

汽车装卸单元两个航煤装车位的平均装车流量可达 40 ～ 50t/h。在仓储运输部 430 罐区装车泵出口设置回流线，汽车装卸站装车鹤管前设置预过滤器和过滤器，可排除非满管装车的可能性。

2.3 保证质量流量计与汽车衡的准确性

汽车装卸单元共有 3 台汽车衡，每个月安排对 3 台汽车衡进行一次称重比对，监控汽车衡的称重数据，相互对比印证，可及时发现汽车衡是否数据异常，避免因汽车衡称重引起的计量超差。

2.4 增加减震措施，减小计量误差

在航煤质量流量计出入口增加支撑（图 2），再对固定桩地脚螺栓进行紧固。在质量流量计前后管线的抱箍内圈加装胶垫和木托底座，减小装车过程中的振动，避免基座不稳定引起流量计计量偏差。

图 2　航煤质量流量计支撑缓冲图

3　结论

通过以上排查整改措施能够及时发现并纠正计量超差。对 2023 年 3 月和 4 月的装车数据跟踪对比，航煤装车超差率由 6.7% 降低至 1.4%，超差情况明显减少。因质量流量计与装车批控仪、电液阀联动，质量流量计准确计量在保证安全、顺利装车的同时避免因计量超差导致公司亏损，保证企业利益。

（作者：李勇，四川石化生产七部，油品调和工，高级技师；郭备，四川石化生产七部，油品调和工，技师；田兵，四川石化生产七部，油品调和工，技师）

顺丁橡胶丁二烯系统中微氧的防治

◆ 刘　潇

在顺丁橡胶装置生产过程中，回收精制系统中的微氧，尤其是溶剂脱水塔中的微氧一直是影响装置平稳生产的主要因素。微氧的积聚会造成系统内的丁二烯产生过氧化物、端聚物及二聚物，这些物质的堵挂会影响装置平稳生产，严重时会威胁装置安全。本文结合顺丁橡胶的生产特点，分析了回收精制系统内微氧的来源，提出了一些针对性的防治措施。

1,3- 丁二烯是顺丁橡胶生产的主要原料，其化学性质活泼，是石油化工生产中较难管控的介质之一。另外，其共轭双键非常活泼，容易与系统中的微氧等物质产生过氧化物、端聚物及二聚物，这些物质会堵塞管线、仪表引线等，严重时会使设备胀裂，威胁生产安全，最近的几起顺丁橡胶装置生产安全事故都直接或间接与微氧的存在有关。由于顺丁橡胶生产特点的原因，微氧会带入回收精制系统中，所以如何管控系统中的微氧，降低氧含量成为顺丁橡胶生产过程的一个重要环节，也直接影响装置对丁二烯的管控水平。

1　微氧的来源

下面主要讨论回收精制系统，主要是含有丁二烯系统中的微氧问题。

1.1　生产过程微氧带入

回收精制系统中溶剂脱水塔和丁二烯回收塔的回流罐气相在设计上是持续向尾气吸收塔排放的，而其中微氧又是持续存在的，所以认为微氧的来源主要是生产过程带入。

在凝聚热水循环过程中热水从后处理一号筛进入热水罐（90℃左右），由于热水罐敞口水流与空气直接接触，会有空气中的氧气溶于水中，类似于鱼塘的供氧水流。带有溶解氧的热水进入凝聚釜气相，形成聚积，气相经过冷凝之后温度在35℃左右，其中的氧会溶解于凝聚釜顶冷凝器内的含水物料中，并带入回收精制系统。虽然回收精制系统内的游离水含量较小，但是在长期己烷精制循环中，微氧的累积效果比较明显。

回收溶剂罐在向溶剂脱水塔进料时，物料所

含的微氧会在塔内析出，由于脱水塔顶冷凝器内存在相变，一部分氧液封于换热器封头处，无法完全进入回流罐并向尾气吸收塔排放，氧不断在塔顶气相富集，在换热器封头处及塔顶达到最高。在实际测量分析过程中脱水塔回流罐中氧含量最高测量值在3000mL/m^{3}左右，平均1600mL/m^3，塔顶气相氧含量应高于这个值。同样的，丁二烯回收塔回流罐中的气相氧含量(300mL/m^3)，也是由于进料来自脱水塔回流罐，罐中物料中的溶解氧通过进料进入丁二烯回收塔，导致塔顶及回流罐气相中持续含有微氧。

物料中的溶解氧虽然很少，但由于脱水塔进料量大，平均在70t/h，所以在不断的累积过程中，气相中的氧含量仍然会较高。

由于溶剂脱水塔回流罐中的微氧含量持续较高，所以生产过程本身存在的微氧带入问题是回收精制系统中微氧存在的主要原因。

1.2　三剂配制带入

顺丁橡胶的三元催化剂及防老剂中所含的少量微氧将随聚合胶液进入胶罐系统，并随胶罐气相带入回收系统，考虑到原料中存在的微氧量很小而且三剂加入量较小，所以这部分影响较小。

在卸料过程中，三异丁基铝、环烷酸镍及三氟化硼乙醚络合物均卸于密闭罐中，卸料过程微氧带入较小。而防老剂的配制，由于设计原因，是敞口加料进防老剂配制罐，整个过程与空气接触较多，会有部分溶解氧带入系统中。

1.3　开工及设备切换微氧带入

在原始开工或检修后开工，以及回收精制系统机泵等设备定期切换时，由于氧含量置换不彻底，会导致一部分微氧存在于系统中。由于溶剂脱水塔及丁二烯回收塔回流罐气相都有连续向尾气吸收塔排放的管线，系统内持续存在的微氧与设备置换不彻底关系较小。

2　微氧存在的影响

丁二烯的化学性质极为活泼，当系统中有氧存在时，丁二烯与氧反应生成过丁二烯过氧化物，丁二烯过氧化物成为自催化剂，使丁二烯过氧化物迅速自聚生成丁二烯过氧化自聚物。过氧化自聚物产生的自由基又可引发丁二烯聚合，最终生成爆米花状的丁二烯端基聚合物，一般该结构的分子式为$[(C_4H_6)_xO_2]_n$[1]。同时，系统中的氧、铁锈等在没有空气的情况下也能提供氧，对丁二烯端聚物的生成有促进作用。丁二烯端聚物一经形成，就会以此为中心，发生链增长等自身支化蔓延过程，不易终止，产生的丁二烯端聚物迅速累积堵塞设备、管线，甚至破坏设备。

2.1　对设备的危害

系统中不断产生的丁二烯自聚物会严重威胁生产安全，尤其在设备内的一些盲端、死角或空间较小处积聚时，自聚物的膨胀会使设备泄漏甚至胀裂。

溶剂脱水塔进料中含有5%左右的丁二烯，在塔顶冷凝后会有液态丁二烯存在，这部分丁二烯会与塔顶的氧作用在塔顶冷凝设备处出现自聚情况。四川石化15×10^{4}t/a顺丁橡胶装置溶剂脱水塔顶热交换器（浮头式）壳程封头处出现自聚物积聚膨胀，造成换热器封头泄漏，浮头少许形变。这就是溶剂脱水塔气相中氧含量不断积聚升高，在换热器封头处液态丁二烯由于流速降低与氧接触产生自聚物，不断累积过程中导致封头泄漏。

2.2 腐蚀影响

溶剂脱水塔进料中所含的微氧在塔内析出，氧浓度在塔顶达到最高，由于脱水塔顶冷凝器内有游离水析出存在相变，在氧的作用下会发生电化学腐蚀，损坏换热器列管。从列管腐蚀的情况来看（部分管线出现明显破裂，且有铁屑等磁性残渣，这也印证了发生了电化学腐蚀而破坏了列管本身的结构），氧在一定压力下，水温度越低越易溶解，在换热器内由于循环水的冷却加速了氧在水中的溶解，并且在物料进入脱水塔顶冷凝器壳程后由于截面积增大而流速减慢，更易发生电化学腐蚀（吸氧腐蚀）。

3 防治措施

3.1 热水循环系统源头治理

防治的源头在热水循环过程，目前采用的较为实际的办法是在热水罐加密封盖，减少热水流与空气的接触，从而减少氧的溶解。这种方法可以降低回收溶剂中的氧含量，减小溶剂脱水塔内微氧的聚集速率。但塔内微氧聚集的主要原因是累积作用，所以还需要进一步的防治措施。

3.2 系统定期排氧并增加排氧管线

在回收精制系统中定期排氧，是防治系统中影响微氧的主要措施。

回收精制系统中，溶剂脱水塔气相的微氧含量较高，丁二烯回收塔的含量低但塔顶丁二烯浓度高。在塔顶及塔顶冷凝器封头上部（由于液封的一定作用）微氧浓度最高，加之物料在换热器封头处流速降低，更容易引起自聚，所以对系统定期排氧很有必要。利用回流罐放空去火炬管线，对系统定期排氧是降低微氧含量的有效措施。

经过对微氧的定期排放，脱水塔回流罐气相及丁二烯回收塔回流罐气相的氧含量都有所下降。脱水塔回流罐氧含量在1000mL/m^{3}左右，丁二烯回收塔回流罐的氧含量在100mL/m^{3}以下。

由于微氧浓度最高处为换热器封头上部及塔顶，在冷凝器封头上侧增加排氧线，利用排氧线对系统定期排氧是更加行之有效的措施。示意图见图1，定期排氧后对管线进行氮气吹扫，防止排氧线内出现自聚物堵塞管线。

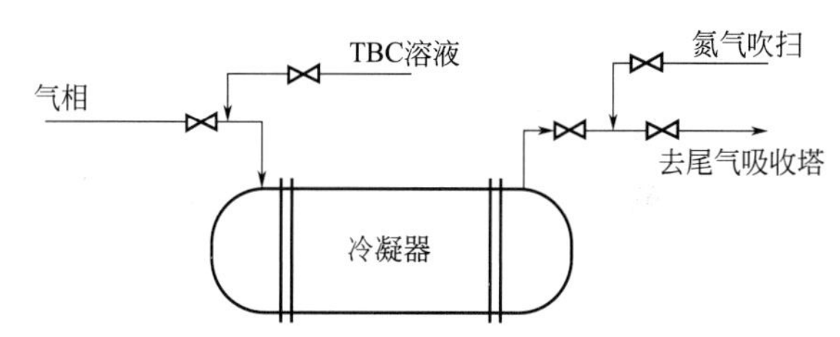

图1 溶剂脱水塔及丁二烯回收塔顶冷凝器排氧线

3.3 增加TBC冲洗线

在丁二烯系统中，经常采用加入阻聚剂TBC（对叔丁基邻苯二酚）的方法来防止丁二烯自聚，TBC羟基上的氢原子易释放，与丁二烯过氧化物游离基反应后形成稳定的基团，从而起到阻聚作用。另外，TBC受热后还能消耗系统中的微氧，主要是TBC中的酚羟基经过与氧结合后形成醌类物质，生成对叔丁基邻苯二醌，从而降低系统中的氧含量。反应过程见图2。

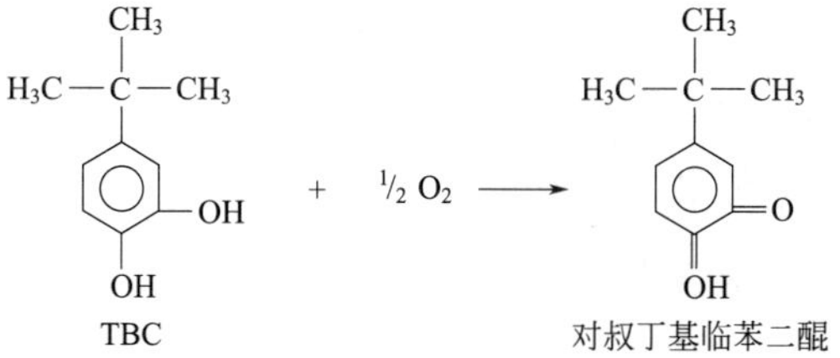

TBC + $\frac{1}{2}O_2$ → 对叔丁基临苯二醌

图2 TBC与氧的反应

将 TBC 溶液加入进溶剂脱水塔及丁二烯回收塔气相中，可以降低其中的氧含量，这部分 TBC 经过回收精制系统，最终在脱重塔底排出。增加系统中的 TBC 含量后，脱重塔底的重组分增加，需要对脱重塔加大排重。详情见图 3。

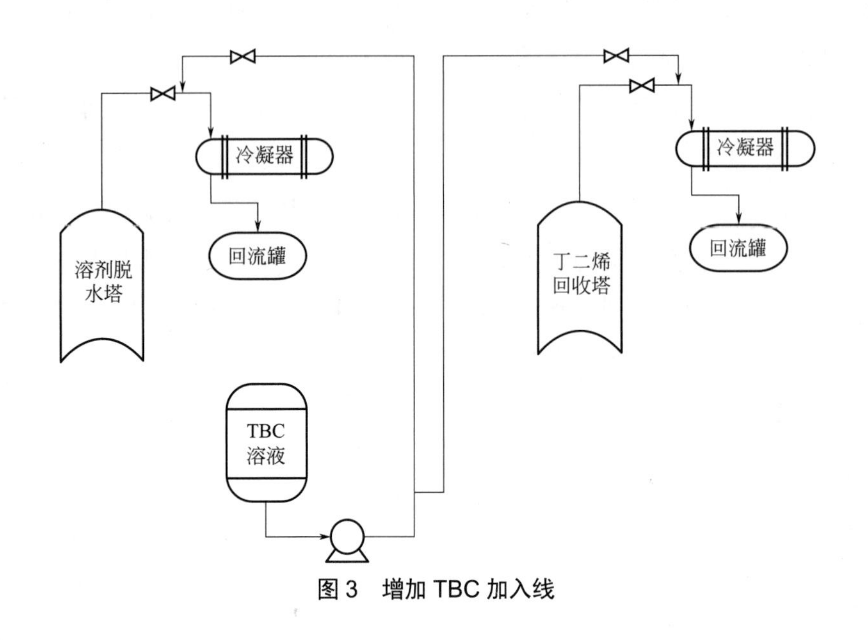

图 3　增加 TBC 加入线

3.4　三剂加入过程治理

这里主要针对的是防老剂的配制过程，由于是敞口将防老剂加入配制罐，所以在加料结束后要对防老剂配制罐进行充分的氮气置换，减少其中溶解的微氧，从而减少胶罐回收气相中的微氧含量。每次防老剂配制后置换后的氧含量须小于 0.2%。

3.5　工艺优化

(1) 降低凝聚回收溶剂温度。生产工艺优化方面，主要是对凝聚釜气相回收温度的调整。适当提高凝聚釜气相冷凝后的温度，以减少溶解的微氧，使其更多地析出，自凝聚溶剂回收系统排放至火炬。具体的措施是将凝聚釜顶两台串联换热器循环水量减少，使冷凝后温度由 35℃提高至 38℃，水中的溶解氧可以降低 15% 左右。这样既能减少溶解的微氧量，还能减少循环水的用量，达到节能降耗的作用。

(2) 粗溶剂罐降压排氧。对回收溶剂罐定期降压排放。由于回收溶剂罐（粗溶剂罐）控制微正压，自凝聚来的回收溶剂进入回收溶剂罐循环后，罐内会析出一定量的微氧，定期排放，降低氧的分压，有利于罐内物料中的微氧析出，达到降低氧含量的目的。

4　结论

近期顺丁橡胶同类装置发生的安全生产事故，事故原因都直接或间接与回收精制系统，尤其是含有丁二烯系统内的微氧有关，所以顺丁橡胶装置及涉及丁二烯介质的化工装置，对丁二烯系统内的微氧管控应更加精细。

四川石化 15×10^4t/a 顺丁橡胶装置，吸取同类装置的安全事故，加强对丁二烯系统的管控力度。主要从源头治理、定期排氧、增加排氧线、增加 TBC 冲洗线及工艺条件优化等方面入手，有效地降低了回收精制系统内的微氧含量，并对关键设备内的微氧含量定期监控，以防止同类事故的发生，措施实施后，在不含阻聚剂的丁二烯脱阻聚剂塔系统实现了连续运行 36 个月的记录。

参考文献

［1］国际合成橡胶生产商协会（IISRP）编．丁二烯爆米花状聚合物手册［M］. 中国石油独山子石化公司译．北京：化学工业出版社，2013.

（作者：刘潇，四川石化生产六部，顺丁橡胶装置操作工，技师）

丁二烯碳四蒸发器运行周期短的原因分析及对策

◆ 祁卫平　雷伟伟　刘序洋　张兵堂　李昀杰

四川石化 15×10^4t/a 丁二烯抽提装置选用含水乙腈做溶剂，采用两级萃取两级精馏的方法生产聚合级丁二烯产品，副产抽余碳四和含炔碳四，抽余碳四经化工中间罐区存储转运，作为MTBE装置的原料使用；含炔碳四经化工中间罐区存储转运送至碳四加氢装置加氢后作为乙烯裂解原料。装置于2014年4月投料开工，2018年4月停工大检修，6月完成检修后开车。2020年5月至10月之间，原料蒸发器E1101多次堵塞切出检修，发现堵塞物为焦油状聚合物和橡胶状聚合物，换热器运行周期不足1个月就堵塞严重导致加热困难，严重影响装置长周期运行，并增加检修费用。通过研究丁二烯聚合物的形成机理，剖析影响丁二烯聚合的因素，根据工艺流程、原料组成及蒸发器的实际运行情况，查明运行周期缩短的主要原因，并实施了优化措施。

1　碳四蒸发器运行中出现的问题

1.1　碳四蒸发器的工艺流程

原料碳四蒸发器（图1）设计为立式热虹吸固定管板式换热器，正常运行为1开1备，换热面积774.6m^2。管程物料为经过亚硝酸钠除氧后的裂解碳四，其中丁二烯含量在40%左右，炔烃含量为2%，碳五含量为0.5%，其余为少量碳三和丁烷丁烯组分。壳程加热介质为来自脱重塔中沸器E1202含水8%、温度88℃左右的循环热溶剂，其作用是将乙烯裂解来的原料碳四气化，通过调节循环乙腈控制阀FIC11002控制气化量（即装置生产负荷），碳四以气相进入第一萃取塔上塔第6块塔盘萃取精馏。管程底部设计有排重组分流程，当碳五等重组分高时，可打开HC11002，将重组分排放至炔烃产品罐V1303。

1.2　蒸发器异常堵塞情况

装置自2014年开工以来，碳四蒸发器的运行周期在一年半左右，随着聚合物的积累堵塞，影响换热效果后切出检修。在2020年5月至10月之间，换热器的运行周期不足一个月就堵塞严重，被迫切出，打开封头后发现大量焦油状聚合物和橡胶状聚合物堵塞管束，清理难度较大，管程入口管线同样积累大量的聚合物。蒸发器堵塞频繁且异常严重，直接影响装置平稳运行，部门组织技术人员分析查明引起聚合的原因并采取管控措施。

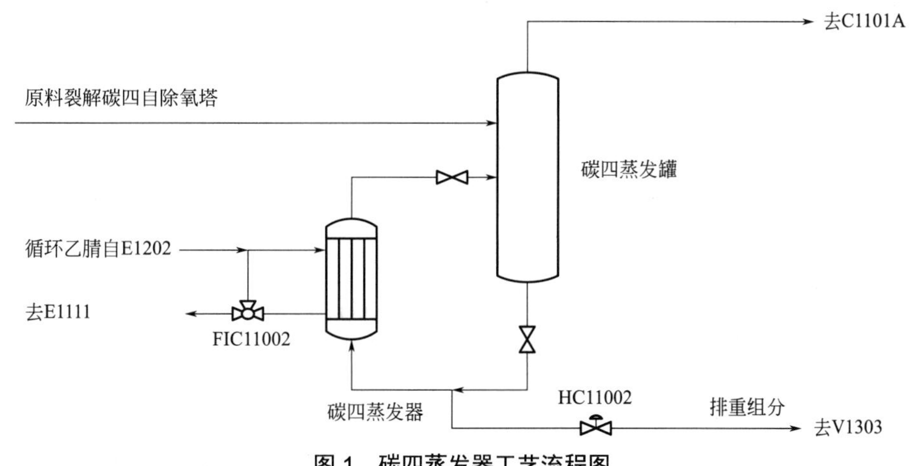

图 1 碳四蒸发器工艺流程图

2 蒸发器结焦快的原因分析

丁二烯是具有共轭双键的最简单的二烯烃，其化学性质非常活泼，易聚合，易于形成焦油状聚合物、丁二烯二聚物、过氧化聚合物、橡胶状自聚物、端基聚合物等。装置运行中发现，在丁二烯高浓度部位易产生过氧化聚合物和端基聚合物（本文暂不讨论此聚合物），在丁二烯浓度低、温度高的部位易产生橡胶状聚合物和焦油状聚合物。第一萃取精馏塔下塔塔釜温度在110℃至120℃之间，热源为190℃左右的中压蒸汽，解析塔塔釜温度在141℃左右，热源同样为190℃左右的中压蒸汽，这两个塔操作温度较高，丁二烯热聚合现象明显。在检修中发现在塔釜泵（P1103、P1104）入口过滤器、塔釜再沸器（E1107、E1108）管束、第一萃取塔下塔塔盘、解析塔塔盘存在焦油状聚合物和橡胶状聚合物的积累。对于原料蒸发器E1101热源为88℃左右的循环乙腈，出口温度68℃左右，在这种相对低温且未进行萃取精馏提高丁二烯浓度的前提下出现聚合物频繁堵塞实属不正常。

2.1 橡胶状聚合物的反应机理

丁二烯橡胶状聚合物[1]是在氧存在的条件下，吸附在金属表面的氧和过氧化物活化，与其接触的丁二烯分子，自动加成生成高分子聚合物，是一种长链聚合物和支链聚合物的混合物，反应比较复杂，其中大部分为长链聚合物。聚合物外表类似胶皮、海绵，呈褐色团状，有弹性，也称胶皮或海绵状聚合物。它的产生与系统中的杂质、氧、操作温度、压力、丁二烯浓度有关，温度越高，压力越大，丁二烯浓度越大，越容易聚合。

2.2 蒸发器产生聚合物的原因

从橡胶状聚合物的反应机理来分析，以蒸发器频繁堵塞时的工艺条件（温度、压力）变化、丁二烯浓度、原料中杂质、原料组成以及氧含量多方面入手，分析引起聚合的原因。

2.2.1 工艺条件

蒸发器堵塞后经过查询，在此阶段未进行生产负荷调整，装置负荷保持在36t/h，加热介质乙腈的入口温度为88.2℃，第一萃取塔塔顶压力为0.39MPa，工艺条件与平时无差别，所以可以排除工艺条件变化造成大量聚合物形成。

2.2.2 氧含量变化

原料裂解碳四经过原料除氧塔进入蒸发器，通过对除氧塔运行情况的排查，化验分析SC1102亚硝酸钠含量在正常范围，亚硝酸钠循环泵P-1109正常运行且循环量为3.2t/h，与正常时持平，除氧塔发挥了源头除氧功能，取样分析原料中的氧含量在正常范围，因此，可以排除蒸发器是由于氧含量高引起的聚合。

2.2.3 丁二烯浓度

原料裂解碳四中丁二烯含量为40%，与正常运行时持平，未发生丁二烯含量大幅度波动情况，因此，同样可以排除蒸发器是由于丁二烯含量波动引起的聚合。

2.2.4 原料碳四中杂质含量

通过对聚合物成分分析，发现含有上游乙烯装置脱丁烷塔使用的碳四阻聚剂成分，而此期间，脱丁烷塔刚好使用新的碳四阻聚剂，说明此阻聚剂未能发挥阻聚效果，且起到了不良影响。同时，化验分析表明裂解碳四中碳五含量比平时高，而碳五、炔烃、羰基类等杂质含量较高时，会加速丁二烯聚合，产生焦油状聚合物。因此，可以确定蒸发器频繁堵塞是由于原料中杂质、阻聚剂不良反应引起的。

3 装置采取的处理措施

针对蒸发器频繁堵塞、严重影响装置平稳运行的问题，一方面部门合理安排，对蒸发器检修清理，保证检修效果。检修后，通过工艺处理，确保氧含量合格后进行备用。另一方面在工艺上采取以下处理措施，延长蒸发器的运行周期。

3.1 加强对原料碳四中氧含量的控制

通过对丁二烯聚合机理的研究，可知原料中如果含有氧，会加速丁二烯聚合。首先，加强对上游乙烯装置和中间储罐的管理，杜绝氧进入系统，脱丁烷塔再沸器检修后进行彻底的氮气置换，原料裂解碳四泵、脱丁塔釜液泵清理完过滤器，氮气置换前应进行微氧检测，确保氧含量小于500mL/m^3。其次，密切关注本装置的原料除氧塔，确保亚硝酸钠的浓度在2%左右，循环量稳定保持在3t/h，从源头上减少氧进入装置，从而消减丁二烯聚合。

3.2 加强装置工艺管理

稳定原料碳四品质，加强原料监控。在操作中时刻注意原料碳四中碳五含量的变化，装置要求碳五含量小于0.5%，如果超过，联系上游装置及时调节并改善不合格罐，确保进入装置的碳五在允许范围内。时刻关注工艺参数的变化，原料碳四罐的温度有上升趋势时，增加原料碳四罐底排放量，时刻关注第二萃取塔68板灵敏板温度，当温度有上升的趋势时，打开重组分排放线向脱重塔釜排放。加强工艺调整，提高第一萃取塔的腈烃比，稀释碳五浓度，提高第一萃取塔的萃取效果，防止抽余碳四和丁二烯不合格，调整第二萃取塔的回流量和腈烃比，尽可能降低碳五在溶剂系统的停留积累，使尽可能多的碳五组分进入脱重塔外排，以减少对循环乙腈溶剂的污染。

3.3 碳四阻聚剂的有效加入

丁二烯由于含有不饱和键，其活性较高，在系统中的氧、铁锈、水的作用下，易形成自由基[2]：$H+O_2 \rightarrow R\bullet+HOO\bullet$，形成的自由基R•非常活泼，与氧继续反应生成过氧化自由基：$R\bullet+O_2 \rightarrow ROO\bullet$，过氧化自由基又夺取烃类分子中的H生成过氧化氢物和新的自由基，为交联聚合物的形成提供引发条件。加入阻聚剂就是减少自由基R•和过氧自由基ROO•的形成，阻止自由基的链式聚合作用，致使聚合反应减少或停止。对于碳四蒸发器频繁堵塞，在聚合物中检测出未反应的阻聚剂问题，应重新评估碳四阻聚剂的阻聚效果。关键的阻聚剂要使用效果好、投入使用长，避免新换助剂带来负面影响，并且在生产中要确保阻聚剂连续、稳定、足量地加入。

3.4 严格控制检修质量

检修过程中减少设备表面光洁度的损伤，由于本地气候原因，设备打开后会很快产生铁锈，为了防止铁锈催化丁二烯聚合，在换热器等设备检修时，一方面要合理统筹，加快检修进度，减少设备暴露在外界环境的时间；另一方面检修完成后，立即用氮气置换，合格后加入5%左右的亚硝酸钠直接进行钝化，将设备内残存的浮锈全部转化为磁性氧化铁，使钢铁表面生成以γ-Fe_2O_3为主的钝化保护膜从而起到保护系统的作用，降低对丁二烯聚合的影响。

4 结束语

丁二烯在运行过程中出现聚合物堵塞设备现象是影响装置长周期运行的主要因素，应针对不同聚合物产生的部位和聚合物积累情况，查找引起聚合的原因，采取相应的管控措施。本文分析碳四蒸发器频繁聚合的原因，采取原料的源头管理、对碳五等杂质的处理以及碳四阻聚剂的有效使用和严格控制检修质量等措施，装置通过精细化管理，可最大限度地减少丁二烯橡胶状聚合物和焦油状聚合物的生成，在近三年的运行中未发现蒸发器异常堵塞情况，表明装置采取的措施是有效的，从而保证了丁二烯装置稳定高效运行，达到了长周期运行，提高总体经济效益的目的。

参考文献

[1] 海产盛，李强，柳启晟，等. 丁二烯抽提装置自聚物的预防 [J]. 广州化工，2011，39（03）：155-156，174.

[2] 王立艳. 丁二烯装置橡胶状聚合物形成原因及预防措施 [J]. 炼油与化工，2013，24（02）：26-28，61.

（作者：祁卫平，四川石化生产四部，丁二烯装置操作工，高级技师；雷伟伟，四川石化生产四部，乙烯装置操作工，高级技师；刘序洋，四川石化生产四部，乙烯装置操作工，技师；张兵堂，四川石化生产四部，油品储运操作工，高级技师；李昀杰，四川石化生产四部，汽油加氢装置操作工，技师）

延长乙烯装置急冷工段运行周期措施

◆ 杨靖丰　邓守涛　朱孟达　赵　飞　王　波

乙烯装置急冷管道长周期稳定运行是装置安全稳定运行的重要保证，急冷系统存在水质乳化、稀释蒸汽带油、焦粉和沥青质组分聚集等典型问题，这类问题导致设备管线结垢、堵塞、腐蚀，对工艺水的达标排放、换热器热效率、裂解炉炉管寿命、裂解炉运行周期等产生严重影响，在装置运行末期影响尤为突出。针对急冷系统存在的系列问题，采取针对性的措施从根本上予以解决，从而延长急冷工段的运行周期，对于乙烯装置整体的安全平稳运行具有重要意义。

1　急冷工段概况

某石化公司 800kt/a 乙烯装置于 2014 年开车投产，已稳定运行 9 年。其急冷工段主要由急冷油系统、急冷水系统和稀释蒸汽系统三部分构成（图 1）。裂解炉馏出物进入急冷油塔后经急冷油、盘油、汽油组分逐级降温回收热量，并粗分离出其中的重质组分。为保障装置的长周期稳定运行，在急冷油系统增设了轻燃料油塔和重燃料油塔，通过蒸汽汽提的方式回收燃料油组分中的芳烃类物质，用于降低急冷油的黏度。裂解气自急冷油塔顶部进入急冷水塔，经急冷水再次降温回收热量并分离出部分汽油组分后送往压缩工段，分离出的汽油组分经汽油汽提塔分离提纯后送回急冷油塔或作为产品送至罐区，部分急冷水经工艺水塔分离出汽油组分后用于生产稀释蒸汽[1]。

2　急冷工段长周期运行问题分析

2.1　急冷水乳化

当具有乳化剂作用的组分进入急冷水系统后，在油水界面形成界面膜，降低了界面的表面张力，使细小的油滴均匀地分散在水相里，形成水包油型乳液[1,2]，造成急冷水的乳化。急冷水的乳化是急冷水的温度、pH 值和裂解汽油的组分等因素共同作用的结果[3,4]，从不同温度下急冷水乳化随 pH 值变化情况（图 2）可以看出，急冷水的 pH 值对急冷水的乳化具有直接影响，当水体 pH 值大于 9 时，急冷水的乳化现象明显加剧，水层、油层与乳化层的分离时间延长，这将导致急冷水塔的油水界面模糊，严重影响油水分离效果，导致大量油分进入后系统，给装置造成不利影响。急冷水的乳化程度也与水体温度成呈相关，装置长期高负荷运行，急冷水塔热负荷增加，整体热分布升高，塔釜持续处于高温状态，油水界面的表面张力显著降低，水溶油的能力增强，当系统 pH 值发生波动，水体乳化后形成的乳浊液更加稳定[5]。而当急冷油塔塔温波动时，柴油等重组分上移，随裂解气进入到急冷水塔中，这类重组分的密度与水接近，将导致水塔塔釜油水分离器的界面模糊，同时汽油、柴油中挟带的酸性物质与助剂中的碱液作用，生成各种具有表面活性的盐类，对油水乳化有很大促进作用，会进一步加剧急冷水的乳化。

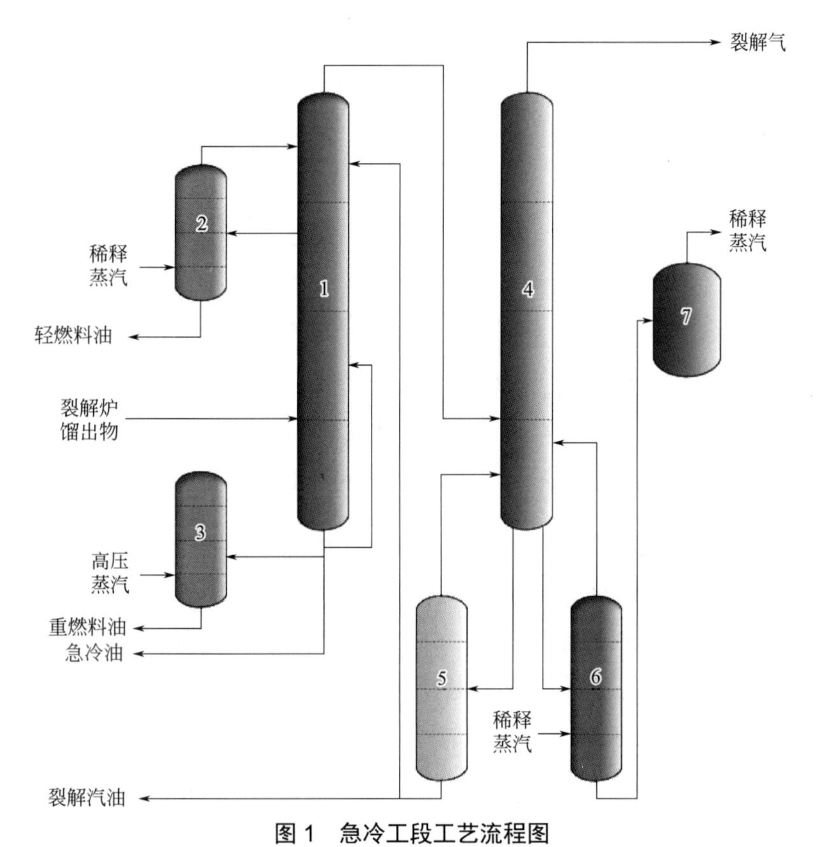

图 1　急冷工段工艺流程图

1—急冷油塔；2—轻燃料油塔；3—重燃料油塔；4—急冷水塔；5—汽油汽提塔；6—工艺水塔；7—稀释蒸汽发生器

2.2　稀释蒸汽带油

造成稀释蒸汽带油的直接原因是，急冷油塔顶温过高，导致裂解汽油组分过重，重油组分进入急冷水系统，在较高的 pH 值环境下形成了水包油型的乳化液，导致急冷水塔釜油水界面快速上升，大量油分随急冷水进入后系统，工艺水聚集器和汽油汽提塔无法将这类乳化液有效地分离出急冷水系统，乳化液进入稀释蒸汽发生器最终发生稀释蒸汽带油现象。带油的稀释蒸汽进入裂解炉后，会加速炉管的结焦，严重缩短裂解炉的运行周期[1]。此外，裂解原料的轻质化会使裂解汽油和裂解燃料油的收率提高，造成急冷油塔顶温度上升，同时也会导致重质组分随裂解气进入急冷水塔，加大急冷水乳化的风险[6,7]。

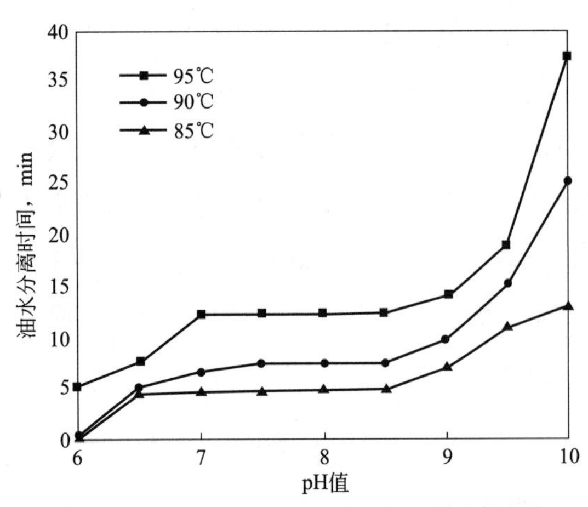

图 2　不同温度下急冷水乳化随 pH 值变化情况

2.3　焦粉堆积

急冷水系统中焦粉过多可能与裂解炉烧焦过程中的操作条件有关。在裂解炉烧焦操作过程中，过高的升温速率和较大的稀释蒸汽流量会导致焦粉未能有效的被清除而大量冲入急冷系统，造成急冷系统各过滤器的压差骤然上升，设备管线的腐蚀减薄加速、堵塞频率增加等问题。

2.4　苯乙烯聚合和沥青质聚集

急冷油中的芳香族组分对于苯乙烯和沥青质具有较好的溶解作用。当急冷油塔釜中的芳香族组分含量较低时，大量的沥青质无法有效地溶解在急冷油中，随急冷油流动至装置各处，沉积于管道设备中，苯乙烯随裂解汽油进入水系统中，至工艺水预热器、稀释蒸汽发生器等部位，系统温度的上升使得苯乙烯大量聚合，造成设备管线的堵塞。

2.5　稀释蒸汽再沸器泄漏

来自工艺水塔顶部的工艺水，经换热器预热后进入稀释蒸汽发生器，通过热虹吸式再沸器利用急冷油和中压蒸汽两类热源制造稀释蒸汽。其中，急冷油再沸器 8 台（7 开 1 备）作为基础热负荷，中压蒸汽再沸器 4 台作为可调热负荷。裂解炉汽包的连续排污通过连续排污总管进入稀释蒸汽发生器，所有的固体物随稀释蒸汽发生器的底部排污排出，排污须保持连续进行，以免悬浮物、钙镁离子等杂质累积。在长期运行过程中，急冷油再沸器多次发生封头和管束泄漏，对装置生产造成较大影响。急冷油再沸器泄漏主要包括酸碱腐蚀和冲蚀造成的再沸器管束泄漏及急冷油系统压力波动造成的换热器浮头泄漏两类情况。

3　延长急冷工段长周期运行措施

3.1　强化关键参数监控

急冷油塔精馏段塔釜温度的准确监控对于治理急冷水乳化问题具有重要意义，严格控制裂解汽油干点温度，可有效防止重质油组分进入急冷水系统。同时强化对急冷水 pH 值的监控，根据裂解炉的工作状态及急冷水塔各处进料的情况及时通过助剂进行预调节，避免 pH 值的大幅波动，可有效降低急冷水发生乳化的频率。

3.2　增设芳烃抽提装置

在急冷工段增设芳烃抽提装置可有效减少系统中的苯乙烯和沥青质，从根本上解决苯乙烯聚合和沥青质聚集的问题，从而降低设备、管线发生堵塞的概率。

3.3　优化工艺操作方案

裂解炉烧焦操作过程中的波动对急冷系统影响显著，优化裂解炉清焦操作流程，适当减小升温速率和蒸汽投用量，杜绝烧焦过程中的粗暴式操作，避免大幅的工艺波动，从而减少进入后系统的焦粉量，有效地延长后系统的设备管线寿命，同时也在一定程度上减小急冷系统的波动。

急冷油透平进行转速调节时，将每次转速调节的幅度控制在 50r/min 以内；急冷油过滤器出口阀调节时，每次调节控制急冷油系统压力变化在 10kPa 以内；在急冷油泵对切时，严格控制泵出口阀的启闭速度，避免急冷油系统压力的大幅波动，从而避免稀释蒸汽再沸器发生封头泄漏。

3.4 合理使用助剂

急冷系统使用的助剂种类多，成分复杂，不同供应商的同一种类助剂有效成分也存在一定差异。在实际生产中助剂本身或其衍生物可能对其他系统造成不良影响，且不同助剂间也存在相互影响的可能。在使用或更换助剂前，应对急冷工段使用的阻聚剂、缓蚀剂、消泡剂等助剂进行组成分析，研判其实际功效及对其他系统可能造成的影响，对效果不佳或可能造成负面影响的助剂及时进行更换。同时，通过实时取样分析，确定工艺水聚集器前后苯乙烯及其他重质油分的含量变化，研判工艺水聚集器的处理效果，及时更换滤芯、调整滤芯供应商或提高聚集器处理能力，以更好地辅助系统运行。

3.5 CFD 技术辅助监测

CFD 数值模拟技术能够有效地模拟各类型流体在管线中的流动状态和分布情况，运用 Fluent 软件结合装置现场数据对重油在各类设备、管线和管件中的流动情况进行模拟，结合现场布管情况和物料实际参数，从设计角度分析造成管线堵塞的原因并进行相应的整改，可从根源上降低管线堵塞问题发生的概率。

3.6 强化重点设备监管

针对急冷工段易于出现堵塞、漏油的设备管线，加强日常巡检和关键工艺参数的监管分析，定期进行重点监管设备管线的进导淋排放、过滤器清理、换热器抽芯清洗等工作，有预见性地消除设备管线中的潜在风险，从而避免设备管线出现大面积的堵塞和漏油问题。

3.7 管线的清洁

日常工作中，在完成过滤器吹扫、设备倒空、导淋排放等操作后，应及时使用蒸汽对排放管线进行吹扫，避免残留的重油组分和焦粉等在管线中凝结造成堵塞。

4 结论

急冷工段的稳定性对于乙烯装置安全平稳运行具有重要意义。急冷水乳化、稀释蒸汽带油和管线堵塞、腐蚀等问题是由诸多因素共同作用的结果，在装置运行过程中须严格监控操作温度、急冷水 pH 值、裂解汽油干点等关键参数，通过优化操作方案和管理制度规避操作过程中人为造成的系统波动，做好重点设备的监管，并结合各类助剂和调节手段，根据生产调整提前做好预判，维持各项工艺参数的动态平衡，从而保障急冷工段的长周期稳定运行。

参考文献

[1] 王胜兵 . 关于急冷水乳化的讨论 [C] // 第十六次全国乙烯年会 . 全国乙烯工业协会，2010.

[2] 刘庆欣，郑铁 . 裂解汽油发生乳化的原因分析及技术措施 [J]. 炼油与化工，2008 (01)：22-25.

[3] 王钦明，李丹，马士兵． 丙烯精馏塔冷凝器问题分析及整改措施 [J]. 乙烯工业，2017，29 (2)：25-28.

[4] 孙青先，窦珍 . 急冷水乳化原因浅析及技术改造 [J]. 技术管理，2017，11：210.

[5] 吕升辉 . 急冷水塔裂解汽油带水原因分析及技术改造 [J]. 石油石化绿色低碳，2022，7 (1)：43-46.

［6］ 陈思言，关东义，刘真源．急冷水塔系统运行存在问题的研讨［J］．工业技术，2022，34（2）49-52．

［7］ 安娟娟，黄一峰．乙烯装置急冷水乳化原因分析及优化措施［J］．当代化工研究，2023（14）：108-110．

（作者：杨靖丰，四川石化生产四部，助理工程师；邓守涛，四川石化生产四部，工程师；朱孟达，四川石化生产四部，乙烯装置操作工，高级工；赵飞，四川石化生产四部，乙烯装置操作工，高级工；王波，四川石化生产四部，乙烯装置操作工，高级工）

废碱氧化装置长周期运行问题分析与处理

◆ 王鹏鹏　杨靖丰　裴友军　周靖武　邓彦丁

四川石化废碱氧化单元采用 SW 公司中压湿式空气氧化（WAO）法，对废碱液进行初步处理，设计最大处理废碱液流量为 7.375t/h，主要由烃汽提塔、3 台氧化反应器（操作压力 1.0MPa，0.8MPa，0.58MPa）及酸碱中和单元组成。2015 年为降低外排 COD（Chemical Oxygen Demand，化学需氧量）进行技术改造，增设 1 台氧化反应器，至今已稳定运行 7 年。

1　废碱氧化工艺概况

废碱氧化工艺流程见图 1，废碱液自碱洗塔进入废碱储罐，通过静置撇除黄油等杂物后，经进料预热器加热进入汽提塔，在低压蒸汽的作用下从塔顶分离出烃类物质，剩余碱液从塔釜进入氧化反应器。4 台氧化反应器串联作业，在各台反应器的上下两段通入高压蒸汽和压缩空气混合气，废碱液自反应器底部进入，通过鼓泡的形式进行氧化反应，反应器顶部排出的蒸汽和空气混合物通过水洗塔吸收掉夹带的碱液，氧化反应产物经闪蒸罐分离出气相物质后送去酸碱中和罐。在氧化反应器中，空气和蒸汽通入废碱将 Na_2S 彻底氧化为 Na_2SO_4。反应平衡系数较小，反应进程缓慢，中间产物 Na_2SO_3 和 $Na_2S_2O_3$ 堆积，是导致外排碱液 COD 超标的主要原因。

2　装置运行期间存在的问题

2.1　废碱液黄油量过大

废碱中的黄油源自裂解气碱洗过程中不饱和烃的聚合，由于碱性条件下这类油脂极易发生乳化，在废碱储罐中难以通过静置分离，最终导致外排碱液中存在大量黄油[1]。

2.2　设备及管线堵塞严重

废碱氧化烃汽提塔的主要作用是汽提废碱液中的有机烃类，当废碱液中的黄油含量超标，在烃汽提塔和氧化反应器的高温条件下大量黄油会发生聚合反应，烃汽提塔在开车 2 个月后，由于黄油聚合造成塔板结焦，塔压差明显增大，塔板清洗出大量的黄油聚合物。塔顶气相罐的气液相管线也多次出现结焦堵塞现象。

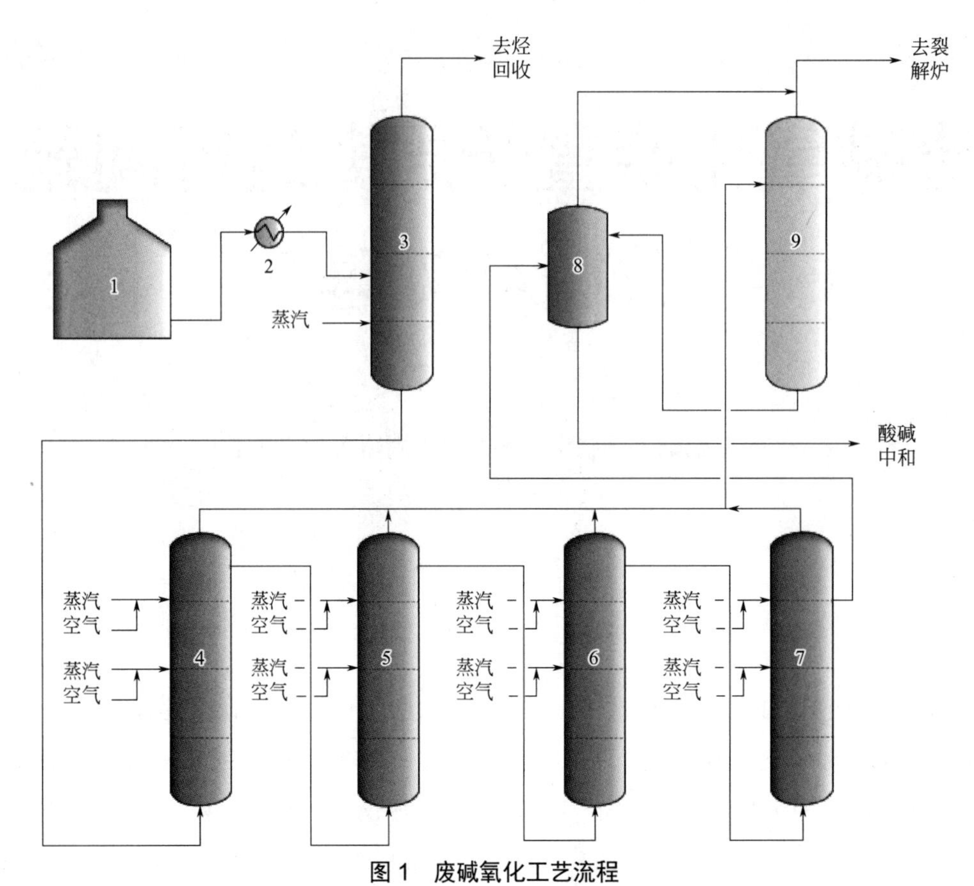

图 1　废碱氧化工艺流程

1—废碱储罐；2—进料预热器；3—汽提塔；4 ～ 7—氧化反应器；8—闪蒸罐；9—水洗塔

2.3　设备管线腐蚀严重

废碱氧化装置开工运行期间多次发生腐蚀泄漏，主要集中发生在酸碱中和单元，由于本装置采用水和浓硫酸稀释调配稀硫酸，浓硫酸遇水会后会释放大量热量，且混合后形成的稀硫酸本身具有强腐蚀作用，对设备管线造成腐蚀，严重时可能发生酸液泄漏，影响装置的正常运行，造成水污染事故。其次，黄油聚合结焦后产生的焦粒在长期运行过程中随碱液不断冲蚀各设备、管线，也是造成废碱氧化装置设备管线腐蚀的原因之一，同时冲蚀掉的碎屑进入后系统，还会造成后系统的堵塞[1,2]。

2.4　外排碱液 COD 超标

通过对上游碱洗塔外送废碱液进行分析发现，外送废碱液含有大量黄油，且 Na_2S、Na_2SO_3 和 $Na_2S_2O_3$ 含量较高，这是导致外排碱液 COD 超标的主要原因[3]。

2.5　处理后废碱液外送管线冬季结晶堵塞

在低温条件下，Na_2SO_4 的溶解度随温度的降低而减小，当环境温度低于 10℃，外送碱液流量低于 3t/h 时，Na_2SO_4 会析出结晶导致外送管线出现冻堵现象。

3　改进措施

3.1　控制黄油含量

黄油在废碱氧化烃气提塔不能完全汽提，并

且高温下容易结焦堵塞设备管线，要解决这一问题须从源头进行处理：

（1）优化碱洗塔操作调整洗油成分，将最初使用的$C9^+$馏分改为裂解汽油加氢装置的加氢汽油，并开启洗油强制循环，延长萃取时间。加氢汽油是全馏分加氢芳烃，在废碱储罐中能更好地与碱液分层，从而通过撇油装置分离。

（2）强化对裂解气进碱洗塔温度的控制，避免温度过低导致大量重组分冷凝后形成黄油进入废碱氧化系统。

（3）强化对碱洗液浓度的控制，尽可能降低外排碱液中碱的含量，减小废碱储罐中发生油水乳化的概率，同时也能减少后期酸碱中和单元浓硫酸的消耗。

（4）加大废碱储罐内撇油装置的启用频次，确保进入废碱氧化装置的黄油量处于装置可接受的程度。

3.2 设备管线防腐蚀

针对酸碱中和单元中酸液对设备管线的腐蚀，在检修期间对腐蚀管线设备进行了更换，将原有的碳钢管线更换为聚四氟衬里管线，从而解决了酸腐蚀对设备管线的影响，保证了废碱液氧化处理装置的运行周期。此外加强废碱液中黄油含量的控制对于减少设备管线的冲蚀减薄也具有重要意义。

3.3 控制外排碱液 COD

废碱氧化装置各阶段碱液的 COD 和 TOC（Total Organic Carbon，总有机碳含量）数据见表 1，从中可以看出，废碱液中的有机碳主要通过烃汽提塔脱除，在氧化反应阶段有机碳的含量没有明显变化，这是因为废碱氧化处理单元在设计时并没有考虑以氧化方式除去黄油及有机聚合物，此阶段废碱液的 TOC 全部贡献给了 COD，据此说明废碱液中的黄油含量直接影响外排碱液的 COD。

表 1 废碱液 COD 及 TOC 分析

	废碱液	汽提后	氧化反应后
汽提蒸气量 / 废碱液，kg/h		1150/6400	
COD，mg/L	30000	19000	6660
TOC，mg/L	1949	1284	1051

不同 Na_2S 含量下废碱液 COD 的变化趋势见图 2，可以看出，COD 与废碱液中 Na_2S 的含量呈正相关，这说明原料中的硫含量是影响外排碱液 COD 的重要因素。

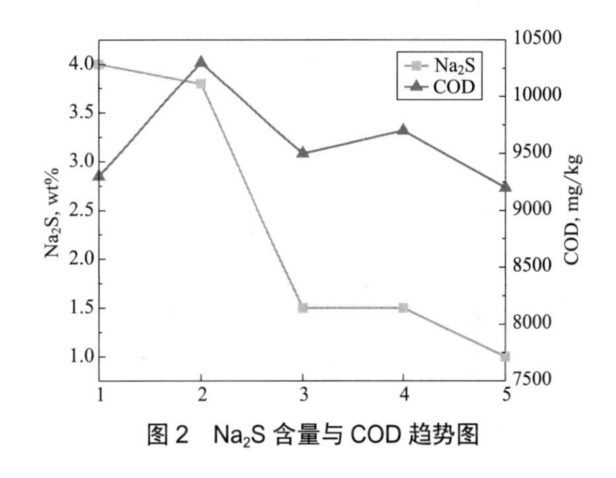

图 2 Na_2S 含量与 COD 趋势图

（1）通过调整萃取洗油组分、加大烃汽提塔汽提蒸气量、增加废碱储罐撇油频次等操作以更好地除去废碱液中的黄油，可将废碱液中的 TOC 和 Na_2S 含量降低 50% 左右。

（2）Na_2S 在 145℃左右能发生剧烈的氧化反应，在氧化反应阶段，通过调节压缩空气进料量、延长反应时间等操作，让 Na_2S 充分氧化为 Na_2SO_4，可以将外排碱液 COD 降低到 1000mg/kg 以下。2015 年，经技术改造新增 1 台氧化反应器并按以上方法调整工艺操作后，外排碱液 COD

得到了有效控制。

3.4 冬季管线结晶处理

针对废碱液管线在低温、低流速工况下易发生结晶冻堵的问题，可结合装置所在地的冬季气温适当调大废碱液流量，或增设管线伴热予以解决。在本装置所在地（冬季平均气温 10℃），冬季时将废碱液流量由 3t/h 调整为 6t/h 后，可有效避免碱液管线出现结晶冻堵问题。

4 结论

Na_2S 和黄油含量对废碱氧化装置的长周期稳定运行具有显著影响，与设备管线的腐蚀、堵塞，外排碱液的 COD 超标等问题密切相关，从源头上控制碱液中的硫含量和黄油含量是最为有效的方式。在设计氧化反应器单元时，须依据原料中的 Na_2S 含量，严格计算将 Na_2S 转化为 Na_2SO_4 所需的反应时间，合理地设计氧化反应器，从而有效控制外排碱液 COD。其次，在装置日常运行过程中，通过调整萃取洗油组分、加大烃汽提塔汽提蒸气量、增加废碱储罐撇油频次等工艺调整，可有效降低碱液中的黄油和 COD。此外，碱洗液浓度的精细控制对于系统的稳定运行和节约原料也具有重要意义。

参考文献

［1］洪琨，刘智存，曾飞鹏，等．乙烯装置废碱氧化系统长周期运行中的问题及对策［J］．乙烯工业，2018，30（3）：21-27.

［2］甘桂根，李少林，汪军，等．废碱液高压湿式氧化处理存在的问题及改进措施［J］．乙烯工业，2016，28（4）：52-56.

［3］赵贵才．废碱氧化系统运行中的问题与处理［J］．乙烯工业，2017，29（1）：51-53.

（作者：王鹏鹏，四川石化生产四部，裂解汽油加氢装置操作工，技师；杨靖丰，四川石化生产四部，助理工程师；裴友军，四川石化生产四部，丁二烯装置操作工，高级技师；周靖武，四川石化生产四部，裂解汽油加氢装置操作工，高级技师；邓彦丁，四川石化生产四部，裂解汽油加氢装置操作工，初级工）

甲基叔丁基醚（MTBE）装置节能降耗现状分析与优化建议

◆ 夏钰　闫智斌　马宏建　林诚良　薛智鹏

1　背景介绍

8×10^4t/a MTBE装置于2016年8月投产运行，该装置由原料净化和混相反应单元、催化蒸馏和产品分离单元、甲醇萃取和甲醇回收单元、吸附蒸馏与再生单元以及公用工程单元组成，利用气体分馏装置的混合碳四为原料，生产甲基叔丁基醚（MTBE）产品。MTBE单元技术采用混相床反应器和催化蒸馏技术，生产纯度大于98.3%（扣除C5）的MTBE产品。MTBE脱硫单元采用吸附蒸馏技术，得到高纯度的MTBE产品，含硫量低于10mg/kg。

甲基叔丁基醚主要用作汽油添加剂，在满足现阶段生产国Ⅵ汽油中起到至关重要的作用。持续优化装置操作条件，降低装置运行能耗，对甲基叔丁基醚装置运行生产具有重要意义。通过对该装置反应器的结构原理及反应技术，各塔的结构原理及控制方式，结合原料的组成及产品质量进行分析，确定该装置降低蒸汽消耗量、冷却水消耗量、机泵用电消耗量、吸附剂消耗量及增长反应器运行周期是降低装置能耗的关键。根据该装置的工艺特点，针对装置生产运行中耗能过高的问题，采取了改造醚化反应器入口原料温度控制的方式，优化进料醇烯比的控制范围，优化催化蒸馏塔、甲醇回收塔、吸附蒸馏塔的操作条件，停用吸附蒸馏塔底泵，不但有效降低了装置能耗，还取得了良好的经济效益。

2　能耗现状分析

2.1　原料组分的影响

MTBE装置能耗按照产品单位能耗计算，而MTBE产品的产量由原料中的异丁烯含量决定。本装置原料混合碳四中异丁烯的含量高于实际原料中异丁烯的含量，原料碳四中异丁烯含量的高低决定单位时间内MTBE产量的高低，也就决定了装置单位能耗的高低。原料异丁烯含量低，反应器放热量减少，催化蒸馏塔塔底蒸汽消耗量增加，能耗增加。

本装置设计原料混合碳四中的异丁烯含量为

19.88%（质量分数）。受上游装置影响，目前装置原料混合碳四中的异丁烯含量仅为12%～16%（质量分数），导致装置能耗偏高。通过工艺调整无法使装置原料组成情况得到改善，实现节能降耗的目的。

2.2　反应器入口温度的影响

装置醚化反应温度主要由进料温度控制，该反应器入口温度由催化蒸馏塔和甲醇回收塔的塔釜再沸器凝结水提供，采用单控制回路控制温度。入口温度容易受气温变化或凝结水量变化影响，导致反应器床层温度出现波动，影响异丁烯转化率，增加装置能耗，同时，反应器中的副产物DIB增加，影响产品质量，不利于催化剂长周期运行。当环境温度较高时为了降低反应器床层温度，装置改一部分碳四循环，能耗继续增加。

2.3　异丁烯转化率的影响

在合适的醚化反应温度下，醚化反应转化率可以达到90%以上，并且能耗最低。随着温度的升高，异丁烯转化率增加，达到一个最大值后逐渐下降。这是因为随着醚化反应温度升高，醚化反应速度增快，所以异丁烯转化率增加，当反应速度达到一定值后，动力学控制因素对异丁烯转化率的影响已不再显著，此时醚化反应主要受化学反应平衡的限制，即主要受热力学因素控制。异丁烯与甲醇的醚化反应是一个可逆的放热反应，反应温度提高，反应平衡常数减小，表现为异丁烯转化率下降。动力学与热力学因素双重控制的结果造成反应温度对异丁烯转化率的影响有一个最佳值，反应温度控制在60～70℃时，原料混合碳四中的异丁烯和原料甲醇发生可逆的放热反应，部分物料气化吸收反应热，使反应器内温度保持在合适的范围内，通常气化率为6%～20%。此时，醚化反应放热得到充分利用，MTBE产品中的副产物较少，装置综合能耗最低，催化剂活性和选择性得到充分发挥，有利于催化剂长周期运行。

2.4　各塔操作条件影响

装置主要能耗分别为1.2MPa蒸汽、循环水、电，如表1所示。1.2MPa蒸汽主要用于装置各塔底部重沸器加热，装置加工负荷变化、原料性质变化、醇烯比变化、反应器入口温度变化及各塔操作条件变化都会引起1.2MPa蒸汽用量变化；循环水主要用于各塔顶部冷却器换热，主要受装置加工负荷变化、各塔回流比调整、环境温度变化及冷却器换热效果影响；电能主要用于机泵运行，主要受装置加工负荷变化及各塔回流比调整影响。因此，通过工艺调整持续优化催化蒸馏塔、甲醇回收塔、吸附蒸馏塔的操作条件，可以有效降低装置三种主要能源的消耗。

表1　MTBE装置能耗标定数据

项目	消耗量	单位耗量	单位能耗	占比
循环水	1254.3t/h	98.72t	413.63MJ	9.33%
凝结水	16.08t/h	−1.26t	−403.59MJ	−9.10%
1.2MPa 蒸汽	16.08t/h	1.27t	4041.14MJ	91.11%
氮气	42.7m³/h	3.36m³	21.10MJ	0.48%
仪表风	151.9m³/h	11.96m³	19.02MJ	0.43%
电	431.0kW	29.05kW·h	343.95MJ	7.75%
合计	—	—	4435.25MJ	100%

3　优化措施

3.1　改变反应器入口温度控制方式

装置醚化反应器进料和凝结水换热，将醚化反应进料温度提升至25～45℃。由于反应器入口温度容易受气温变化或凝结水量变化影响，导致反应温度过高或过低，影响异丁烯转化率，增加装置能耗，不利于催化剂长周期运行。为了稳定控制醚化反应器进料温度，装置通过技改对进料温度控制阀组进行改造，将原来的单控制回路改为双控制阀分程控制，大大地提升了进料换热的稳定性。装置进料温度控制阀组改造前后流程对比如图 1 所示，装置改造前后剩余碳四中异丁烯含量对比及 MTBE 产品中二聚物含量对比如图 2 所示。

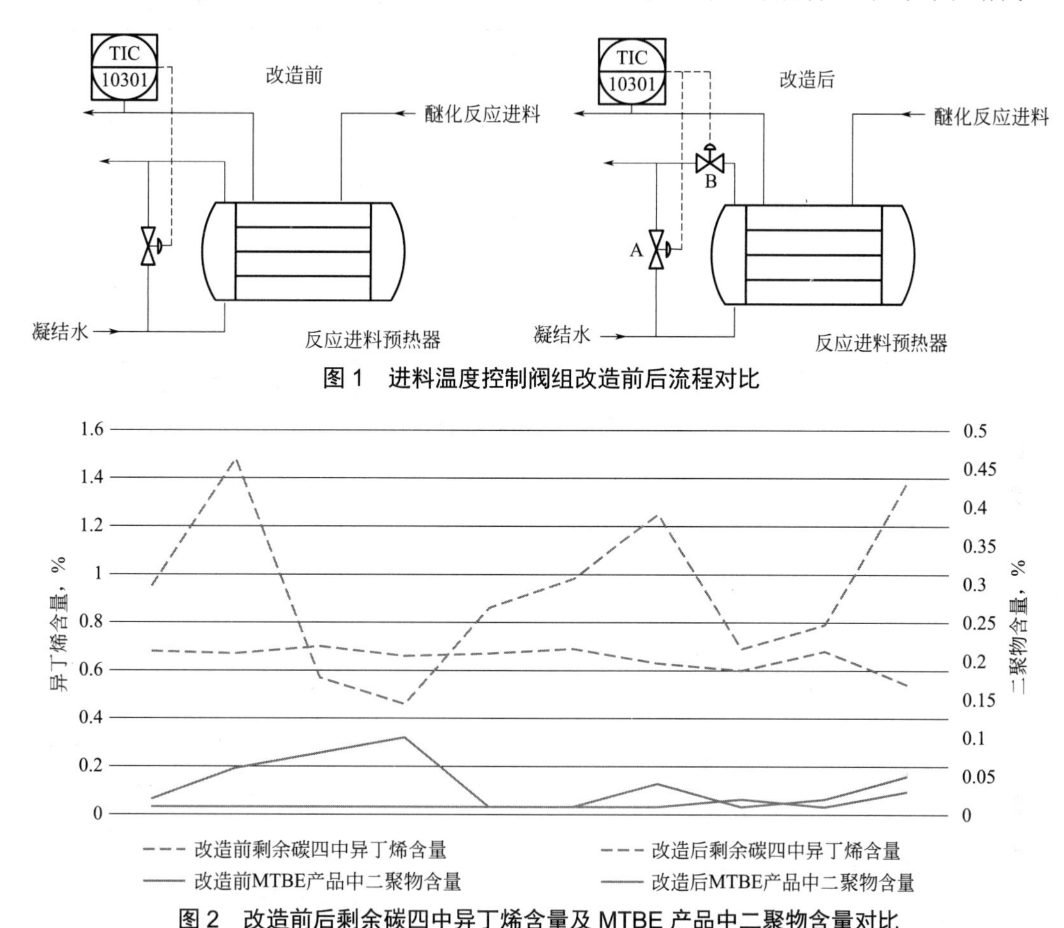

图 1　进料温度控制阀组改造前后流程对比

图 2　改造前后剩余碳四中异丁烯含量及 MTBE 产品中二聚物含量对比

由图 2 可知，装置改造后，剩余碳四中异丁烯含量及 MTBE 产品中二聚物含量明显下降且波动减小。由此可知，装置改造后通过稳定控制醚化反应器入口温度，提高了醚化反应器的异丁烯转化率，避免了热量浪费，减少副反应发生，催化剂活性得到了有效保护。

3.2　适当降低醚化反应器醇烯比

设计要求控制醇烯比在 1.0 ～ 1.1，经过反复摸索，实际生产中醇烯比控制在 1.02 ～ 1.05。

将醇烯比降低后，经过一段时间的运行，发现醚化反应器温度从 24℃上升至 26℃。分析认为由于甲醇进料减少，物料从醚化反应器中携带热量的能力降低，反应器整体温度增大，同时异丁烯转化率未出现明显变化，反应生成热被反应物料带入催化蒸馏塔，使反应热得到充分利用，催化蒸馏塔底重沸器蒸汽耗量有所降低。

将醇烯比降低后，由于反应生成物中未发生反应的甲醇量减少，催化蒸馏塔顶部液相负荷会有小幅降低。甲醇回收塔运行负荷明显下降，甲醇回收塔塔底重沸器 1.2MPa 蒸汽消耗量大幅下降，从5.7t/h降低到4.9t/h，蒸汽消耗减少了0.8t/h，达到了预期目的。相应参数变化见表2。

表2　醚化反应器调整前后数据对比

项目	调整前	调整后
醇烯比	1.08	1.03
醚化反应器温升，℃	24.2	26.4
回收甲醇量，t/h	0.2	0.07
塔底重沸器1.2MPa蒸汽量，t/h	5.7	4.9
异丁烯转化率，%	98.9	98.9

3.3　优化调整催化蒸馏塔压力

甲醇和碳四形成的共沸物随塔顶压力变化而变化。催化蒸馏塔操作压力升高，共沸物中甲醇的摩尔分数随之升高，对产品分离有利。当装置降低进料醇烯比后，催化蒸馏塔中的甲醇含量降低。此时，催化蒸馏塔不需要控制较高的塔压，就能够确保塔内的甲醇全部形成碳四共沸物从塔顶排出。

醚化反应器压力是通过催化蒸馏塔塔顶压力间接控制的，在开工初期，催化剂具有较好的低温活性，适当降低催化蒸馏塔塔顶压力，可以提高反应器内物料的气化率，降低反应器床层温度，有利于延长催化剂的使用寿命；减少副反应发生，提高产品收率；降低催化蒸馏塔底加热量，有利于降低装置能耗。

主要参考催化蒸馏塔塔顶剩余碳四中异丁烯的含量和甲醇含量，适当降低回流量、塔顶冷却水量以及塔底重沸器蒸汽量。优化操作后，醚化反应器运行正常，催化蒸馏塔塔底重沸器蒸汽消耗量减少了0.5t/h，塔顶回流相应减少，塔顶冷却器负荷降低，催化蒸馏塔整体能耗降低，MTBE产品纯度不小于98.3%（质量比），未出现甲醇超标现象，剩余碳四中MTBE含量不大于50mg/kg，未出现明显上升，满足生产要求。催化蒸馏塔调整前后数据见表3。

表3　催化蒸馏塔调整前后数据对比

项目	调整前	调整后
塔底温度，℃	130	120
塔顶压力，MPa	0.6	0.55
回流量，t/h	28	22
塔底重沸器1.2MPa蒸汽量，t/h	7.7	7.2

3.4　优化调整甲醇萃取塔和回收塔

结合甲醇萃取塔塔顶剩余碳四中的甲醇和MTBE含量分析，将甲醇萃取塔萃取水量从8t/h降至7t/h，满足生产需求，降低了萃取水泵的电能损耗。

将萃取水量降低后，甲醇回收塔进料量减少，整体运行负荷降低，塔底蒸汽消耗已经明显降低。参考同类装置优化操作经验，对甲醇回收塔实施了降低塔顶压力、降低回流量及塔底蒸汽量等操作。优化操作后，甲醇回收塔底重沸器蒸汽消耗减少了0.4t/h，塔顶回流相应减少，塔顶冷却器负荷降低，甲醇回收塔整体能耗降低，回收甲醇纯度不小于99%（质量比），回收甲醇中水的质量分数小于0.1%，满足生产要求。甲醇回收塔调整前后数据见表4。

表4　甲醇回收塔调整前后数据对比

项目	调整前	调整后
塔底温度，℃	137	125
塔顶压力，MPa	0.20	0.15
回流量，t/h	6	5
塔底重沸器1.2MPa蒸汽量，t/h	4.9	4.5

3.5 优化调整吸附蒸馏塔

为降低吸附蒸馏塔蒸汽消耗，装置对吸附蒸馏塔实施了降低塔顶压力和塔底温度操作。优化操作后，吸附蒸馏塔塔底重沸器蒸汽消耗减少了0.3t/h，塔顶回流相应减少，塔顶冷却器负荷降低，吸附蒸馏塔整体能耗降低，脱硫后MTBE中硫含量不大于10mg/kg，未出现硫含量超标现象，塔底硫化物外排量未出现明显上升，满足生产要求。吸附蒸馏塔调整前后数据见表5。

表5 吸附蒸馏塔调整前后数据对比

项目	调整前	调整后
塔底温度，℃	125	110
塔顶压力，MPa	0.1	0.025
回流量，t/h	7.5	5.0
塔底重沸器1.2MPa蒸汽量，t/h	2.3	2.0

在装置正常生产期间，吸附蒸馏塔每天产生的硫化物仅有0.5～1.0t。根据吸附蒸馏塔外排硫化物总量少、频率低、时间短的实际情况，吸附蒸馏塔塔底的硫化物依靠塔压就可以正常送至硫化物储罐，仅需在装置开停工阶段使用吸附蒸馏塔底泵，装置能耗进一步降低。

4 实施效果

装置通过全面调整工艺运行参数，装置生产运行平稳，其能耗情况见表6。

表6 MTBE装置操作优化后能耗数据

项目	消耗量	单位耗量	单位能耗	占比
循环水	819.5t/h	67.43t	282.53MJ	7.40%
凝结水	13.69t/h	-1.05t	-336.32MJ	-8.81%
1.2MPa蒸汽	13.69t/h	1.07t	3704.74MJ	97.07%
氮气	$9.0m^3/h$	$0.71m^3$	4.46MJ	0.11%
仪表风	$88.6m^3/h$	$6.92m^3$	11.00MJ	0.29%
电	186.0kW	12.69kW·h	150.25MJ	3.94%
合计	—	—	3816.66MJ	100%

由表6和表1对比可知，经过改造和优化操作后，装置单位能耗从标定期间的4435.25 MJ降到3816.66 MJ，降低了13.95%，蒸汽消耗从16.08t/h降到13.69t/h，节能效果明显，达到了预期目的。在经济效益方面，装置燃动成本测算见表7。

表7 MTBE装置燃动成本测算

项目	标定		优化后	
	单位耗量	成本元/h	单位耗量	成本元/h
循环水	98.72t	78.98	67.43t	51.44
凝结水	-1.26t	-10.33	-1.05t	-8.61
1.2MPa蒸汽	1.27t	101.6	1.07t	85.6
氮气	$3.36m^3$	4.0	$0.71m^3$	0.85
仪表风	$11.96m^3$	28.7	$6.92m^3$	16.6
电	29.05kW·h	14.53	12.69kW·h	6.35
合计	—	218.48	—	152.41

由表7可知，8×10^4t/a MTBE装置燃动成本从218.48元/h降低至152.41元/h，降幅达到30%以上，每小时增加经济效益66.07元。

5 结论

MTBE装置原料混合碳四中的异丁烯含量低会导致装置能耗升高，提高异丁烯转化率、最大限度利用装置反应生成热量是MTBE装置节能降耗的关键。因此，通过稳定控制醚化反应器入口温度和降低醇烯比，能够有效降低MTBE装置的能耗，但在优化操作过程中应注意避免装置产生波动。MTBE装置蒸汽消耗占总能耗的90%以上，通过工艺操作优化空间较大。催化蒸馏塔、甲醇回收塔、吸附蒸馏塔可以采用多次小幅度降低塔顶压力、回流比和塔底温度的方式，找到满足生产要求的最低塔底操作温度和塔顶回流量，达到降低装置蒸汽消耗的目的，但在优化操作过程中应注意关注产品质量波动情况，避免调整幅度过大，导致产品不合格。根据装置实际运行情况，停用吸附蒸馏塔底泵，可以使装置能耗进一步降低。

参考文献

[1] 苏俊杰. 关于MTBE装置在运行中节能降耗的作用探讨 [J]. 化工管理，2019（1）：177-178.

[2] 冯存涛. MTBE生产过程中醇烯比的调整 [J]. 广州化工，2017，45（16）：162-163，199.

[3] 李静. 混相床-催化蒸馏法生产甲基叔丁基醚工艺的运行及优化研究 [D]. 北京：北京化工大学，2015.

[4] 孙健伟. MTBE装置催化蒸馏塔的优化分析 [J]. 工业A，2019，7（4）：170-171.

（作者：夏钰，四川石化生产二部，MTBE装置操作工，技师；闫智斌，四川石化生产二部，MTBE装置操作工，技师；马宏建，四川石化生产二部，MTBE装置操作工，技师；林诚良，四川石化生产二部，MTBE装置操作工，高级工；薛智鹏，四川石化生产二部，MTBE装置操作工，高级工）

顺丁橡胶装置丁二烯自聚物的危险分析及防范措施

◆ 张锋锋　许广华　吴　比　朱效利　冯志强

顺丁橡胶装置是四川石化炼化一体化工程的1套主体装置，其主要原料丁二烯来源于本工程主体装置的丁二烯抽提装置。丁二烯易燃、易爆、易自聚，且其自聚物也易燃、易爆，会胀裂换热器封头、管道阀门，极易发生火灾爆炸等重大安全事故。本文旨在结合本装置实际和日常操作管理经验，对装置运行过程中丁二烯自聚物的来源及其产生的原因进行深层分析，总结防范措施，以降低丁二烯自聚及发生事故的风险。

1　丁二烯自聚物形成原理及影响因素

丁二烯化学性质极为活泼，当系统中有氧存在时，丁二烯首先被氧化成过氧化物，丁二烯过氧化物又成为自催化剂，使丁二烯过氧化物迅速自聚生成丁二烯过氧化自聚物。过氧化自聚物产生的自由基又可引发丁二烯聚合，最终生成爆米花状的丁二烯端基聚合物，一般该结构的分子式为：$[(C_4H_6)_xO_2]_n$。

氧、铁锈中的硫化铁、氧化铁、水和高温及丁二烯浓度高对丁二烯自聚物的生成有促进作用，铁锈和水在没有空气的情况下也能提供氧。该端基聚合物一旦形成，就会以此为中心，发生链增长，自身支化蔓延，不易终止，迅速堵塞设备、管线，甚至破坏设备。

2　丁二烯自聚物的特性、分布及危害

丁二烯自聚物的种类从液态的二聚物、黏稠状过氧化物，到橡胶状聚合物、海绵状聚合物、爆米花状端基聚合物，包含多种形态。

2.1　二聚物

化学名称是4-乙烯基环己烯，常温下为液体，具有流动性，沸点为116℃，可以与丁二烯以任意比例互溶。一般在静止和温度较高的储罐中易生成，与阻聚剂TBC（对叔丁基邻苯二酚）含量无直接关系。二聚物本身不会对设备管线有影响，只是对于顺丁橡胶的聚合反应影响较大，因此需要严格控制二聚物含量小于100mg/L。

2.2 过氧化自聚物

过氧化自聚物由—C_4H_6—和—O—O—单元组成，含双键，化学式为（$C_4H_6O_2$）$_n$，分子量在1000～2000，是一种浅黄色、糖浆状、可流动的液体，比丁二烯重，几乎不溶于丁二烯，可溶于苯和苯乙烯。对热敏感，可引发聚合，过氧化自聚物的生成、聚合与分解均为放热反应。在丁二烯中会沉积分层，易沉积于设备的死角。极不稳定，受低热、摩擦、震动或接触氧化物时，极易发生爆炸。由于过氧化自聚物一般在设备低点，易随排水或开倒淋排空时流出，遇到空气极易发生自燃爆炸。另外过氧化自聚物属于丁二烯聚合物中最活泼的中间状态，易存在于端基聚合物缝隙中，当遇到氧气和高温时会引发剧烈氧化反应导致高温高压，引燃端基聚合物，最终生成黑褐色糖浆状烧融物质，冷却后凝固成沥青状物质堵塞设备管线难以清除。若设备管线短时间内无法及时撤走热量和释放压力，会直接导致设备管线破裂，丁二烯泄漏，在静电或高温下燃烧爆炸。

2.3 橡胶状聚合物

橡胶状聚合物由大量线性高分子聚合物和少量交联度较低的高分子聚合物所组成，具有一定的弹性和强度。多出现在温度较高的换热器封头和塔盘部位，如回收脱水塔进料换热器和塔盘，降低换热器换热效果和塔的传质效率。一般通过提高聚合转化率，降低脱水塔进料中丁二烯的含量能够降低生成量。同时也要排除聚合釜清釜后油运过程携带硬胶进入回收溶剂罐，对脱水塔进料系统产生影响，并注意控制好胶罐液位，防止胶液通过气相窜入回收溶剂系统。

2.4 海绵状聚合物

海绵状聚合物是一种质地松软，并具有弹性的橡胶海绵状物质，它因具有一定的交联度而不溶于丁二烯和溶剂油中。一般在回收脱水塔进料换热器和脱水塔回流罐中出现较多，主要影响换热器换热效果并导致回流泵入口过滤器易挂胶皮堵塞。对于海绵状聚合物的成因，文献记载较少，有文献指出，丁二烯在热溶剂中产生的海绵状聚合物与端基聚合物在微观结构上属于同种主链结构，只是交联度不同而已。根据生成部位及同类端基聚合物生成原理分析，应与系统含氧量高、温度高、阻聚剂含量低和含水量高有关，同时酸性水和铁锈环境更易产生海绵状聚合物。

2.5 端基聚合物

端基聚合物又称爆米花状聚合物，该聚合物具备玻璃状、针状的外观，较硬且脆，易于撕裂，一般无色，受铁锈和铁离子污染呈深黄色、深茶色和咖啡色，在空气中长期放置后也会因氧化由无色变为黄色。具有不饱和属性，暴露于空气被阳光照射可自燃，可堵塞和胀裂阀门管道，是丁二烯系统最常见和危害最大的自聚物类型。一般在丁二烯塔进料和分布器、人孔盲端、塔顶循环水冷凝器封头和列管、差压式液位计上部水平引压管分布较多，并容易随介质进入回流罐和再沸器中，导致再沸器和回流泵过滤器堵塞，任意一处堵塞都将导致塔系统和整个装置停车，同时端基聚合物生长时体积增长较大，极易胀裂法兰和管线导致丁二烯泄漏着火爆炸，对装置危害最大。

3 本装置曾经发生聚合的部位

聚合1/2/3线丁二烯进料管线及调节阀阀芯易产生自聚物导致进料流量偏低且不稳定。C-4002进料线、分布器、人孔盲端、塔顶引压管、回流分布器、塔盘、安全阀盲端、塔底出料线、回流调节阀、V-4001/V-4002气相去E-4025线、V-4001/V-4002液位计上部水平引压管分布较多。E-4004A/B、E-4018A/B、E-4019封头和列管，C-4007安全阀盲端，P-5002去火炬线存在自聚物堵塞。海绵状聚合物在V-4001中出现较多。橡胶状聚合物在V-5006A/B罐底、P-5006过滤器中出现较多。

4 防范聚合措施

根据以上对丁二烯自聚物形成原理和影响因素分析，结合实际生产中各类聚合物存在部位工艺条件的分析，提出了一些防范措施。

4.1 二聚物的治理措施

主要是控制丁二烯储罐低温低压、加强循环、降低停留时间、减少盲端死角。具体可以控制含阻聚剂储罐液位小于80%，不含阻聚剂储罐液位小于60%，在条件允许时，对过程缓冲丁二烯储罐可以减少并联数量，如聚合进料精丁二烯罐原设计为2个储罐并联使用，实际长期停用1个储罐，只使用单独储罐供料，以缩短停留时间。含阻聚剂储罐温度小于27℃，不含阻聚剂储罐温度小于15℃，可采取储罐进料预冷器和储罐采出泵自身循环冷却器等方式降温，并根据工况控制较低的压力范围，一般在0.2～0.3MPa即可。对于静止丁二烯储罐，每24h内需要启泵循环至少1次，保证无静止盲段，如脱阻聚剂塔底泵出口的丁二烯重组分缓冲罐每天向下游乙烯裂解装置送料1次。通过以上措施，丁二烯储罐内二聚物能够控制在100mg/L以上，且4～5年检修周期内罐内很少有丁二烯端基聚合物。

4.2 过氧化自聚物的治理措施

过氧化自聚物是其他丁二烯自聚物形成的关键前提条件，控制好过氧化自聚物含量就意味着控制住了其他丁二烯聚合物的原料浓度，所以要重点治理。主要方法是控制丁二烯气相系统，降低氧含量、低温低压、加足量阻聚剂除氧阻聚、化学清洗减少铁锈杂质和设备表面溶氧、加强循环减少盲端死角、降低系统水含量。

在塔罐气相设置在线氧含量分析仪，控制其小于100mg/L，加强气相的氮封和排放置换量，减少管线设备打开次数并在检修后充分完成氮气置换、注阻聚剂和设置固定氮气置换线，开工前充分放入氮气置换除水（露点最好控制在-50℃以下）以减少水中溶氧，这些方式可减少氧气进入系统。低温低压控制范围参考上述二聚物治理过程中储罐的控制参数，同样适用于塔系统。阻聚剂加入量一般控制在30～150mg/kg，并选择合适的阻聚剂。开工前化学清洗一般采用柠檬酸等弱酸酸洗、漂洗，亚硝酸钠等钝化预膜方式，使钢铁表面生成以γ-Fe_2O_3为主的钝化保护膜从而起到保护作用，抢修过程最短时间不低于30h能够完成整个化学清洗过程。加强循环减少盲端死角，常见的安全阀前管线、差压式液位计气相引压管可用通过增设相同组成的丁二烯液相冲洗线来减少自聚物，气相调节阀副线阀保持一定开度减少静止盲端，对温度较高的气相线可增设伴冷线，能有效减少自聚。提高丁二烯在冷凝器中的流速，丁二烯走管程，并增设备用冷凝器，丁二烯主线最近的端阀后加盲板，实现1开1备，具备在线不停车切换冷凝器功能。从工艺设置和上游强化排水等方式来减少系统水含量，尤其是开工初期，要对每个管线盲端低点和调节阀副线打开检查和置换，确保系统水含量低限控制，同时要优化碱洗系统运行，保证回收溶剂中游离水呈碱性，减少腐蚀和铁锈。部分装置在丁二烯回收塔入口增设含亚硝酸钠的碱洗和水洗系统也能除去部分氧和酸性物质，减少自聚物产生。日常可通过分析液态丁二烯中过氧化自聚物含量来监控系统过氧化自聚物含量水平，提前制订整改措施。

4.3 橡胶状聚合物的治理措施

一般工艺温度是固定的很难改变，只能通过降低系统氧含量和过氧化物含量，降低脱水塔进料和气相丁二烯含量来减少聚合物生成。前者可参考上述过氧化物的治理措施，丁二烯含量只能通过提高聚合反应转化率来实现。另外如果回收溶剂系统碳五含量较高时，为充分脱除己烷中的碳五组分，要控制较高的脱水塔塔底温度，此时开脱轻塔将系统碳五脱除，能够降低脱水塔塔釜温度，有利于节能，降低气相和进料温度。

4.4 海绵状聚合物的治理措施

脱水塔气相系统的海绵状聚合物的治理主要是降低系统氧含量、游离水含量以及铁锈含量，维持系统 pH 值在碱性范围。因此除上述氧含量和水含量治理措施外，对上游回收溶剂罐水含量的控制和溶剂碱洗系统的脱酸工艺优化尤为重要。

4.5 端基聚合物的治理措施

从气相换热器封头和列管堵塞自聚物情况分析，结合高温天气时易自聚实际状况，经换热器现场测温，数据如表 1 所示。

表 1 高温天气时丁二烯循环水冷凝器温度分布表

丁二烯冷凝器（状态：投用，环境温度 31℃）			
测温点	封头（靠丁二烯入口）	中部壳程	封头（靠入口远端）
上部	30.3℃	28.9℃	30.4℃
下部	31.3℃	28.6℃	29.7℃
左部	35.1℃	29.6℃	32.1℃
右部	33.1℃	28.4℃	30.8℃

对两管程换热器来说，温度的最高点不是在上部正对阳光处，而是换热器入口封头隔板两侧，分析原因主要为：丁二烯入口封头处，因气相丁二烯进入换热器管程被循环水冷却后部分冷凝，气相变液相过程需要放热，而入口侧封头处无循环水冷却，且两侧部位在隔板作用下相对流体方向为盲区，热量无法及时带出，夏季阳光直射条件下，很容易在封头隔板死角位置生成过氧化物，叠加过氧化物的生成、分解与转化的全放热过程，导致升温效果更明显。因此在东西侧封头上方加遮阳网，可以有效避免太阳直晒，与该换热器无保温的设计理念并不冲突，不妨碍换热器通过风和降雨等自然条件降温，能辅助节约能耗，有利于封头散热和日常监测表面温度变化。

5 结论

（1）自实施完技改后开工投用单台 E-4018B 经过 23 个月，因塔与回流罐压差增加，E-4018B 切至 E-4018A 运行，并对 E-4018B 打开清理，但 C-4007 不停工正常生产，装置未降量，对公司的物料平衡没有造成影响。E-4018A/B 切换运行，一切运行参数正常，脱阻聚剂塔运行平稳，加上之前 E-4018B 运行的 23 个月，脱阻聚剂塔共计运行 26 个月，运行周期有了质的飞跃。在 2023 年 6 月检修过程中，发现 E-4018A 丁二烯入口封头侧（有挡板侧）无自聚物，另一侧（无挡板）有自聚物，相比较于改造之前，E-4018 内自聚物生成量有了极大的减少。计划在 E-4018A/B 东侧封头排气倒淋处增加持续排氧至 V-4002 出口管线（带保冷，防止日晒易自聚），减少封头微氧积聚，气相中丁二烯还可以回收利用，将装置从平稳运行向高效平稳运行推进。

（2）氧气、铁锈和水是自聚物产生的必要条件，此外还与丁二烯停留时间、温度、压力、阻聚剂量以及设备管线盲端死角等因素有关。从理论和实践的经验来看，丁二烯自聚物的产生速度随氧气、铁锈、水含量增加及丁二烯停留时间延长、温度压力升高、盲端长度增加而加快，随阻聚剂含量增加而减缓。因此制定有效防范措施减缓自聚物的产生、延长设备使用周期，可降低检维修费用和检维修带来的安全风险，取得了可观的经济效益和安全效益。

参考文献

［1］ 龙斌，丁二烯装置的安全生产［J］. 石油化工安全环保技术，2007，23（5）：25-28.

［2］ 艾佑宏，于光仁，马少华，等 . 丁二烯过氧化物的生成、危害及安全性研究［J］. 工业安全与环保，2003，29（12）：7-9.

［3］ 艾军，时晶，李淑清 . 丁二烯精制和储存的安全措施［J］. 辽宁化工，2009，38（12）：919-921.

（作者：张锋锋，四川石化生产六部，顺丁橡胶装置操作工，高级技师；许广华，四川石化生产六部，高级工程师；吴比，四川石化生产六部，高级工程师；朱效利，四川石化生产六部，顺丁橡胶装置操作工，技师；冯志强，四川石化生产六部，顺丁橡胶装置操作工，技师）

线性低密度装置晶点问题攻关

◆李　炜　王尧轩　刘　禹　侯万山　魏　鹏

1　实施背景

四川石化生产五部 30×10^4t/a 线性低密度聚乙烯装置采用气相流化床工艺，2014 年 3 月一次性投料试车成功。开工以来，在膜料产品 DFDA7042/DFDA7042N（两者仅造粒时添加剂不同，后者不加入开口剂和爽滑剂）生产状态和操作参数没有明显变化的背景下，下游用户在用这二者生产流延膜、吹膜时，随机出现晶点、鱼眼、不溶物增多增大现象，导致破膜、套印错位、密封不严等质量问题，并就此提出质量投诉。2021 年第 4 季度，低密装置收到多起关于膜料产品晶点问题的相关投诉。相关情况严重影响了下游厂商生产销售和公司产品的品牌声誉。因此，装置对产生晶点的批次进行分析，再针对各形成因素进行了分类并制定方案，最终制定解决措施。

2　原因分析

2.1　产品分析

对 7042N（20211121D8211 批次）异常晶点分析情况。

2.1.1　分析过程

（1）熔点分析。熔点均为 122℃（图 1），且只出现一个吸收峰，说明该晶点应与膜料为同一类物质，不属于外来杂质。

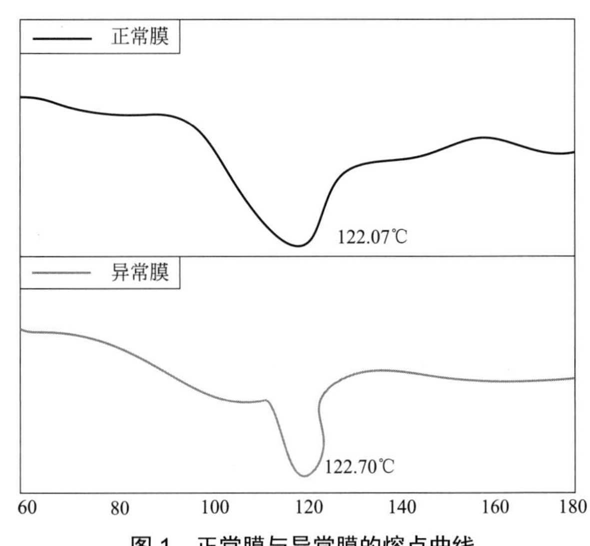

图 1　正常膜与异常膜的熔点曲线

（2）红外光谱 IR。通过比较，并未在异常膜的红外光谱中发现与正常膜不同的出峰（图 2），故不塑化的原因不是由于外界杂质引入而导致 [1]。

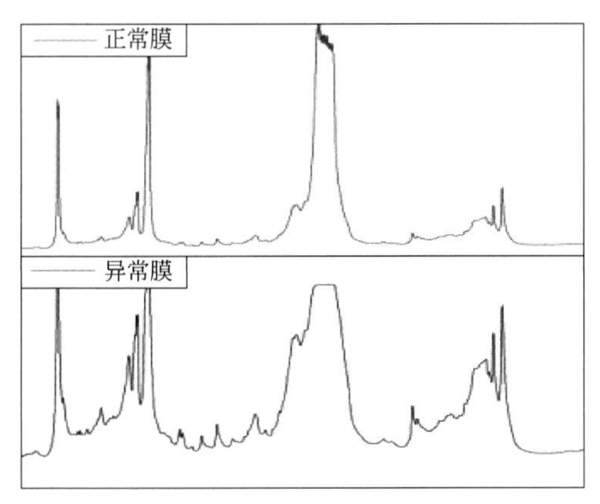

图 2　正常膜与异常膜的红外光谱

（3）热台偏光显微镜。从热台偏光显微镜观察到，不塑化的晶点在 125℃出现了微熔，当温度升高至 135℃时熔化点迅速扩大，在 145℃时，几乎完全熔化。不塑化晶点内未见杂质，其融化速度慢于正常膜，需要更高的温度和更长的时间（图 3）。

（4）凝胶渗透色谱 GPC。异常膜部分的重均分子量、数均分子量稍高于正常膜（表 1），分布基本一致，50 万以上大分子含量稍多（表 2）。大分子量聚乙烯结晶时作为系带分子，可连接多个小分子量片晶，形成物理交联，融化更慢。

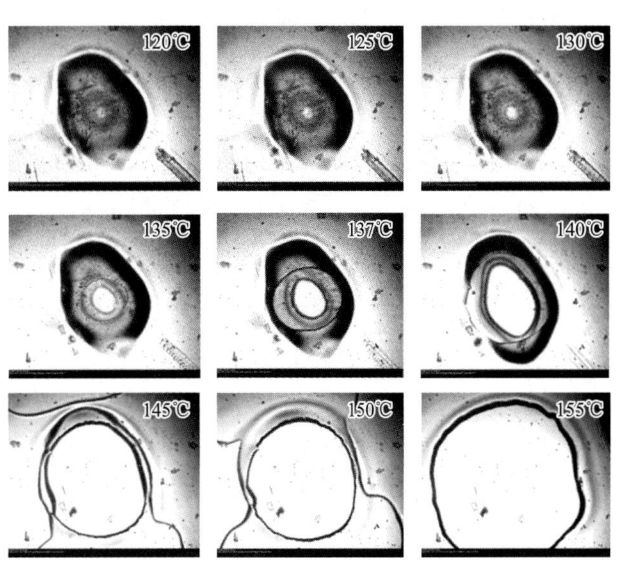

图 3　不塑化薄膜晶点的热态显微图（20 倍）

表 1　分子量及其分布

项目	$M_w \times 10^{-4}$	$M_n \times 10^{-4}$	D
正常膜	79400	16900	4.69
异常膜	80500	17100	4.70

表 2　分子量分段数据

样品名称	<1000 %	1000 ～ 1 万 %	1 万～ 10 万 %	10 万～ 50 万 %	50 万～ 100 万 %	100 万～ 150 万 %	150 万～ 200 万 %	> 200 万 %
正常膜	0.49	12.51	65.33	19.53	1.16	0.20	0.02	0
异常膜	0.47	12.53	65.02	20.5	1.22	0.20	0.05	0.01

（5）差示扫描量热 DSC。异常膜和正常膜的 T_m 与 T_c 基本一致（表 3），说明成分相同。异常膜的熔融热焓更大，熔限更宽，估计与大分子含量较多有关。

表 3　熔融参数和结晶参数

样品	ΔH_m，J/g	T_m，℃	T_c，℃	ΔT_m，℃
异常膜	78.05	124.0	103.0	16.0
正常膜	75.98	125.1	103.3	12.7

注：ΔH_m 为熔融热焓；T_m 为熔融峰温度；T_c 为结晶峰温度；ΔT_m 为熔限。

(6) 吹膜测试。2022 年 1 月 18 日，使用从厂家处取回的 20211225D8213 批次 7042N，在不同条件进行吹膜测试，具体结果见表 4。

2.1.2 分析结果

根据红外光谱和热台偏光显微镜可以排除外来杂质异物的因素；根据 GPC 和 DSC 分析，不熔物分子量高于正常部分，判断不熔物主要是聚乙烯大分子。

2.2 工艺设备分析

针对晶点产生原因编制了鱼骨图（图 4），从不同方面对生产期间可能产生晶点的原因进行了分析并制定措施。

表 4 吹膜复测试验结果

序号	加工温度，℃	使用物料	薄膜外观情况
1	160	纯料	吹膜正常，晶点正常，未见异常颗粒和大晶点
2	175	纯料	吹膜正常，晶点正常，未见异常颗粒和大晶点
3	190	纯料	吹膜正常，晶点正常，未见异常颗粒和大晶点
4	175	纯料 + 反应器粉料	吹膜正常，晶点正常，未见异常颗粒和大晶点
5	175	纯料 + 反应器块料	吹膜正常，加入黄豆大小碎块，晶点及大晶点明显增加；加入 2 ～ 3cm 直径的异形碎块，晶点数量和直径继续增加，出现一块类似不融颗粒物，长约 2cm，呈椭圆形；鱼眼数：0.4 ～ 0.8mm 16 个，0.8mm 以上 7 个
6	175	纯料 + 包装淘析碎屑	吹膜正常，晶点较纯料明显增多，未见异常颗粒和大晶点，膜面出现 0.5 ～ 1cm 丝状异物瑕疵。鱼眼数：0.4 ～ 0.8mm 10 个，0.8mm 以上 3 个
7	175	纯料 + 造粒脱除块料	吹膜正常，晶点正常，未见异常颗粒和大晶点。鱼眼数：0.4 ～ 0.8mm 11 个，0.8mm 以上 2 个
8	175	纯料 + 聚乙烯管材料	吹膜正常，晶点正常，未见异常颗粒和大晶点，雾度无变化
9	175	纯料 + 聚丙烯 L5E89	吹膜正常，晶点正常，未见异常颗粒和大晶点，膜雾度明显增加，变成磨砂半透明外观

注 1：190℃为监测部吹膜标准方法所用温度，175℃为客户加工温度。

注 2：7042 及 7042N 产品指标为每 1520cm^2 上 0.4 ～ 0.8mm 的鱼眼不大于 10 个，0.8mm 以上鱼眼不大于 5 个。

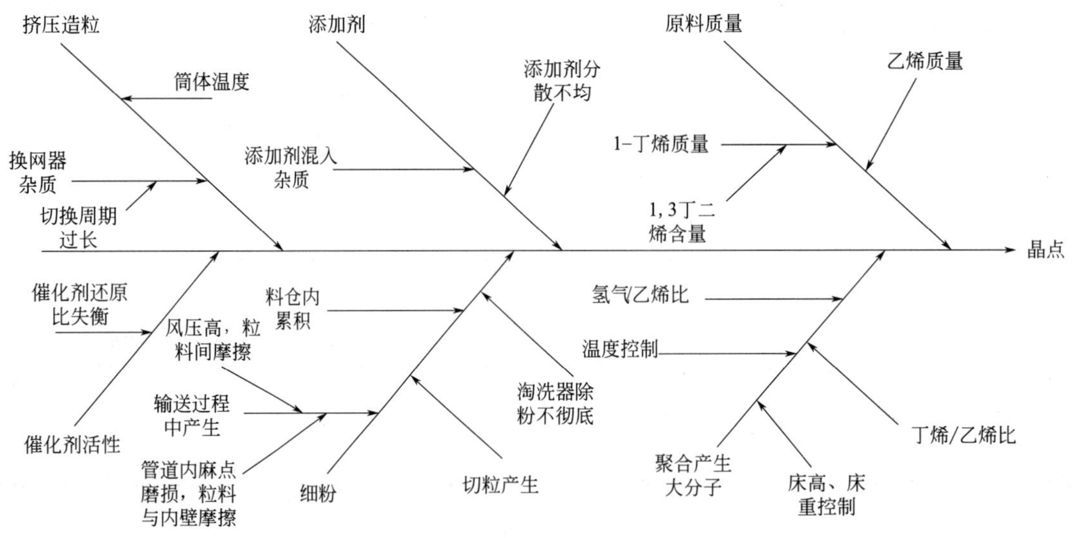

图 4 晶点原因分析鱼骨图

2.2.1 原料质量

1- 丁烯中二烯烃杂质越高，晶点问题越严重。反应器内因为原料中杂质，如 1,3- 丁二烯较高，生成星状、树枝状大分子乃至交联大分子，或局部反应热点等原因会使聚乙烯过度聚合，在反应器器壁结片形成片料、块料，并随机脱落。如这些片料、块料穿过粉料振动筛，则可能导致晶点问题。原料 1- 丁烯中的杂质 1,3- 丁二烯含量控制指标为不大于 30mL/m³，而实际中 1,3- 丁二烯含量长期高于控制指标（图 5）。

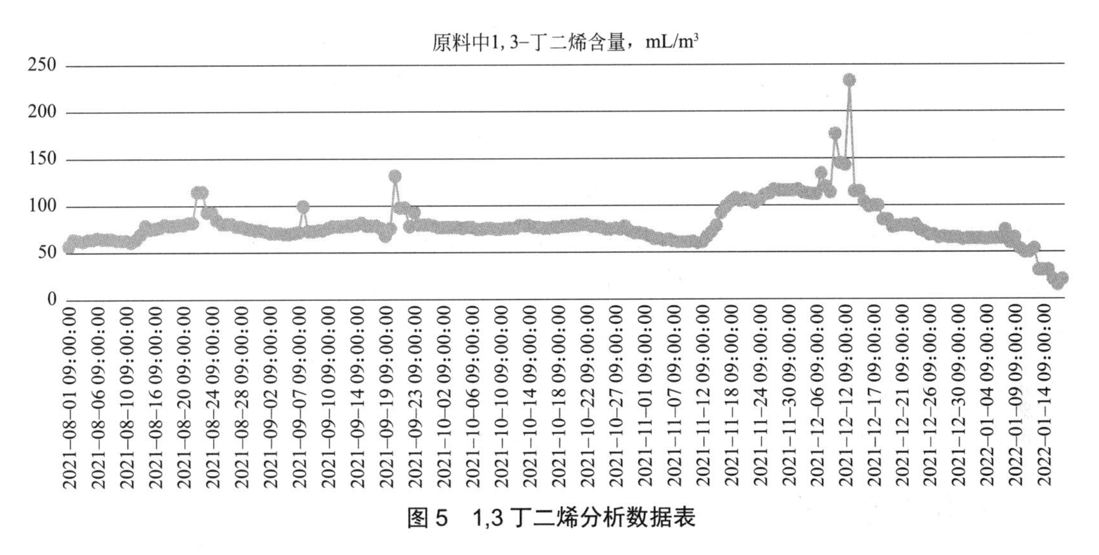

图 5　1,3 丁二烯分析数据表

2.2.2 聚合反应工艺条件

当催化剂活性出现波动时，可能产生晶点。一方面，催化剂活性过高，易形成相对高分子量聚合物，在加工时难以熔融；另一方面，催化剂活性过低时，微量催化剂活性未得到释放，依然处于无机物包裹状态，进入到产品之中，在加工时因不可熔，从而形成晶点。此外，反应器内出现块料，也是产生大分子聚合物的主要原因。产生块料的原因有：反应静电波动、反应温度波动、反应器流化状态不好、反应器床高、床重控制不当等。

2.2.3 粉料振动筛设备改造

从反应器排出的粉料产品中，会含有一定量的片状料及块状料，在进行挤压造粒前，需要通过粉料振动筛对片状料及块状料脱除，原设计振动筛的筛网为编织网，在使用过程中出现过编织钢丝跑位导致网孔尺寸发生变化、大块料漏入挤压机从而导致产品晶点超标、编织钢丝断裂进入下游危害设备安全运行等情况，严重影响装置长周期运行及产品质量。

2.2.4 添加剂质量及加入

低密添加剂中包含开口剂和抗氧剂等成分。其中开口剂为无机物二氧化硅。若添加剂中使用的二氧化硅自身粒径过大，超过配方规定值，在产出膜制品后，可见细小晶点。此外在造粒过程中，由于添加剂受热结团堵塞下料管线，以及机、电、仪等原因会造成添加剂下料不稳定。添加剂中抗氧剂加入不足会造成在高温加工过程中，聚乙烯树脂发生过度交联反应，产生不易熔高分子物质，形成晶点。

2.2.5 挤压造粒过程

挤压机开车时拉料不彻底，换网器和筒体内混入降解料，产生黑色碳化物，导致晶点产生；挤压机筒体局部温度过高，会导致树脂过度受热，导致树脂在加工过程中产生高分子量凝胶，成为晶点[2]；换网器切换时间过长，部分被换网器阻拦下来的杂质在运行过程中受长期高温和树脂流动影响，透过了换网器，进入到产品中；造粒机换网器目数过小，少量大分子物料进入产品，形成晶点[3]。

2.2.6 成品风送过程

在粒料风送过程中，粒料间相互摩擦，粒料与管线间摩擦，形成细粉，该部分细粉随产品进入到下游客户加工料斗中，在熔融过程中降解为小分子，随后碳化，形成晶点；输送风机入口过滤器若使用时间过长，可能将空气中的杂质带入到输送气中，从而进入产品，在下游客户加工时，因其不可熔融，所以形成晶点。

3 落实措施及效果

3.1 实施内容

3.1.1 原料质量提升

与上游及时沟通，降低丁烯原料中1,3-丁二烯的含量。同时在浓度过高时，掺入低1,3-丁二烯浓度的外购1-丁烯，可显著降低进入本装置的1,3-丁二烯浓度。

3.1.2 聚合反应工艺优化

由于现有催化剂流量计计量不准确，造成催化剂还原比例失调，装置已提报新流量计，届时催化剂活性将得到有效控制。定期切换原料精制床，避免杂质进入反应器，导致催化剂活性下降。严控原料质量和反应参数，防止出现静电和反应温度波动。严控反应器床高和床重，防止催化剂活性分散不均匀产生块料。定时冲洗反应器扩大段，防止在扩大段产生块料。

3.1.3 粉料振动筛设备改造

在通过对装置单位小时最高产量、筛网厚度、长、宽尺寸等数据的核算，创造性地将钢丝编织网，改进为一体式冲压网，并确定了一体冲压式网孔的孔径、间隙，以及排列形式，网孔由45mm×45mm方形孔改进为直径30mm的圆形孔，在将振动筛筛网由钢丝编织网改进为一体式冲压网后，振动筛运行稳定性显著提高，原编织网运行周期约30～40天，冲压网运行周期已达12个月，有效避免了大块料进入挤压造粒系统，为防止晶点的产生提供帮助。

3.1.4 添加剂质量及加入

与添加剂厂家沟通，要求其提供相关单剂质量合格证，确保所使用单剂满足技术指标要求。添加剂下料使用两台秤下料，加强当班班组的巡检和监管，一旦发现有堵塞下料管线问题，立刻提高另一台下料秤的下料量，确保添加剂总体加入量，同时联系维保单位处理堵塞下料管线，及时恢复；下料恢复后，调整两台秤下料量，保证顺畅、足量加入添加剂。

添加剂系统设备改造：添加剂下料管线增加冷却水线，避免添加剂因受热结团堵塞管线。

3.1.5 挤压造粒系统

挤压机停开车时，保证足够的拉料时间，观察出料无非本色杂质后，再行开车。调整挤压机各段筒体温度，控制温度不超过280℃，避免出现过度交联现象。定期切换换网器，暂定每3个月切换1次。

挤压系统设备改造：增加换网器目数。之前换网器目数为20目，2022年1月更换为60目，更致密的筛网可以过滤大分子不熔集团，晶点问题得到明显改善。

3.1.6 成品风送过程

加强淘析系统巡检，及时发现淘析系统问题，避免脱粉效果在现有基础上降低。定期更换输送风机入口过滤器，由压差高报后再行更换改为每3个月定期更换。

风送系统待实施设备改造：加快推进卧式颗粒脱粉系统的技术改造进度，力争尽快开展施工建设，早日投用；目前装置成品中细粉含量约100～150μg/g，实施卧式颗粒脱粉系统技术改造后，成品中细粉含量有望小于50μg/g。

3.2 实施效果

2021年3月至2022年1月改造完成前共收到11次下游厂商关于晶点问题的投诉，综合方案逐步实施后，晶点问题得到有效解决，2022年1月后收到下游厂商对产品晶点问题的投诉和反馈明显减少。

4 技改结论

根据多种方法化验分析判断不熔物主要是聚乙烯大分子，经过讨论分析及同类装置工艺设备方面对照，提出了多种可能导致产品产生晶点的原因。在改造过程中发现，单一工艺设备上的改造对晶点问题的改善很小，但多项改造共同实施后，晶点问题得到了明显好转，说明产品产生聚乙烯大分子是多方面因素联合导致的。采样多种针对性改进手段以来，下游用户使用效果良好，有利于提升本地市场的占有率，提升公司聚烯烃产品的品牌口碑及形象。

参考文献

[1] 尚建疆，张帅，张新慧，等.红外光谱在高分子材料研究中的应用[J].科技创新与应用，2019（15）：175-176.

[2] 宫向英，陈雷，李林响，等.线性聚乙烯树脂晶点形成原因及质量改进[J].炼油与化工，2020（6）：33-35.

[3] 罗毅.低密度聚乙烯薄膜添加剂[J].国外聚烯烃塑料，1985（1）：86-87.

（作者：李炜，四川石化生产五部，聚乙烯操作工，首席技师；王尧轩，四川石化生产五部，聚乙烯操作工，技师；刘禹，四川石化生产五部，聚乙烯操作工，技师；侯万山，四川石化生产五部，聚乙烯操作工，高级技师；魏鹏，四川石化生产五部，聚乙烯操作工，技师）

220kV 变压器油中溶解气体氢含量超标分析处理

◆ 伍华伦　喻　军　刘志强

四川石化总降压变电所主变压器 220/35kV，使用 SZ-75000/220 有载调压变 6 台，2010 年 10 月制造，2010 年 12 月投入运行。2017 年 12 月 19 日 220kV 主变压器油样化验发现：1 号、6 号主变压器油中溶解气体含量正常，2 号、3 号、4 号、5 号主变压器油样色谱分析发现大量的 H_2、甲烷、总烃，其中 H_2 含量最高，2 号主变压器达到 11681.16μL/L、严重威胁主变压器的安全运行以及炼油各装置的平稳生产。2018 年 4 月进行主变压器大修，大修后 2 号、3 号、4 号、5 号主变压器油中 H_2 含量超标问题仍然未彻底解决。

1　变压器油中 H_2 含量超标

1.1　问题提出

2018 年 4 月变压器大修后 2 号、3 号、4 号、5 号主变压器油中溶解气的气体含量正常，经过一段时间的运行后油中溶解气体含量显著增高，2019 年 8 月 14 日 220kV 主变压器油样化验发现：2 号主变压器油中溶解气体含量增加尤为严重，H_2 含量高达 3451.16μL/L，严重超标，立即成立攻关团队解决主变压器油中溶解气体含量增高问题，特别是 H_2 含量超标问题。

1.2　变压器油样化验

6 台主变压器油样分析结果显示，1 号、6 号主变压器油中气体含量正常，2 号、3 号、4 号、5 号主变压器的气体含量超标，H_2 含量自投运以来均有大幅增长，其中 2 号主变压器油样分析中 H_2 含量达 11681.16μL/L。2018 年大检修之后主变压器各气体含量均正常，但随着运行时间的增加，2 号、3 号、4 号、5 号主变压器的气体含量均有所增加，比大修前有一定幅度的减小。其中 2 号主变压器油样分析中 H_2 含量达 3981.96μL/L，保持最高增长趋势。大修后并未彻底解决主变压器的气体含量超标问题，严重影响变压器的安全运行。

1.3　《变压器油中溶解气体分析和判断导则》要求

（1）220kV 容量在 120MV • A 以上运行中的变压器油溶解气体检测周期为 6 个月。

(2) 220kV 及以下运行中电压等级变压器溶解气体氢气含量不大于 150μL/L。

(3) 220kV 运行中变压器溶解气体 H_2 绝对产气速率不大于 10mL/d。

(4) 220kV 主变压器本体及外部不同故障类型产生的气体：220kV 主变压器油过热主要产生 CH_2、C_2H_4，其次还产生 H_2、C_2H_6；220kV 主变压器纸和油过热主要产生 CH_4、C_2H_4、CO，其次还产生 H_2、C_2H_6、CO_2；220kV 主变压器纸油绝缘中局部放电主要产生 H_2、C_2H_4、CO 其次还产生 C_2H_4、C_2H_6、C_2H_2；220kV 主变压器油中火花放电主要产生 H_2、C_2H_2；220kV 主变压器油中电弧主要产生 H_2、C_2H_2、C_2H_4，其次还产生 C_2H_4、C_2H_6；220kV 主变压器油和纸中电弧主要产生 H_2、C_2H_2、C_2H_4，CO，其次还产生 CH_4、C_2H_6、CO_2 [1]。

2 原因分析

2.1 变压器油中溶解气体产生原因

(1) 变压器绝缘油受热碳化和分解。当变压器回路内部发生铁芯短路、绕组匝间短路、接地不良导致电弧故障或变压器内部外部发生短路故障，短路电流在绕组中产生热使变压器油严重受热发生碳化和分解，变压器油的化学反应就会产生 H_2、CH_4、C_2H_4、C_2H_2 等有机气体。如果变压器油中含有空气，空气中的氧气与碳化的变压器油在高温下发生氧化反应产生部分 CO 和 CO_2 气体 [2]。

(2) 变压器本身绝缘纸、绝缘漆等绝缘材料碳化和分解。当变压器回路发生短路故障时，持续的短路电流产生持续的高温，远远高于变压器本身绝缘材料的裂解温度，会使变压器本身绝缘材料发生碳化和裂解。这些裂解和碳化的聚合物产生水和大量的 CO、CO_2 气体，少量碳氧化合物气体 [3]。

(3) 变压器油中含有的水受热与铁发生反应生成 H_2。高温下，变压器油中所含的氧气与变压器绕组及铁芯油漆在催化剂不锈钢的作用下，产生大量的 H_2，同时，变压器内不锈钢与油的催化反生成大量的 H_2 [4]。

(4) 变压器油未清滤干净含有部分气体或运行中产生少量气体。变压器本体或外部故障处理后，变压器绕组铁芯等部位产生的少量气体仍然依附在其表面，未彻底脱离除去，而后随着变压器油流冲刷又慢慢脱离溶解到油中。有载调压变压器的分接头绕组切换开关油室与变压器主油箱分隔不严密，使其油渗漏到变压器主油箱内，有载调压变压器的分接头绕组进行电压调整时选择开关在切换或切换不良会产生电弧火花，使变压器本体油中出现 C_2H_2。

(5) 变压器部分故障产生气体。变压器绕组层间放电、变压器绕组硬接线接触不良、变压器有载调压分接开关接头不到位或接触不良、变压器悬浮电压放电、变压器铁芯及夹件多点短路接地、变压器绕组相间闪络放电、变压器绕组对外壳及接地铁芯等接地装置放电，均会产生大量的气体。

2.2 变压器钻心检查

在对 2 号主变压器钻心检查过程中，发现接线板有明显的变色现象，导线上明显发黑，铜导线颜色变暗。而且外观显示从 220kV 高压电缆终端接线板处到 2 号主变压器器身引线接线处，电缆发黑情况越来越轻微，铜导线颜色也由暗变亮，从表面现象来看有明显的过热情况。因此在检修的时候重点对过热情况进行了处理，主要是将 2 号主变压器的接线板进行更换、铜导线引线

进行更换、铜导线引线外部绝缘重新包扎处理。

2.3　变压器油色谱分析

2号主变压器是6台主变压器中产气量最大最异常的1台，气体含量最大的是H_2，2018年大修前H_2含量已增长至11681.16mL/m³，CH_4增长为379.68mL/m³，总烃含量416.28mL/m³，2018年大修后氢气含量已增长至3981.96mL/m³，CH_4增长为117.45mL/m³，总烃含量137.15mL/m³。从2号主变油色谱情况看（表1），H_2和CH_4为最主要最典型的气体，依据DL/T 722—2014《变压器油中溶解气体分析和判断导则》对油样进行三比值分析，可得出结论：2号主变压器存在局部放电，原因为高湿、气隙、毛刺、漆瘤、杂质等所引起的低能量密度的放电[5]。

表1　2号主变压器油样色谱分析结果

设备名称 / 组分	220kV 2号主变压器				
	2017.12.19	2018.01.18	2018.04	2018.08.23	2019.10.11
H_2	9528.01	11681.16	ND	768.16	3981.96
CO	131.37	148.53	1.86	67.41	122.38
CO_2	931.62	1062.87	96.22	968.26	1146.81
CH_4	320.92	379.08	2.07	27.12	117.45
C_2H_6	28.01	36.49	0.06	7.34	19.28
C_2H_4	0.86	0.71	ND	0.49	0.42
C_2H_2	ND	ND	ND	ND	ND
总烃	349.79	416.28	3.04	34.95	137.15

2.4　变压器绝对产气速率的分析

2号主变压器总油重42t，变压器油密度约为0.9t/m³，基于以上基础数据，重点对H_2和CH_4绝对产气速率进行计算（表2）。

表2　2号主变压器绝对产气率

时间周期	2017.12.19～2018.1.18	2018.8.23～2018.10.10	2018.10.10～2018.12.14	2018.12.14～2019.2.13
天数，天	30	48	65	61
H_2产气率 mL/d	3349	330.7	381.4	583
CH_4产气率 mL/d	90.47	12.29	9.89	12.26

2号主变压器2018年4月份检修，从上表2中可看出检修前的H_2绝对产气速率为3349mL/d，检修后最大的H_2绝对产气速率为583mL/d，绝对产气速率明显下降，取得了一定的效果但没有完全根除。从检修后投运至今的变压器油色谱分析来看，H_2的增长率有所增加，需继续跟踪检测和验证。

3号主变压器、4号主变压器、5号主变压器基础数据均与2号主变压器相同，根据三比值法分析结果故障判断为010，010显示为低能量密度局部放电，产气速率检修前后差距较大，检修后较检修前有一定的增长，均未完全根除。

2.5　变压器负荷情况分析

从部分统计期间负荷情况来看，4号主变压器的负荷最大，占额定容量的60%。3号主变压器负荷占额定容量的56%，5号主变压器负荷占额定容量的52%，2号主变压器的负荷最小，占额定容量的28%。将负荷和产气率联合分析，从上表3中可看出，2号主变压器负荷最小，绝对产气率最高，4号主变压器负荷最大而产气率相较3号主变压器、5号主变压器更大，但与220kV 2号主变压器比起来不算大，所以从表象看绝对产气量与运行容量没有必然的联系。

表 3　主变压器的负荷统计

名称	额定容量 kV・A	2018.5～2018.7 kV・A	2018.8～2018.10 kV・A	2018.11 至今 kV・A
2 号主变压器	75000	30000	40000	21320
3 号主变压器	75000	30000	42259	42259
4 号主变压器	75000	30000	44923	44923
5 号主变压器	75000	30000	36168	36168

2.6　变压器在线局放情况分析

2 号主变压器、3 号主变压器、4 号主变压器、5 号主变压器进行在线局放测试，在整个测试过程中均测到局放信号，具体数据如表 4 所示。

表 4　主变压器在线局放结果

设备名称	局放，Hz		局放判定结果	绝对产气速率，%	
	超声	高频		H_2	CH_4
2 号主变压器	68.6	5235	存在局放	381.4	9.89
3 号主变压器	19.93	1774	存在局放	127.44	2.97
4 号主变压器	26.82	1980	存在局放	186.17	4.76
5 号主变压器	51.99	2275	存在局放	164.8	3.2

从表 4 中看出，2 号主变压器的 H_2 和 CH_4 的绝对产气速率最大，同时无论是超声或者是高频结果都显示局放最大。3 号主变压器的局放相对较小，产气量也较小而且趋于稳定，4 号主变压器、5 号主变压器的局放相对大一些，产气量相对更大。可以分析得出：局放越大，绝对产气速率也越大，所以变压器的产气速率跟局放有一定的关系。

2.7　变压器红外测温分析

为进一步检测变压器电缆终端是否存在问题，对 2 号主变压器、3 号主变压器、4 号主变压器、5 号主变压器电缆、电缆终端根部、升高座 3 个点进行红外检测，根据变压器检测要求增加和减少变压器实时负荷进行红外线测温，从实际测温情况来看，负荷越大，变压器电缆、电缆根部、升高座的温度越高，符合电气设备热产生的原理。

2.8　变压器部分检查试验

2 号主变压器、3 号主变压器、4 号主变压器、5 号主变压器大修时对变压器进行电压比测量及联结组别标号测定，变压器绕组电阻测定，变压器绕组对地绕组间直流绝缘电阻测定，油浸式变压器铁芯夹件绝缘检查，变压器有载分接开关试验，变压器电流互感器试验，变压器频率响应测量，所有实验结果均符合规定标准，可以确定跟变压器产气关系不大。

2.9　变压器 H_2 超标结论

综合变压器钻心检查、油色谱分析、产气速率分析、带负荷分析、局放分析、红外测温分析、部分检查试验分析来看，220kV 主变压器产气的主要原因是由于绕组引接线上存在气隙或潮气过大导致局部放电，电缆终端过热。220kV 主变压器油中含有杂质、水或空气导致低能局放电。

3　变压器 H_2 超标问题解决

（1）变压器所有现场需要更换的绝缘件与连接导线均进行干燥处理，并真空包装保存运输。所有绝缘件材料与连接导线的烘干按 500kV 产品的干燥要求执行。

（2）变压器加大真空滤油和充油，提高控制变压器油质指标。

（3）更换变压器连接垫片，提高变压器真空度。

（4）按照500kV变压器标准检修220kV主变。

① 变压器排油前热油循环：变压器热油循环，对变压器本体及引线进行去潮处理。热油循环时，滤油机加热器温度设置为（65±5）℃，持续循环时间为48h。

② 变压器钻心检查及更换绝缘件：检查升高座内部的引线，拨开绝缘检查引线，更换引线及引线外部绝缘，将引线出口处的成形件更换为瓦楞加纸板结构，绝缘包扎厚度均匀并符合设计图纸要求，瓦楞纸板拐角处的处理要重点检查，不得出现裸露的情况，引线固定牢固无松动。更换人孔盖板密封胶垫，人孔盖板密封复装。

③ 对变压器电缆插拔头进行检查处理，消除变压器电缆插拔头过热的问题。

④ 变压器油在油罐内热油循环：滤油机加热器温度设置为（65±5）℃，对油罐内变压器油进行循环，每罐油循环12h，直至变压器油样合格。

⑤ 抽真空：对变压器抽真空，真空度达到67Pa后维持20h。

⑥ 注油：变压器下部进行注油，注油速度5.5t/h，注油过程中真空度不大于67Pa。

⑦ 真空脱气：注油至箱盖下200mm停止注油，维持抽空2h脱气。

⑧ 真空补油抽空：先从储油柜呼吸口抽空至运输限位并维持30min，再通过储油柜注放油口抽空至67Pa。

⑨ 真空补油：通过储油柜注、放油口对储油柜抽真空，真空度达到要求后真空补油。

⑩ 静放：热油循环结束后变压器静放24h，静放期间对变压器各放气塞按照从下到上的顺序排气。静放期间对变压器进行全面检查，查看是否有渗漏油等故障现象。

4 结论

220kV 2号主变压器按照500kV主变标准检修并更换部分部件，之后进行3个月效果观察，每月抽样化验分析，2号主变压器H_2含量每月增长为3.28μL/L，增长率5.1mL/d符合标准要求。对2号主变压器进行高频局部放电检测和超声局部放电检测，超声检测未发现异常，高压相升高座位置异常超声信号全部消除。高频局部放电检测中，图谱正常，波形平滑，无异常脉冲信号，内部无局部放电故障，H_2含量超标问题基本解决。将处理方法应用在3号主变压器、4号主变压器、5号主变压器上均取得非常好的效果，至此主变压器溶解气H_2超标问题彻底解决。保证了主变压器长周期可靠运行，延长检修周期，节约大量检修费用，同时也延长变压器使用寿命，节约大量投资运行成本。

参考文献

［1］DL/T722-2014.变压器油中溶解气体分析和判断导则［S］.北京：中国电力出版社，2015.6-7.

［2］涂海彬.一起变压器绝缘油溶解气体含量异常分析［D］.江西南昌：江西省电机工程学会，2021.252-254.

［3］冯玉辉，高超，代金良，等.某核电厂

主变压器绝缘油中氢气含量异常的分析与处理［J］. 变压器，2020，57（9）：77-79.

［4］黄旭，王骏 . 变压器油中溶解气体分析和故障判断［J］. 石油化工设计，2021，38（2）：39-41，5-6.

［5］马纪盈 . 主变气体含量超标处理方案［R］. 新疆：特变电工股份有限公司新疆变压器厂，2019.5-6.

（作者：伍华伦，四川石化公用工程部，电气、变电站值班员，高级技师；喻军，四川石化公用工程部，电气、变电站值班员，技师；刘志强，四川石化公用工程部，电气、变电站值班员，技师）

蜡油加氢裂化装置重石脑油氮含量超标原因分析与处理措施

◆张 猛 姚 峰 郭富全 霍春潇 梁文玉

为应对市场对产品的需求变化，满足装置产品结构调整改造的需求，四川石化蜡油加氢裂化装置（以下简称加氢裂化装置）于2018年对装置进行了必要的升级改造，以增产航煤为主，同时控制石脑油收率不小于34%，适量生产尾油，少产或尽量不产柴油。

加氢裂化装置产出重石脑油产品的芳烃潜含量高，是作为催化重整装置生产芳烃的优质原料[1]，重石脑油中的氮会造成催化重整装置贵金属催化剂中毒失活，故要求加氢裂化装置重石脑油的氮含量小于0.5μg/g。自2018年6月改造完成开工以来，累计发生3次干气脱硫塔发泡事故，导致重石脑油氮含量严重超标，最高值达228μg/g，催化重整装置被迫降量处理，置换周期最长达15天，影响了物料互供，公司效益受到严重影响。

1 干气脱硫与石脑油系统简介及工艺流程

来自本装置的脱硫化氢塔顶气、脱乙烷塔顶气，柴油加氢、渣油加氢、汽油加氢和催化重整装置的含硫干气混合后进入到干气脱硫塔入口分液罐，脱除干气中的重组分。脱除重组分后的干气进入干气脱硫塔，与浓度为28%～34%的贫胺液（MDEA）逆向接触，脱除干气中的H_2S。富胺液从塔底抽出进入富胺液闪蒸罐闪蒸，脱除干气后进入硫黄回收装置的再生系统。脱硫后干气从塔顶抽出进入吸收塔，与来自石脑油塔底的重石脑油逆向接触，吸收脱硫后干气中的轻烃组分。干气自分液罐分液后进入公司燃料气管网或PSA回收氢气。富油从塔底抽出，与脱硫后干气分液罐底部液相和脱硫化氢塔顶回流罐石脑油组分混合后作为脱乙烷塔进料。经过脱乙烷塔脱除干气组分，再经过脱丁烷塔脱除液化气组分后作为进料进入石脑油分馏塔，进一步分离后产出重石脑油和轻石脑油产品。工艺流程如图1所示。

2 重石脑油氮含量超标原因分析

2.1 干气脱硫塔胺液发泡

2.1.1 胺液发泡影响因素

引起胺液发泡的原因比较复杂，生产实践经

验证明，任何具有表面活性的物质进入胺液中都有可能引起胺液发泡[2]。表面张力及表面黏度是影响泡沫稳定的主要因素，在纯净的胺液中形成的气泡极其不稳定，必须存在起泡剂的情况下才会使胺液发泡，促使胺液发泡的因素有很多，常见的有以下几种。

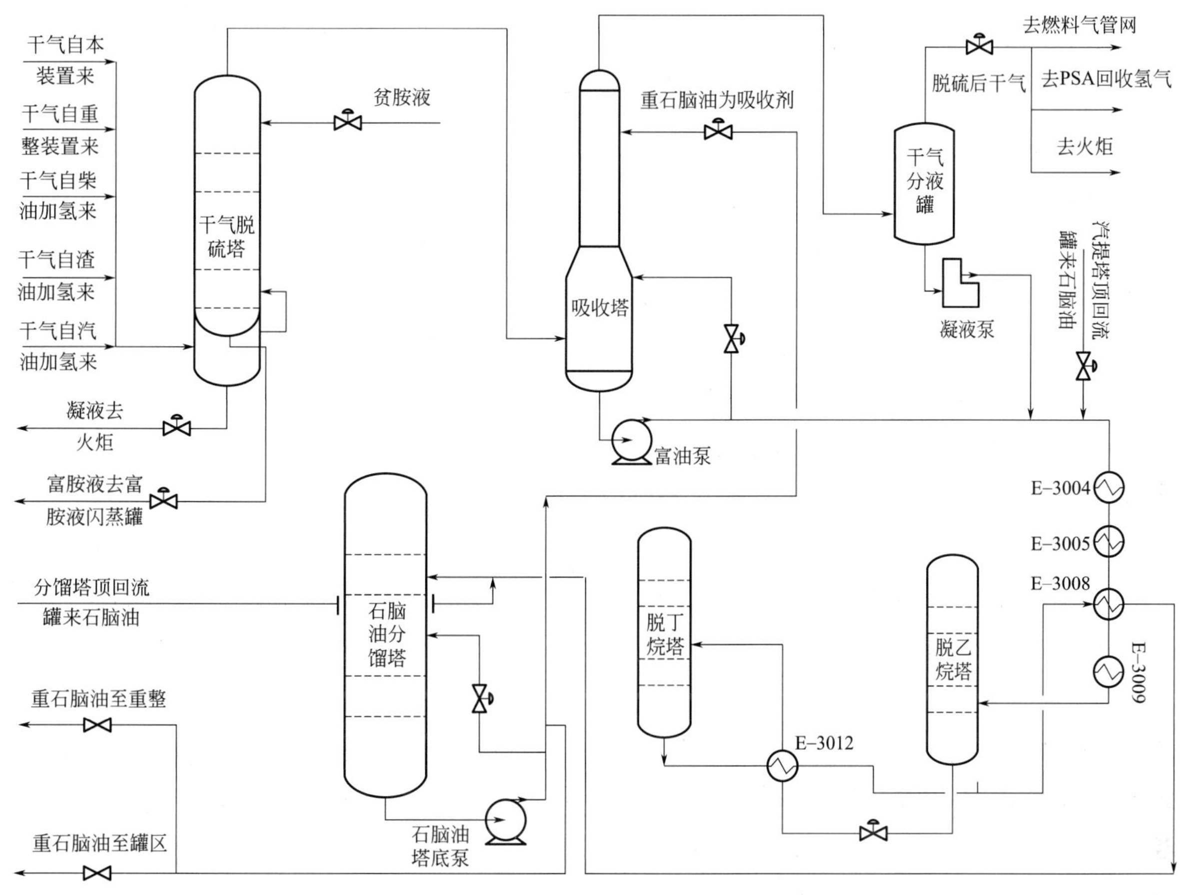

图 1　干气脱硫与石脑油系统工艺流程示意图

（1）表面活性剂的影响。干气带入胺液中的表面活性剂容易引起发泡，在胺液的表面，表面活性剂分子的亲油基指向气相，在气液界面上形成定向排列，使表面张力降低进而使泡沫较为稳定。

（2）固体颗粒的影响。原料气带来的 FeS 等固体颗粒，和装置本身产生的腐蚀物质，是胺液中固体微粒的两个主要来源。

（3）烃类的影响。干气中的烃类在胺液表面，可明显降低表面张力而导致胺液发泡。

（4）降解产物的影响。胺液通过降解生成各类有机物及热稳定酸性盐，因为不能再生，胺液中存在的降解产物随着装置操作时间的增长而积累，过量的降解产物会降低胺液浓度，使溶液的 pH 值、黏度表面张力等发生变化，对溶液的发泡产生很大作用[3]。

（5）酸气负荷的影响。过大的酸气负荷对胺液发泡有很大的影响，气液接触速度太快是主要原因，将会造成胺液剧烈搅动，致使胺液发泡。

（6）干气与胺液温差太低。干气与胺液温差太低容易导致干气中携带的轻烃组分析出，明显降低其表面张力而导致胺液发泡。

2.1.2　胺液发泡过程

贫胺液脱除干气中 H_2S 的过程实质上是一个气液传质的过程，在该过程中会产生大量的气泡，但在正常工况下所产生的气泡会快速破裂，对装置的正常操作不会产生影响。通常，贫胺液在处理干气后，胺液的表面产生大量细小、密集并且长时间不会破裂的泡沫时，即认为贫胺液已经发泡[4]。

2019 年 2 月 19 日加氢裂化装置加工量为 320t/h，转化率 86%，干气脱硫塔进气总量为 18350.7m^3/h，干气脱硫塔差压由 0.015MPa 涨至 0.028MPa，干气脱硫塔液位出现大幅度波动。

经过化验分析柴油加氢装置与加氢裂化装置干气含有 C3、C4 组分约 15%，干气脱硫塔入口流量设计值为 15075m^3/h，操作弹性为 60% ～ 130%，通过对胺液发泡影响因素的分析，确定干气总量过大和重烃类物质两个因素导致本装置干气脱硫塔发泡。

2.2　胺液进入石脑油系统

干气脱硫塔发泡导致大量胺液被干气携带进入吸收塔，从塔底抽出的富油携带大量胺液进入到石脑油系统，导致重石脑油中含大量胺液无法脱除，最终造成重石脑油氮含量严重超标。

3　处理措施

3.1　限制条件

（1）2018 年加氢裂化装置质量升级改造时干气脱硫系统未进行改造，利用原有设计进行生产，由于原料组分变化，级配催化剂改变，干气流量增大，干气脱硫塔设计偏小。

（2）装置处于生产运行状态，以重石脑油作为吸收油的流程无法更改。

3.2　防止干气脱硫塔发泡措施

3.2.1　监控进料

监控干气脱硫塔各路来料干气温度及流量，特别是占比较大的本装置的脱硫化氢塔、脱乙烷塔、柴油加氢及渣油加氢装置的来料干气情况。针对本装置的脱硫化氢塔、脱乙烷塔干气，采取降低冷后温度至 30℃以下，提高 10% 塔压的方法，降低干气产生量。

3.2.2　限制总量

核算干气脱硫塔负荷，监控干气总进料量不超 15500m^3/h，如出现临近超标情况，及时调整，减少各路进料干气流量。

3.2.3　保证温差

保证胺液进料温度比干气温度高 5℃以上，防止由于温差低，干气中烃类冷凝使胺液带油增多，容易发泡。实时计算胺液进料温度与干气进料温度温差，当温差不足时，及时调整各路进料，保证温差。

3.2.4　压差监测

当胺液有发泡倾向时，干气脱硫塔出入口的压差将发生明显变化。通过在 DCS 画面上加上差压每秒的变化速度即差压变化速率，便可实时预测胺液发泡的可能性，将干气脱硫塔胺液发泡的可能性降至最低。

3.3　缩短石脑油系统置换时间

重石脑油氮含量超标主要是由于干气脱硫塔胺液发泡，大量胺液被干气带入后部的吸收塔中，从而进入石脑油系统，所以重点是将进入石脑油系统中的胺液脱除，由于胺液易溶于水，可以采取以下措施将石脑油系统中的水脱除。

（1）利用现有流程，从脱乙烷塔吹扫蒸汽线向脱乙烷塔通入 1.2MPa 蒸汽，降低各组分压力，使大量的胺液从脱乙烷塔顶回流罐界位排出。

（2）降低石脑油分馏塔顶部压力，使大量胺液从石脑油分馏塔顶回流罐界位排出，以缩短石脑油系统的置换时间。

4 优化措施后的效果

自 2020 年 10 月最后一次干气脱硫塔胺液发泡至今，通过采取上述措施，干气脱硫塔系统未发生发泡事故；通过脱乙烷塔吹入 1.2MPa 蒸汽和降低石脑油分馏塔顶压力的方法将石脑油系统置换时间从 15 天大幅缩短至 3 天以内，如图 2 所示。

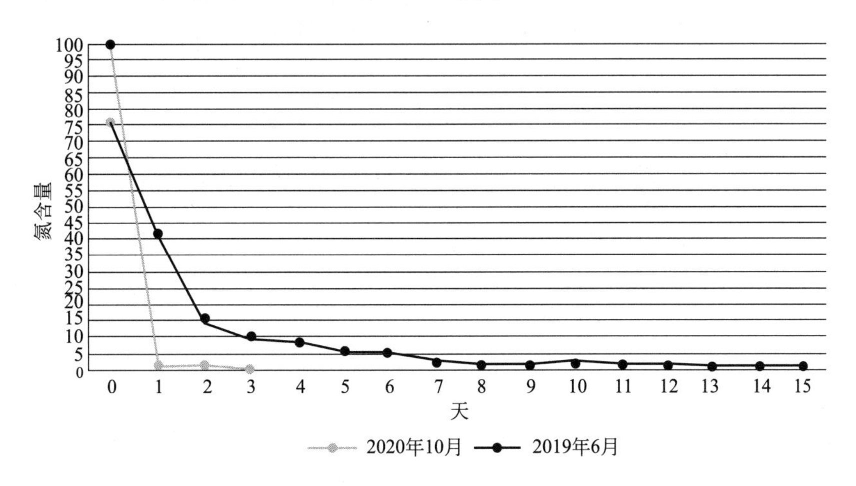

图 2 两次石脑油系统置换时间对比

5 结语

加氢裂化装置重石脑油氮含量超标的问题主要源于干气脱硫塔的胺液发泡。在装置进行升级改造后，干气产量增加，然而干气脱硫塔并未进行相应的升级扩容，这导致胺液在塔内发泡，大量胺液被带入石脑油系统。在生产运行状态下，装置的条件受到诸多限制，为防止干气脱硫塔胺液发泡，可以采取脱乙烷塔底部通入 1.2MPa 蒸汽和降低石脑油分馏塔压力的有效措施，大幅度缩短石脑油系统置换的时间，为企业挽回损失。

参考文献

［1］金德浩．加氢裂化装置技术问答［M］．北京：中国石化出版社，2006.

［2］ 包忠臣．液化气脱硫塔胺液发泡原因分析及改进措施［J］. 炼油与化工，2016，27（5）：26.

［3］ 何岩峰，张青青．高含硫天然气净化装置脱硫溶液发泡诱因研究［J］. 加工处理，2017，36（7）：51-54.

［4］ 党晓峰，张书成，李宏伟，等．天然气净化厂胺液发泡原因分析及解决措施研究［J］. 加工处理，2008，27（2）：50-53.

（作者：张猛，四川石化生产二部，加氢裂化装置操作工，高级技师；姚峰，四川石化生产二部，加氢裂化装置操作工，高级技师；郭富全，四川石化生产二部，加氢裂化装置操作工，技师；霍春潇，四川石化生产二部，加氢裂化装置操作工，技师；梁文玉，四川石化生产二部，加氢裂化装置操作工，技师）

重整 PSA 装置解析气周期性放空原因分析及措施

◆ 陈国正　苏　健　马　波　魏金涛　孙宝灿

1　问题表述

四川石化连续重整 PSA（氢气变压吸附）装置采用西南化工设计院开发的 12-3-5/P 变压吸附技术，通过该工艺将原料混合气多种杂质一次脱除得到产品氢气，供给公司氢气管网，为下游加氢装置提供 99.9% 高纯度氢气。

2021 年 12 月 2 日，吸附塔 V-1003I 在吸附步序出现压力异常，产品氢流量波动加大，流量表 165FIQ10002 间歇出现低报，同时解析气缓存罐压力出现高报，放空阀 PV10003B 自动控制状态下间歇打开，解析气呈现周期性向火炬排放状况。检查发现程控阀 KV10002I 现场无法关闭到位，导致氢气从产品氢管线倒串回 I 塔引起压力异常。确定问题后，紧急切除 I 塔，产品氢、解析气波动趋势减缓，解析气放空阀位从 79% 降至 60%。在往后 2 天内，变压吸附单元程控阀 KV10001A、G、H 相继出现关阀延迟报警，系统波动情况进一步恶化，氢气、解析气每天的火炬排放次数剧增。在装置运行末期，吸附剂磨损机械强度下降，使细粉增多，多点分布，在解析气过滤器、程控阀处均有发现。特别是吸附塔平缓逆放和冲洗阶段步骤，含有细粉的逆放冲洗气，在压力剧烈变化下，冲击程控阀，造成参数报警，因而引发解析气周期性放空，产品氢气收率、纯度下降。2022 年初，PSA 装置相关程控阀故障明显增多，产品氢气周期性放空加剧。因此，消除隐患，降低氢气放空损耗，保障 PSA 装置安全稳定运行，减少对下游装置冲击影响尤为重要。

2　问题分析

考虑问题主要出现于解析气冲洗和逆放阶段，从原料气、吸附塔压降、解析气输送路径逐个因素排查造成解析气周期性波动的具体原因。

2.1　原料组分反应生成氯化铵，致使吸附剂板结

原料气包含来自重整装置副产氢气以及加氢裂化装置低分气，主要组分是 H_2，其他杂质组分是 CO、CO_2、CH_4 和 H_2O 等。对变压吸附单元原料气排查发现，系统波动前加氢裂化装置出现

胺液发泡现象，低分气中携带微量的胺，在PSA预处理器V-1002与重整氢中带有的微量氯化氢混合后会生成NH_4Cl，对V-1002附属阀门积累的粉末采样分析，发现该结晶物易溶于水，溶液呈酸性，含有NH_4Cl成分。

随着长时间的积累，粉末状的NH_4Cl聚焦在预处理器、程控阀、吸附塔及管线死角内，无法排出，最初时影响不明显，但随着运行时间延长，影响逐渐变大，导致吸附剂板结，吸附塔进出口压差增大。后期相继出现阀门报警、氢纯度降低、氢气和解析气被迫排火炬等异常状况。

2.2 冲洗压力高，速度快，致使吸附剂粉碎

PSA运行程序冲洗阶段，刚完成5均降的吸附塔顺放气自上而下对正进行冲洗步骤的吸附塔出口顺向放压冲洗，顺放气0.4MPa直接作用在吸附剂上，背压0.02MPa，冲洗气压差过大，冲击力大，导致吸附剂粉碎，程控阀损坏率上升。在2021至2022年期间，变压吸附单元程控阀故障率增多，包括阀门卡涩、回讯失灵、填料泄露、气缸下端密封盖磨损以及阀芯密封环内漏等问题，主要出现于3号、6号和部分9号程控阀，而这3种程控阀正是解析气顺放、逆放和冲洗阀门。

2.3 冲洗前后波动大，缓冲罐难以稳定压力

为了保护解析气压缩机，在压缩机入口设置放空调节阀，当压缩机入口压力超过35kPa时，调节阀自动打开放空从而降低压力。由于冲洗气前大后小，周期性波动，波动范围在25～55kPa，超过火炬排放自动控制压力，解析气压缩机入口的缓冲罐不能及时入口平衡压力，大量解析气被迫放空，造成能源浪费，甚至可能触发联锁停车。

3 处理措施

吸附剂细粉大范围存在于整个变压吸附装置，整体换剂需要停工多天。PSA装置长时间停工，从厂区物料平衡、氢气供给关系等方面考虑，炼油大部分装置采取降负荷甚至停工应对，无疑会给炼厂带来巨大的经济损失。切塔后逐个罐换剂，作业时间长，切塔后氢气纯度降低，长时间不能满足下游用户要求。另外在周围氢气环境下长时间进行受限空间、动火、高处等作业活动，风险巨大，因此装置不具备更换吸附剂条件。根据上述原因分析，解决问题的关键是从原料、程序、工艺上解决吸附塔在顺放、逆放、冲洗等运行步骤时压力异常的问题，最大限度平缓逆放和冲洗阶段解析气流量波动。

3.1 分割原料气组成

改造原料气流程，将含有微量铵的加氢裂化低分气改为新建PSA装置，避免了重整氢中的氯和低分气中的铵混合形成铵盐。实施改造后，预处理器、吸附塔的压降明显下降。原先预处理器V-1002压降从130kPa降低至90kPa，吸附塔V-1003A、V-1003F、V-1003L在顺放阶段压力从0.48～0.51MPa降低至0.45MPa。

3.2 双塔分段冲洗模式更新

结合当前变压吸附单元实际情况，同设计院研究探索，将原先12-3-5/P工艺运行时序调整为12-3-4/P，优化了吸附塔冲洗程序，由单塔直供冲洗变为一对二冲洗模式。

优化程序完成后，PSA装置投入使用。两次顺放步骤同时自上而下对正冲洗步骤的两个吸附塔顺向放压冲洗，匀压效果明显；分两次不同压力等级逆放，逆放气体先进解析气缓存罐V-1005，经缓冲后通过调节阀PV-10003A调节

进入解吸气混合罐 V-10006，保证了过程中解析气压力平稳。

以 12-3-4/P 方式运行时，总有 3 台吸附塔处于进入原料气、产出氢气的吸附步骤，其余 9 台吸附塔处于吸附塔再生的不同步骤。每台吸附塔经历相同的步骤程序，可使原料气不断输入、产品氢连续稳定输出。

4 效果检验

运行结果表明，采取措施后，新工序满足目前装置运行工况，解决了变压吸附单元吸附剂细粉增多，吸附塔冲洗步序压力异常引起的一系列问题。新系统运行后压力波动减小，减缓了吸附剂破碎速度。由于装置处于运行周期，暂不安排窗口更换破碎吸附剂，待大检修时全部更换。

优化前解析气压力波动较大，为 20 ～ 60kPa 之间，优化后，解析气波动范围大幅度减小，为 25 ～ 35kPa 之间，解决了解析气被迫周期性火炬排放问题，同时解析气压力平稳，压缩机 K-2801 运行更加稳定，电流频繁高报问题得到彻底解决，解析气外送流量保持平稳，下游轻烃回收装置安全平稳运行得到了保障。

优化前产品氢气流量在 50000 ～ 70000m^3/h 之间波动，使得产品氢气火炬排放阀常常被动打开，浪费了氢气。优化后，产品氢气流量波动范围大幅度减小，火炬排放频率也大幅减少，避免了能源浪费。

5 结论

将 PSA 装置吸附塔冲洗由单塔直供转变为一对二冲洗模式，解决了装置运行末期，吸附剂破碎细粉冲击程控阀，参数异常，产品氢气被迫周期性放空的难题，提高了 PSA 装置的氢气回收率。同时，吸附塔一对二冲洗模式，平稳了冲洗阶段的压力变化，可使原料气不断输入、产品氢连续稳定输出，有利于 PSA 装置长周期平稳运行。

参考文献

［1］王雨辰 . 基于基础功能虚拟 DCS 系统的 PSA-H_2 制氢过程仿真［D］. 北京：中国科学院大学，2012.

［2］徐承恩 . 催化重整工艺与工程［M］. 北京：中国石化出版社，2014.

（作者：陈国正，四川石化生产三部，催化重整装置操作工，高级技师；苏健，四川石化生产三部，催化重整装置操作工，高级技师；马波，四川石化生产三部，催化重整装置操作工，高级技师；魏金涛，四川石化生产三部，高级工程师；孙宝灿，四川石化生产三部，高级工程师）

渣油加氢装置铵盐结晶问题分析及处理

◆李永江　刘卫芳　曾　奇　黄小飞　郑国龙

在渣油加氢处理工艺中，减压渣油中的硫、氮经加氢反应生成氨气和硫化氢，结合形成硫氢化铵，另外与原料油或新氢携带的氯结合生成氯化铵，二者在油中的溶解度很低，低温下极易析出结晶，会造成高压换热器及管线堵塞，气循环系统压降升高，增加了装置能耗。同时，如铵盐在换热器入口长时间聚集而得不到及时消除，会形成垢下腐蚀，造成管线穿孔，泄露有害物质，对装置安全平稳运行造成极大风险。如果铵盐在循环氢脱硫塔塔板上结晶会影响脱硫效果，增大对后路设备和管线的腐蚀速率，通过优化工艺等相应措施减少铵盐产生或析出，对加氢装置长周期运行至关重要。

1　铵盐结晶现象

四川石化渣油加氢装置自2020年8月检修开工，运行至2021年5月初，高压循环气蒸汽发生器管程在线压差表数值增长速度加快，此蒸汽发生器以热高分气相组分作为热源，生产0.5MPa蒸汽，流程如图1所示。

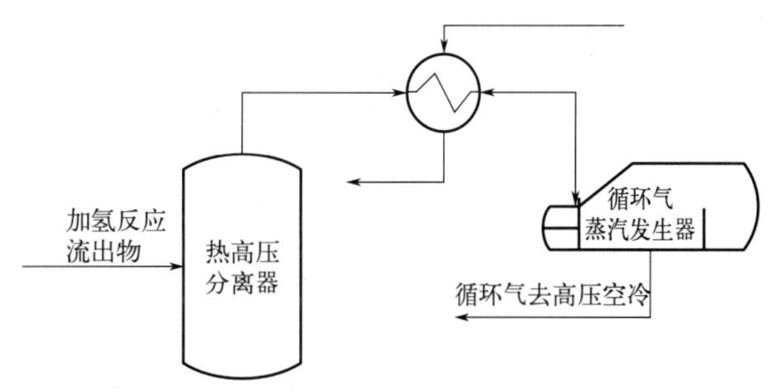

图1　高压循环气蒸汽发生器流程

蒸汽发生器入口正常操作压力约为16.8MPa，操作温度约为205℃。由于高压蒸汽发生器压差快速增大，导致循环氢压缩机运行负荷过大，装置研究开大循环氢压缩机防喘振阀门，被迫降低处理量和氢油比。同时将蒸汽发生器入口间歇注水点变更为连续注水，铵盐结晶速度有所缓解，但效果并不显著。装置低负荷运行至2021年8月进行换剂检修，发现整个管束关闭上布满了相当厚度的结晶盐，换热器管束内径均已变小，导致换热器压降增大，整个气循环系统压降变大。

2　铵盐结晶的原因分析

结合装置近几个生产周期，铵盐结晶物质主

要为氯化铵结晶和部分硫氢化铵，结晶主要影响因素为HCl、NH_3和H_2S浓度、装置的操作压力和此处工艺气的温度。该装置在发生铵盐结晶前，系统压力和操作温度一直较为稳定，通过化验分析对比原料油中硫、氮含量也较为稳定。如表1所示。

表1　原料油中硫和氮含量分析

时间	原料油氮含量，%	原料油硫含量，%
2021.4.1	0.325	0.268
2021.4.8	0.332	0.275
2021.4.15	0.328	0.256
2021.4.21	0.331	0.279
2021.4.28	0.334	0.269
2021.5.5	0.328	0.269

通过上表数据可以判断原料中硫、氮含量变化与蒸汽发生器压差变化没有关联，基本确定这一次铵盐结晶是因为HCl含量变化引起的氯化氢结晶，装置氯含量的来源主要是混合原料油或者新氢，混合原料油中的氯离子在经过反应器催化剂床层时会被催化剂所吸附，初步判断氯离子主要是从新氢中携带进入装置，操作人员多次对新氢和循环氢样品检测，均发现有氯的存在，与之前样品做对比，氯含量有所增加，如表2所示。

表2　新氢中HCl含量分析

时间	新氢中HCl含量，mg/kg
2021.4.15	0.3
2021.4.22	0.5
2021.4.29	0.8
2021.5.6	1.2

3　铵盐结晶的解决措施和预防方法

确定此次铵盐结晶产生的原因后，联系上游产氢装置，督促天然气制氢装置和重整装置更换有效的脱氯剂，本装置增加间歇注水的频次，提高空冷前连续注水量，通过工艺操作提高蒸汽发生器管程入口温度，保证在加氢工艺条件下氯化铵的结晶温度可以达到204℃甚至更高，以减缓铵盐结晶。连续重整装置进行专项分析，发现在用脱氯剂已经被完全穿透，2021年5月连续重整装置重新装填了新型脱氯剂后，渣油加氢装置循环气蒸汽发生器管程压差明显下降。

2021年8月渣油加氢装置换剂检修期间对蒸汽发生器打开检查，发现管程腐蚀严重，原因是氯化铵的析出结晶，遇到介质中的水，当温度恰好低于露点温度，氯化铵将会产生水解现象，生成盐酸，造成管线设备局部腐蚀或应力开裂。而换热器管束存在U形弯，此处流量相对较低，循环气中析出的铵盐氯化物常常在此处累积，为应力腐蚀开裂创造了先决条件。

在日常生产中防止铵盐结晶对生产运行和设备安全是至关重要的，要加强对原料油硫、氮含量的分析，一旦原料油性质产生较大变化，就要有相应的提温措施。加强新氢和循环氢样品中氯含量的分析，一旦新氢中氯含量增多或者超标，应立即通知产氢装置及时调整。加氢装置在换热器和空冷处注水时，要保证反应注水的质量，严控水中的钙镁离子和氯离子，采用除氧水。

4　结论

为预防和治理渣油加氢的铵盐结晶，要对装

置结盐温度精确计算，操作时控制适宜温度若温度低于结晶温度，及时投用注水溶解铵盐。在加强装置原料油氯含量分析的同时，增加新氢氯含量分析频次，建立台账，做到早发现、早处理。停工时，由于降温降量，导致高换单元氯化铵结盐温度前移，尽量提前投用注水。优选换热器管束材质，提高抗腐蚀能力，降低铵盐结晶制约装置长周期运行的风险。

参考文献

[1] 高楠，邓文.渣油加氢装置汽提塔顶空冷器的腐蚀泄漏分析，2019，(06) 58-60.

（作者：李永江，四川石化生产二部，蜡油渣油加氢装置操作工，技师；刘卫芳，四川石化生产二部，汽油加氢装置操作工，技师；曾奇，四川石化生产二部，加氢裂化装置操作工，技师；黄小飞，四川石化生产二部，蜡油渣油加氢装置操作工，技师；郑国龙，四川石化生产二部，蜡油渣油加氢装置操作工，技师）

透平式压缩机盘车问题分析及解决措施

◆蒋　瑞

某石化 80×10^4t/a 乙烯装置，有 3 台透平离心式压缩机，分别是裂解气压缩机、丙烯压缩机、乙烯压缩机，其中裂解气压缩机和丙烯压缩机采用抽气凝汽式汽轮机驱动，乙烯压缩机采用全凝式汽轮机驱动。裂解气压缩机三缸五段十五级，作用除了加压脱除重烃、水和酸性气体以外，更重要的作用就是为后系统深冷分离提供 3.7MPa 较高的压力，从而减轻深冷分离的负荷。丙烯压缩机是闭式的蒸汽透平驱动的四段离心式压缩机，作用是为乙烯装置各岗位提供 -37℃、-21℃、-7℃、7℃ 4 个温度级位的冷剂。乙烯压缩机不仅要为分离系统提供 -101℃、-83℃、-61℃ 3 个温度级位的冷剂，还要为罐区及聚乙烯装置提供液相乙烯和气相乙烯产品。因此，这 3 台透平离心式压缩机运行的好坏，直接影响整个乙烯装置的运行状况，是乙烯装置的“心脏”。

3 台压缩机从 2014 年开车后运行一直较平稳，但在 2018 年大检修后，无论是透平单试，还是紧急停车时的手动盘车、电动盘车都出现不同的问题，影响设备平稳运行。

1　压缩机盘车现象分析及解决措施

1.1　裂解气压缩机停车后转速停不下来，无法电动盘车

2018 年大检修前，紧急停车后就出现过汽轮机转速停不到零，电动盘车盘不上的现象，只能通过打开复水器大气安全阀破坏真空度增加透平背压来停下来。最初怀疑是 TTV 阀关不严内漏，导致透平停不下来，但是停车检修时将 TTV 阀下线处理后，再开车仍然是同样的问题。后经操作人员仔细观察，发现是因为停车后暖管流程有误，导致透平停不下来。

解决措施：确保蒸汽暖管流程正确无误，确保每条管线暖管的前后顺序正确，不能过早。才能保证压缩机在不破坏真空度的前提下停下来，并能正常电动盘车。

1.2　丙烯压缩机单试时无法电动盘车

2014 年丙烯压缩机透平单试时，电动盘车的所有条件都满足，TTV 阀全关，盘车润滑油压正

常，转速为零，但允许电动盘车的灯始终不亮。后经工艺和仪表人员共同查找，发现是TTV阀的限位开关仪表线装反了，现场显示TTV阀全关，但后台实际是全开。

解决措施：将TTV阀的限位开关仪表线正确安装。

1.3 丙烯压缩机紧急停车后无法手动盘车

2017年丙烯压缩机由于公用工程的原因紧急停车后，手动盘车器卡在啮合开关上，齿轮与转子盘车齿轮无法啮合，无法进行电动盘车，热态开车可能因此变成冷态开车，手动盘车器无法退出。经分析，是因为操作人员在紧急停车后，急于手动盘车，只观察了机房仪表盘上的压缩机转速为零，就擅自启用手动盘车器，但实际上压缩机紧急停车后由于惯性还有惰走时间，压缩机转子还在缓慢转动，由于转速很慢，转速探头无法监测到，转速表显示为零。此时操作人员强行将盘车手柄下压后，导致盘车器上的齿轮与转子上的盘车齿轮卡住。2018年大检修时，打开盘车器后发现转子上的第1圈盘车齿轮的入口齿尖被打断，验证了当时的判断。

解决措施：手动盘车器卡在啮合开关上时，打开TTV阀，用蒸汽冲转转子，迫使盘车器退出啮合状态，在没有电动盘车的状态下，启动透平。由于当时无法判断盘车器的齿轮是否已经损坏，这种方法较为冒险，所以要求操作人员在下一次手动盘车时，务必用肉眼确定压缩机转子已彻底停下再手动盘车。

1.4 丙烯压缩机单试后无法电动盘车

2018年大检修后，丙烯压缩机单试后前期手动盘车和电动盘车都正常，但是只要开始高压蒸汽管线暖管，在TTV阀全关的状态下，透平转速突然上升，导致电动盘车自动脱扣，无法电动盘车。由于此时复水器已建立真空，所以只能将密封蒸汽停下来，防止转子弯曲，大大增加了压缩机开车的时间。后经检查分析，是由于暖管流程有误，导致透平被冲转从而使盘车电机脱扣。

解决措施：同样也要求每次紧急停车后一定要确保蒸汽暖管流程正确无误，确保每条管线暖管的前后顺序正确。

1.5 乙烯压缩机无法电动盘车

2014年乙烯压缩机透平单试时，始终无盘车润滑油压（机房仪表盘上盘车润滑油压为零）导致无法电动盘车。检查时发现，润滑油无论是总管压力，还是联锁压力都正常，润滑油回油压力温度也正常，仪表信号线正常没有问题。停润滑油泵后发现，是盘车润滑油手阀VT-1165后的塑料盲盖未拆除，导致油过不来。

解决措施：前期流程检查和设定过程中工作不仔细，有失误，操作人员必须认真检查每一条管线，每一个阀门和法兰，保证流程设定无误。

1.6 乙烯压缩机盘车齿轮限位开关不到位，无法电动盘车

2018年大检修后乙烯压缩机单试，手动盘车正常，盘车齿轮和转子上的盘车齿轮啮合正常，乙烯压缩机相对较小，手动盘车很轻松，目测转子转动都没有问题，但是允许电动盘车的灯始终不亮，无法电动盘车。检查仪表线路没有发现问题，后经操作人员发现，用螺丝刀触碰限位开关后，允许电动盘车的灯会断断续续地亮，这证明是盘车装置的限位开关与盘车器设计位置较远，仪表检测不到，因此无法电动盘车。

解决措施：联系厂家对限位开关的位置进行了调整，使得电动盘车正常。

2 结束语

本文通过对四川石化乙烯装置透平式压缩机各种无法盘车现象的分析，可以看出，除极个别是设备和仪表的原因以外，更多的还是检查不当，操作中出现了问题，总结遇到的问题和解决的方法，避免再犯同样的错误，保证乙烯装置的安稳运行。

（作者：蒋瑞，四川石化生产四部，乙烯装置操作工，技师）

丁二烯回丁装置的改造及应用

◆ 祁卫平　雷伟伟　王旭东　许　辉　裴友军

丁二烯是非常重要的石油化工基本原料，是三大合成材料之一橡胶的生产单体，其作用在石油化工烯烃原料中的地位仅次于乙烯和丙烯。在生产橡胶过程中，回收未参加反应的丁二烯，其量占参加反应的丁二烯的10%～15%。四川石化回丁装置由于设计问题，产品无法满足橡胶装置使用要求，为此，对该装置进行技术改造，有效利用现有设备，提高产品质量、降低装置综合能耗，以达到提质增效的目的。

1　改造背景

1.1　工艺流程

回丁装置原始设计为萃取精馏工艺，该设计为国内首次应用，此前未有成功运行的经验。该套装置工艺流程为回收丁二烯经水洗去除杂质后，用含水乙腈作萃取剂改变组分的相对挥发度，从萃取塔顶脱除大部分单烯烃（顺、反丁烯，1-丁烯，正异丁烷等），塔釜物料去溶剂解吸塔解吸后作循环溶剂，解吸塔顶物料去水洗塔回收乙腈后进精制塔脱除轻组分和重组分，从精制塔的中部侧线采出合格的丁二烯产品，送至顺丁橡胶装置。

1.2　产品炔烃不合格

由于乙基乙炔（以下统称EA）、乙烯基乙炔（以下统称VA）、丙炔（以下统称MA）极易溶入循环溶剂，在装置的长期运行中，炔烃会逐步积累，导致产品炔烃含量高。而顺丁橡胶对VA含量要求比较苛刻，含量越低，生产的橡胶产品越好。公司的目标是将VA控制在1mg/kg以下，一旦循环溶剂中VA含量超过1mg/kg，回丁产品中炔烃就会不合格，而此项工艺无脱除炔烃系统，严重影响顺丁橡胶产品质量。

1.3　产品中乙腈不合格以及乙腈水解腐蚀

由于回丁系统处理量较低，原料的丁二烯浓度又达到93%左右，萃取塔的腈烃比超过10.5，而萃取塔顶采出只有200kg/h左右，萃取系统容易波动，操作难度较大。且回丁水洗塔设计处理量偏小，无法完全脱除乙腈，造成产品乙腈超标，乙腈超标将会影响顺丁橡胶产品质量。另外，回丁装置与主装置共用溶剂系统，由于回丁装置原料复杂，含有活性自由基可诱发丁二烯聚合，对叔丁基邻苯二酚（以下统称 TBC）、二聚物等杂质又能污染乙腈，会影响主装置的长周期运行。装置采用循环乙腈分别给精馏塔再沸器、萃取塔中沸器、原料预热器加热，循环流程较长，含水乙腈水解具有腐蚀性，对设备、管线腐蚀较严重，同时，乙腈损失大。

1.4 产品纯度低

由于装置只有一个精制塔，同时处理轻组分和重组分，精制塔的处理能力有限，产品纯度低，只有 96% 左右，达不到橡胶装置的使用要求。在橡胶装置反应不好的时候送至碳四加氢装置加氢后用作裂解原料，效益损失大，能耗、物耗大，产品收率较低。

2 改造思路及方案实施

为了使回丁装置产品丁二烯达到橡胶装置的使用要求，同时降低装置能耗，延长装置运行周期，经过专利商、橡胶装置技术人员、丁二烯装置技术人员共同研究论证改造方案的利弊和可实施性，最后确定采用水洗和普通精馏的方法，除去自顺丁橡胶装置来的循环丁二烯中的杂质，得到回收丁二烯产品。将原萃取塔和解吸塔改为脱重塔，原精制塔改为脱轻塔，此方案投资少，有效利用原有设备，不新增占地，施工周期短，产品纯度能满足顺丁橡胶装置的要求。蒸汽加热和循环溶剂余热加热改造为公司热水余热利用，有效降低装置能耗。

2.1 波纹固阀塔盘的利用

为使原精制塔改造成脱轻塔，原萃取塔和解吸塔作为上下塔改造成脱重塔，增加了精馏所需要的塔板数量，同时将原浮阀塔盘更换为效率高、防堵塞的固阀塔盘，可有效提高产品质量，防止聚合物堵塞。

2.2 聚结器的利用

丁二烯产品水值要求比较高，需要控制小于 20ppm，原料经过水洗后增加两台水聚结器，有效脱除物料中的游离水，确保产品水值在短时间内合格。

2.3 两级水洗的利用

丁二烯是具有共轭双键最简单的二烯烃，其化学性质非常活泼、易聚合。丁二烯分子与系统中的氧发生氧化反应，形成过氧化物，过氧化物自聚形成过氧化自聚物[1]。丁二烯过氧化自聚物极不稳定，在水或铁锈催化作用下可断裂成活性自由基。活性自由基与丁二烯分子作用，形成爆米花状端基聚合物。采用亚硝酸钠和除氧水两级水洗能有效洗除原料中大量杂质，从源头上除去原料带入系统中的氧，从而消减丁二烯聚合，确保装置能够长周期运行。

2.4 降低装置综合能耗

原装置萃取塔和解吸塔采用中压蒸汽加热，蒸汽单耗为 2t/h，精制塔采用循环热溶剂加热，循环系统乙腈水解腐蚀较大，增加检修费用。装置改造为脱重塔与脱轻塔采用剩余热水余热加热，有效降低装置能耗。

2.5 采取措施有效延长装置运行周期

原装置在运行过程中，出现仪表被端聚物堵塞失效、精制塔塔盘被聚合物堵塞导致压差持续升高、机泵过滤器频繁堵塞需清理聚合物、安全阀堵塞失效严重影响安全生产等现象，导致装置在运行一年左右就被迫停工检修。原装置温度、压力、液位仪表使用传统的法兰膜盒仪表，仪表前有一次手阀，由于热电偶、引压管与容器、管线间存在空间，高纯度的丁二烯长时间的静置易在一次手阀处产生端聚物，从而造成仪表堵塞失效，对装置造成极大的安全隐患。将测量变送器改为插入筒式膜盒，如图 1 所示，同时取消一次手阀，热电偶、引压管与容器间的空间，从而避免丁二烯聚合物堵塞管线、阀门影响连续生产情况发生。

图 1　插入筒式膜盒仪表

原装置在检修过程中发现端聚物主要集中在安全阀管线，这是因为在该区形成了物料死角，物料在该处停留时间长，导致端聚物的积累。采用反冲洗技术消减安全阀入口管线中由丁二烯形成的盲肠死角，在安全阀入口及副线管线处配置一条与此处物料相同的物料管线，使其处于流通状态，从而有效消减端聚物的产生及积累。

3　改造后装置运行效果

该项目于 2019 年 7 月 25 日开工，至 9 月 20 日工程交接，装置进入“三查四定”、管线的吹扫、置换、化学清洗阶段。12 月 6 日，装置投料开工，12 月 8 日生产出合格产品，动、静设备运行正常，标志着项目改造成功。

3.1　工艺流程对比

回丁装置工艺流程由原萃取精馏工艺改造为普通馏工艺，原萃取塔和解吸塔改造为精制脱重塔，采用高效防堵塞的波纹固阀塔盘，增加了精馏塔的处理能力；不再使用萃取剂乙腈，从而避免了乙腈水解腐蚀设备和乙腈的消耗；蒸汽加热改造为热水余热加热，从而减少装置蒸汽消耗；在改造中充分考虑丁二烯聚合对装置长周期运行的影响，安全阀增加反冲洗线、应用插入筒式仪表以及在施工过程中减少设备和管线的盲肠死角。

3.2　产品质量对比

如表 1 所示，改造后装置生产负荷与改造前相同，技术经济指标有明显改善，丁二烯产品纯度由 96.0% 提高到 99.3%，且产品 VA 也满足下游橡胶装置的使用要求，未循环操作，按目前操作情况看，每个月至少可增产合格丁二烯 500t。

表 1　改造前后产品质量对比

指标 状态	丁二烯纯度 %	VA 含量 mg/kg	乙腈含量 mg/kg
改造前	96.0	5	3
改造后	99.3	<1	0

3.3　运行周期对比

目前装置运行周期达到了 3 年，且产品质量合格，远远超过了改造前的运行周期和国内同类装置，运行效果超过了预期目标。

3.4　经济效益

回丁装置改造后装置的综合能耗、蒸汽单耗、电单耗均有大幅度降低，装置收率有较大提高，且运行周期远远超过了国内同类装置。同时，回丁装置改造完成后，降低了炔烃加氢装置的负荷，确保了装置安全、环保运行，为下游橡胶装置的高负荷生产提供了原料保障，为公司挖潜增效、节能降耗起到了积极的作用。

参考文献

[1] 李洪峰. 丁二烯装置运行期间聚合问题的研究 [J]. 当代化工，2023，52 (2)：378-381，487.

（作者：祁卫平，四川石化生产四部，丁二烯装置操作工，高级技师；雷伟伟，四川石化生产四部，乙烯装置操作工，高级技师；王旭东，四川石化生产四部，丁二烯装置操作工，技师；许辉，四川石化生产四部，丁二烯装置操作工，高级技师；裴友军，四川石化生产四部，丁二烯装置操作工，高级技师）

乙烯装置裂解炉燃烧器环保改造与实施

◆ 张锋刚　雷伟伟　李宝军　许德荣

四川石化乙烯装置共 8 台 USC 型裂解炉，包括 7 台 USC-176U 型液体原料裂解炉，1 台 USC-12M 型循环乙烷裂解炉，全部采用超低氮燃烧器，共计 472 个。燃料为自产甲烷氢，不足部分由天然气补充。

生产中，裂解炉原料裂解所需的热量是通过燃料气燃烧获得的。燃料气燃烧产生的氮氧化合物（以下统称 NO_x）浓度是环保监测的重要指标。裂解炉正常运行工况下，NO_x 排放浓度符合环保指标小于 100mg/m^3 的要求，但是在非正常工况下，例如投料、烧焦、热备、升降温，NO_x 排放浓度会达到 140～250mg/m^3，无法满足国家环保要求。

1　裂解炉 NO_x 超标原因分析

1.1　NO_x 生成机理

NO_x 按照形成机理可分为燃料型、快速型及热力型。由于四川石化裂解炉燃料为装置自产甲烷氢，不含氮，因此产生大量燃料型 NO_x 的可能性较小；对于快速型 NO_x 主要产生于火焰表面，一般燃料气主要是碳氢类燃料，裂解炉氧含量为 3% 左右，过剩空气系数为 1.05，会产生一定量的快速型 NO_x；热力型 NO_x 是指燃烧用空气中的氮气在高温下氧化而生成的氮氧化合物，在燃烧器燃烧过程中，内焰温度高达 1200℃以上，热力型 NO_x 会快速产生，这是裂解炉 NO_x 生成的主要原因。综上，裂解炉 NO_x 主要是热力型 NO_x 与快速型 NO_x，热力型占主导地位[1]。影响热力型 NO_x 生成的主要因素有燃烧反应的温度、过剩空气系数和在高温区的停留时间[2]。因此，降低热力型 NO_x 生成的主要措施有 3 条：（1）降低燃烧温度，避免局部高温；（2）降低氧气浓度；（3）缩短在高温区内的停留时间。

1.2　NO_x 超标原因

裂解炉烟气 NO_x 分析方法采用 HJ 75—2017《固定污染源烟气（SO_2、NO_x、颗粒物）排放连续监测技术规范》要求的计算公式：

颗粒物或气态污染物基准含氧量（3%）浓度按下式计算：

$$C=C_1\times(21-x_{O_2})/(21-X_{O_2})$$

式中　C——折算成基准含氧量时的颗粒物或气

态污染物排放浓度，mg/m³；

C_1——标准状态干烟气状态下颗粒物或气态污染物排放浓度，mg/m³；

X_{O_2}——在测点实测的干基含氧量，%;

x_{O_2}——有关排放标准中规定的基准含氧量，%。

从以上公式中可以看出：经过折算后的 NO_x 浓度随烟气中氧含量增加而大幅增加。

裂解炉在非正常工况下，由于热负荷降低，炉膛空气过剩系数升高[3]，导致烟气中氧含量升高，按照上述公式计算后，NO_x浓度会明显升高，造成 NO_x 排放浓度超标。同时，由于氧浓度升高，会促进 NO_x 生成反应，NO_x 生成量增多。

在裂解炉热备转投料过程中，烟气中氧含量变化较大。投料前，裂解炉处于热备状态，烟气中氧含量高，热力型 NO_x 生成量大，导致 NO_x 排放浓度（NO_x 折算值）也高。随着投料量增加，烟气中氧含量降低，NO_x 排放浓度也降低。非正常工况（烧焦、热备、升降温）下，炉膛空气过剩系数最低也要控制在 2 ～ 2.5，即烟气中氧含量为 10.5% ～ 12.6%。所以在非正常工况下，通过降低炉膛氧含量来控制烟气中氮氧化合物的方式不太现实。因此，降低燃烧器火焰中心温度和缩短氮原子在高温区的停留时间是控制裂解炉在非正常工况下生成 NO_x 最有效的措施。

2　燃烧器环保改造

四川石化裂解炉采用引入蒸汽的方法来控制燃烧器 NO_x 的生成，即在现有的燃烧器面板上增加蒸汽喷枪，通过蒸汽喷枪向燃烧器火焰高温区注入低压蒸汽的方式减少热力型 NO_x 的生成，进而降低 NO_x 的排放浓度。

8 台裂解炉每个燃烧器增设 1 支蒸汽喷枪，共添加 472 支蒸汽喷枪。燃烧器蒸汽喷枪选择低压蒸汽（0.4MPa），在炉前管廊引出低压蒸汽总管，分配至 1 ～ 8 号炉前，经各炉的蒸汽流量调节阀 $FV11_x070$ 再分至各炉膛，最后分至各燃烧器的蒸汽喷枪处。图 1 为喷枪蒸汽管网图，每支喷枪前设有闸阀[4]。在裂解炉点火升温、热备、投油、切料、降温过程中，根据燃料气流量调节蒸汽流量（最佳比例 1 ∶ 1）来降低 NO_x 排放浓度。

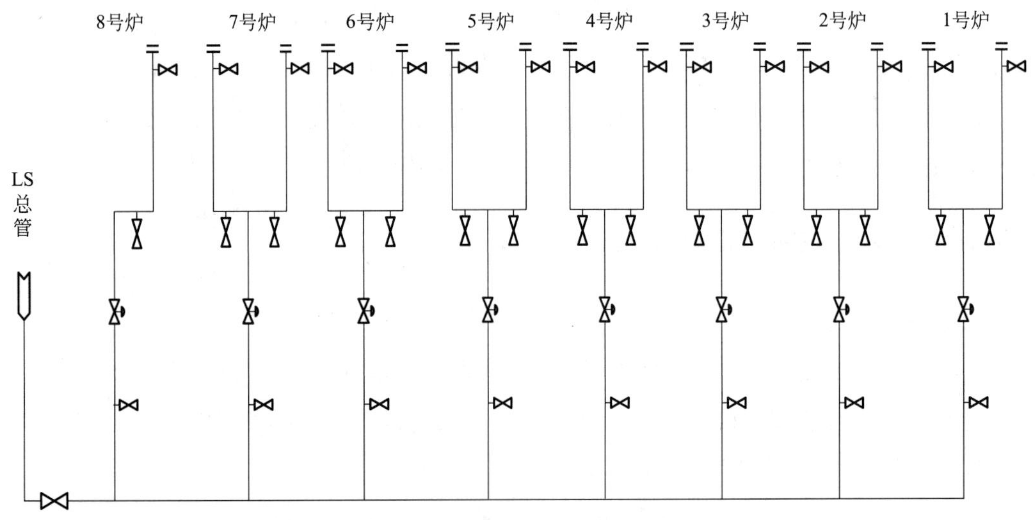

图 1　裂解炉燃烧器喷枪蒸汽管网

3 燃烧器环保改造后的实施

3.1 裂解炉退料、投料工况

裂解炉退料前，先投用燃烧器蒸汽喷枪。退料过程中，随着裂解炉投料量降低，燃料气用量减少，炉膛氧含量逐渐升高，逐步增加降氮蒸汽，减少 NO_x 生成，降低 NO_x 浓度。裂解炉负荷降至 50% 左右时，降氮蒸汽再开大无明显效果，需调整关小 1 次风门，降低烟气中氧含量，控制 NO_x 生成。退料完毕后，再次调整关小风门至烧焦位置，控制烟气中氧含量在 13% 左右，最终保持降氮蒸汽流量与燃料气流量比为 1 ∶ 1，NO_x 排放浓度基本上保持在 60 ～ 75mg/m^3。变化数据见表 1。

表 1 7 号炉退料时 NO_x 浓度变化数据

时间	9：30	9：40	9：50	10：00	10：10	10：20	10：30	10：40	10：50
O_2 含量 %	4.56	5.47	7.94	10.13	11.77	12.01	13.18	13.41	13.94
NO_x 浓度 mg/m^3	60.2	63.4	59.3	64.6	65.9	66.6	75.2	59.7	59.4

裂解炉投料与退料互为逆操作过程，随着裂解炉投料增加，燃料气的用量增多，炉膛氧含量逐渐降低，生成的 NO_x 减少，降氮蒸汽逐步退出。投料过程中也需分 1 ～ 2 次调整开大风门。同样，NO_x 浓度能控制在环保指标范围内，变化数据见表 2。

表 2 5 号炉投料时 NO_x 浓度变化数据

时间	17：10	17：20	17：30	17：40	17：50	18：00	18：10	18：20	18：30
O_2 含量 %	12.7	11.2	10.4	9.7	9.7	8.8	7.4	3.6	4.4
NO_x 浓度 mg/m^3	73.8	60.3	58.6	51.3	54.9	46.3	42.5	59.1	65.6

在退料、投料过程中，投用蒸汽喷枪，降低了燃烧器火焰中心温度，同时也减少了高温区域，缩短氮原子在高温区停留时间，减少了热力型 NO_x 的生成，进而降低了 NO_x 的排放浓度。

3.2 裂解炉烧焦、热备工况

烧焦、热备工况，裂解炉燃料气无大幅度调整，烟气中氧含量基本维持在 13% 左右，保持降氮蒸汽量与燃料气量比例为 1 ∶ 1，烟气中 NO_x 浓度基本稳定在 65 ～ 80mg/m^3。图 2 为裂解炉 3 号炉、4 号炉、8 号炉处于烧焦或热备工况的烟气在线监测数据，3 台炉 NO_x 排放浓度分别为 73.9mg/m^3、77.7mg/m^3、64.4mg/m^3。因此，在烧焦和热备工况，投用蒸汽喷枪，NO_x 排放浓度均能满足环保指标要求。

3.3 裂解炉升、降温工况

从图 3 可以看出，裂解炉燃烧器未改造前，在升温过程中，烟气中 NO_x 浓度最高达到 200mg/m^3，排放严重超标。改造后，点火升温过程中，NO_x 排放浓度小于 90mg/m^3，满足环保指标，但升降温需要优化操作，避免调整幅度大造成 NO_x 排放浓度超标。点火时，裂解炉风门调至 25% ～ 30%，炉膛负压控制在 −25Pa，烟气流量控制在 50000 ～ 60000m^3/h；升温时，分散点燃燃烧器，并投用对应蒸汽喷枪，避免形成的高温燃烧区面积过大，NO_x大量生成，导致NO_x浓度升高；升温过程中，每当燃料气压力升高至30～35kPa时，要进行点燃燃烧器操作，降低燃料气压力至8～10kPa，控制较弱的火焰强度，防止NO_x大量生成；随着燃料气流量的增加，调整并保持降氮蒸汽流量与燃料气1：1的比例，降低火焰中心温度，缩短氮气在高温区停留时间，同样能减少NO_x生成，裂解炉NO_x排放浓度能控制在90mg/m^{3}以下。

CEMS分析仪表

	1号炉	2号炉	3号炉	4号炉	5号炉	6号炉	7号炉	8号炉
NO_x浓度，mg/m^3	83.9	80.9	31.8	30.9	0.0	78.6	79.7	32.6
二氧化硫浓度，mg/m^3	1.3	0.0	0.6	0.2	0.2	0.1	0.0	0.0
氧含量，%	3.63	4.05	13.25	13.83	21.05	4.86	5.87	11.89
烟气温度，℃	96	141	209	212	26	153	154	203
烟气压力，kPa	−0.010	−0.007	−0.229	0.100	0.009	−0.019	−0.020	−0.019
烟气流量，m^3/h	86514	87841	52894	49619	68903	90189	98736	25553
颗粒物浓度，mg/m^3	1.06	1.72	1.75	1.57	1.18	1.42	1.27	5.19
烟气湿度，%	14.0	13.5	10.9	11.2	2.0	13.4	13.8	13.3
NO_x折算值，mg/m^3	87.0	86.0	73.9	77.7	0.0	87.7	94.8	64.4
SO_2折算值，mg/m^3	1.3	0.0	1.4	0.6	0.2	0.1	0.0	0.0
粉尘浓度折算值，mg/m^3	1.06	1.86	4.09	3.81	1.23	1.59	1.52	10.27
系统采样信号	●	●	●	●	●	●	●	●
系统吹扫信号	●	●	●	●	●	●	●	●
系统维护信号	●	●	●	●	●	●	●	●
系统故障信号	●	●	●	●	●	●	●	●
小屋公共报警信号	●	●	●	●	●	●	●	●
失压报警信号	●	●	●	●	●	●	●	●

裂解炉燃烧器环保仪表

	1号炉	2号炉	3号炉	4号炉	5号炉	6号炉	7号炉	8号炉
流量显示，kg/h	1.9	0.0	2662.2	2613.4	无	1.6	2.1	1479.3
阀位反馈，%	2.1	1.8	20.0	23.9	1.9	1.9	1.9	24.1
调节阀开度，%	2.0	2.0	20.1	24.0	2.0	2.0	2.0	24.0

图2　裂解炉烟气在线监测数据

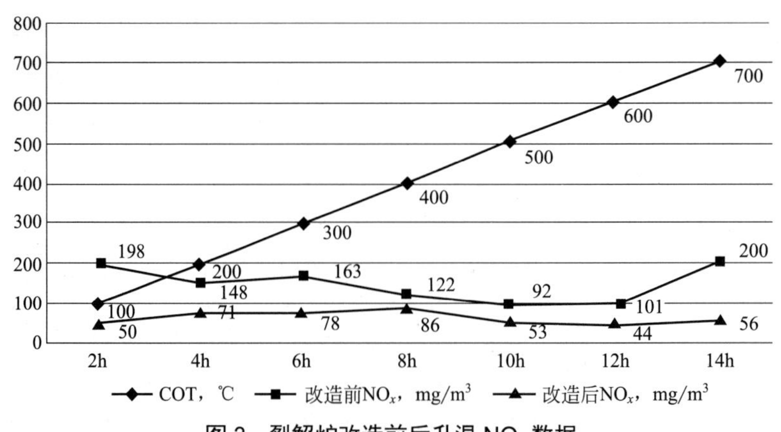

图3　裂解炉改造前后升温NO_x数据

裂解炉降温与升温互为逆操作过程。降温前，调整风门、炉膛负压、烟气流量与升温前相同；降温过程中，分散熄灭燃烧器，并关闭对应蒸汽喷枪蒸汽；每当燃料气压力降至 8 ～ 10kPa 时，进行熄灭燃烧器操作，控制压力涨至 30 ～ 35kPa；根据燃料气流量调整降氮蒸汽流量。同样，NO_x 浓度能控制在 90mg/m^3 以下。

4 结语

四川石化乙烯装置裂解炉燃烧器的环保改造，通过调节风门，分散点燃或熄灭燃烧器，控制火焰强度等优化操作有效地减少了 NO_x 的生成，达到了环保改造的实施效果，确保裂解炉在各工况下 NO_x 排放浓度均能满足国家环保要求。

参考文献

［1］胡丹 . 乙烯装置裂解炉氮氧化物超标的解决办法［J］. 石化技术，2022，29（09）：245-249.

［2］胡杰，王松汉主编 . 乙烯工艺与原料［M］. 北京：化学工业出版社，2017.10：209-211.

［3］王亮 . 空气过量系数对燃气锅炉氮氧化合物排放浓度的影响［J］. 石油化工环保安全技术，2018，34（02）：46-48.

［4］张姝婉，王述国，庄丽茗，等 . 乙烯装置裂解炉氮氧化合物达标改造的研究，2022.8，51（08）：09-11.

（作者：张锋刚，四川石化，乙烯装置操作工，技师；雷伟伟，四川石化，乙烯装置操作工，高级技师；李宝军，四川石化，乙烯装置操作工，技师；许德荣，四川石化，汽油加氢操作工，高级技师）

余热回收系统压力表频繁波动分析及改造

◆ 吕宏瑞　曾晋晗　冯海新　景　润

压力作为控制的重要参数之一，在生产中的关键性是不言而喻的。而压力仪表在生产中监控压力的作用就如同眼睛一般，起到了重要作用。压力的测量准确与控制精准，对安全平稳生产至关重要。如果压力表不能准确地反映监控对象实际的压力，就会影响装置的平稳生产，严重时会造成重大事故。熟悉了解压力测量仪表的原理及故障原因，对快速处置因压力造成的生产波动有积极的意义。

1　余热回收系统概况

石化企业余热回收系统主要是加热炉节能设备，其形式主要有管式空气预热器、扰流子空气预热器、热管式空气预热器、扰流子空气预热器和热管式空气预热器串联组成的复合式空气预热系统。加热炉运行过程中，操作参数不稳定、仪表测量有误差对提高加热炉的热效率有很大影响。四川石化加氢裂化装置的余热回收系统是反应加热炉 F2001、分馏加热炉 F3001 的燃烧辅助系统，监测调节加热炉内各点温度、压力、烟气环保指标等，并对排烟热量进行回收。四川石化加氢裂化装置余热回收系统的示意图如图 1 所示，反应加热炉 F2001、分馏加热炉 F3001 共用一处对流室，由一个烟道挡板统一调节两个炉膛负压。

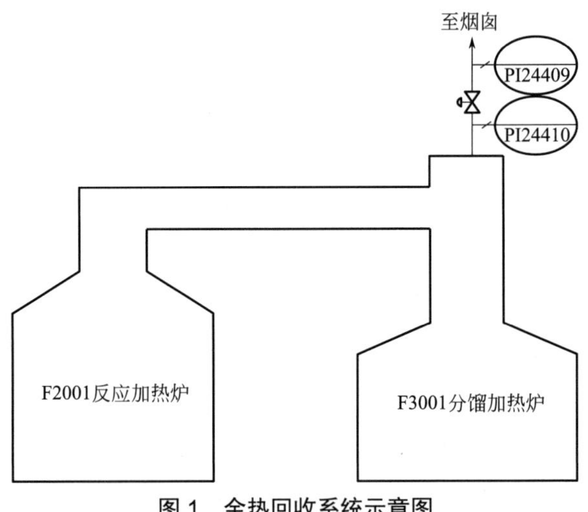

图 1　余热回收系统示意图

2　压力变送器的工作原理和常见故障

2.1　工作原理

压力变送器一般由模块电路、显示表头、测

压元件传感器、表壳等组成。来自两侧导压管的压力差会作用在测压元件传感器两侧的膜片上，它将压力信号转换为标准的电流电压信号，然后从测量电信号来间接地测量压力的压力表。压差的变化会导致测量回路中的电流产生相应的变化，通过测量电流的变化就可以间接地测量压力，最终显示到图形显示器或调节器上。

2.2 常见故障

压力变送器使用过程中经常出现故障，常见的有以下几种故障类型：

(1) 接线故障。压力变送器的使用环境有时候比较恶劣，造成接头氧化、接头处有污物等情况，同时在接线过程中有虚接、短接、断接的现象，最终造成远传数据终端显示异常。

(2) 引压管故障。引压管故障通常有引压管堵塞、引压管漏气、引压管积液3种类型。引压管堵塞一般是由于排放不及时或者介质脏、黏等导致；引压管漏气是由于变送器接电、截止阀等附件较多，增加了泄漏点；引压管积液通常是由于气体取压方式不合理或者引压管安装错误造成，引压管积液会影响测量数据的准确。

(3) 零点和量程漂移。零点漂移是指传感器在零点位置输出的数值发生偏移，即使测量的物理量并没有发生变化。量程漂移则是传感器在给定量程内，输出值发生偏移。零点和量程漂移会受到温度湿度等环境因素以及传感器的使用寿命影响。

(4) 天气因素对变送器造成影响。如雷击会损坏变送器膜盒的电路，导致无法通信；下雨导致引压管处积水造成测量数据不准确，潮湿的环境会损坏线路等。

3 余热回收系统压力表频繁波动原因分析与解决措施

3.1 原因分析

四川石化加氢裂化装置余热回收系统压力表出现频繁波动的情况，通过多次排查分析发现：压力表PI24410监测对流室出口压力，压力表PI24409监测烟囱挡板后压力，两处压力表的正压侧引压管由加热炉引出，位于加热炉顶部，距离地面高且无遮挡，在温度骤降的大风或下雨天气环境下，极易导致烟气内燃烧产生的水蒸气凝结在引压管内，形成堵塞，造成压力表数值波动；负压侧引压管直通大气，作为零点基准，同样易受大风大雨天气影响，两处压力表频繁报警。

3.2 解决措施

3.2.1 改变正压侧引压管坡度

通过压低加热炉端引压管，抬高变送器端引压管，形成自流坡度，使得冷凝后的水滴能够自流回加热炉，减少对引压管的堵塞。改造后两处压力表在异常天气下波动频次有所减少，但仍然存在相当数量的异常报警现象。

3.2.2 更换负压侧引压管

原负压侧引压管为短直管，更换为出口朝下带盘管的长管，防止刮风造成压力不稳。两处压力表在大风天气保持稳定，但暴雨天气仍然存在波动。

3.2.3 负压侧引压管坡口改造

负压侧引压管末端为小圆孔，雨水或露水多时容易形成液膜，形成堵塞，切削为坡口，可避免此种情况。两处压力表在大风暴雨天气能够保持相对稳定，报警数量大幅减少。

4 结论

通过对两处引压管进行改造，导出引压管的凝结水，以及减少外界气候影响，保持引压点畅通、稳定。2022 年 5 月 12 日，对 PI24409 改造完成，PI24409 改造前后特殊天气时的报警数量对比情况如表 1 所示，同样是异常天气，改造后报警数量明显大幅减少。5 月 25 日完成对 PI24410 的改造，统计改造前 10 天的累计报警数为 94 次，日均报警 9.4 次，其中有异常天气 3 天；改造后 15 天累计报警 27 次，日均报警 1.8 次，其中有异常天气 4 天。经改造前后对比，两处仪表均用小成本解决了加热炉烟气压力表频繁波动的问题，提升了部门仪表管理质量。

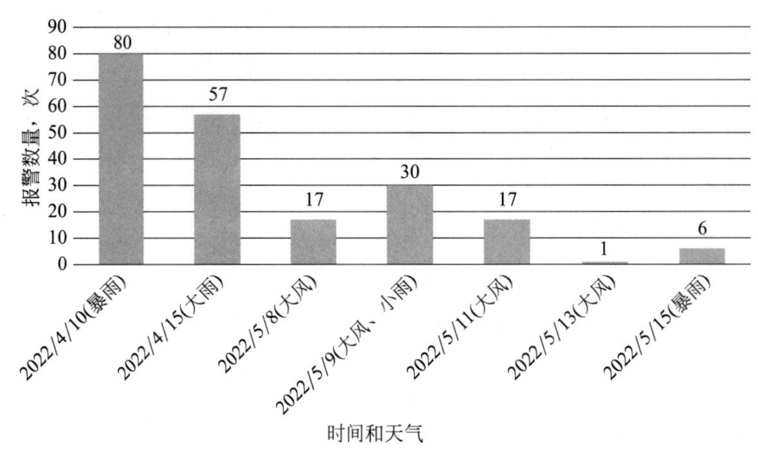

表 1　PI24409 改造前后报警数量对比

参考文献

［1］孙全胜．联合烟道负压异常问题分析及改造［J］．工业加热，2016，45（1）：60-63.

［2］董文娟．压力测量仪表在炼厂的应用［J］．中国化工贸易，2015（33）：234.

［3］崔秀梅，王庆程，刘鑫，等．浅谈压力变送器的常见故障及解决措施［J］．中国仪器仪表，2020（12）：60-62.

（作者：吕宏瑞，四川石化生产二部，加氢裂化装置操作工，技师；曾晋晗，四川石化生产二部，加氢裂化装置操作工，技师；冯海新，四川石化生产二部，柴油加氢裂化装置操作工，技师；景润，四川石化生产二部，甲基叔丁基醚／丁烯 -1 装置操作工，技师）

聚丙烯装置挤压造粒机切粒水系统的节水改造

◆李 炜 杨 军 魏博银 曹宁宇 张天民

1 实施背景

四川石化生产五部 45×10^4t/a 聚丙烯装置挤压造粒机组是引进德国 Coperion 公司的 ZSK380 型专用成套机组设备。在长期的生产运行中发现装置挤压造粒系统脱盐水消耗量巨大，平均为 124t/d，全年用量约 44000t。这些脱盐水主要用于颗粒水箱 D-7008 格栅式过滤网的定时脉冲式反冲洗。脱盐水进入颗粒水箱 D-7008 后从水箱上方的溢流口流出，最终以污水的形式流入装置污水池。如此大的消耗量既增加了装置的能耗物耗，同时也产生了大量的工业废水。因此，对颗粒水箱过滤网的脉冲式冲洗系统进行优化改造，从而减少脱盐水的消耗量，既可节能降耗提高装置生产运行的经济效益，又能有效控制工业污水的产生，具有切实的环保意义。

2 颗粒水箱格栅式过滤网的脉冲式反冲洗系统的技术改造

2.1 挤压造粒单元工艺流程概述

如图 1 所示，挤压造粒机组的基本工艺过程主要分为以下 3 步：

（1）精确计量的聚丙烯粉料树脂经造粒机下料料斗 Y-6211 进入挤压机筒体 Y-7001，在双螺杆剪切力及外部热源的共同作用下得以混炼和熔融。熔融态的聚丙烯树脂经齿轮泵 Y-7004 加压后进入水下切粒机 Y-7007 中[1]。

（2）熔融后的聚丙烯树脂在高速旋转的切刀作用下被切成大小均匀的聚丙烯树脂颗粒。聚丙烯树脂颗粒在切粒水中冷却成型后被切粒水输送至离心干燥器 Y-7010 中。

（3）离心干燥器高速旋转，在足够的离心力作用下树脂颗粒与切粒水实现了固液两种相态物质的分离。分离出的树脂颗粒被送至下游的振动筛 Y-7013，切粒水则经安装在水箱上方的格栅式过滤网过滤后返回颗粒水箱 D-7008 中循环使用。

2.2 格栅式过滤网定时脉冲式反冲洗的设计原理分析

水下切粒过程其实质为经齿轮泵 Y-7004 加压后约 220℃的熔融树脂从模板上规则分布的模

孔中挤出，高速旋转的切刀在约50℃的切粒水中将从模孔中挤出的树脂切成形状规则的树脂颗粒。由于树脂温度的急剧变化，树脂与切刀和模板的相互摩擦，以及树脂物性的变化，挤压造粒机各项操作参数的变化等众多客观因素的影响，水下切粒过程中不可避免地会产生一些树脂碎屑和粉末。这些树脂碎屑和粉末如果不脱除将会在颗粒水系统中累积，影响切粒水系统的正常运行和产品质量。为了有效脱除颗粒水中夹带的树脂碎屑和粉末，挤压机的制造商在颗粒水箱上方设计安装了格栅式过滤网，同时为了避免格栅式过滤网的频繁堵塞，过滤网安装了6组以脱盐水为冲洗介质的脉冲式反冲洗系统。反冲洗系统正常运行每天需要使用110t左右的脱盐水，这些脱盐水流入颗粒水箱后又从水箱上部溢流口流出，流入工业污水池。这种设计极大地增加了挤压造粒系统脱盐水的用量，造成脱盐水的浪费并产生大量的工业污水，从经济和环保两方面来分析这种设计都不理想。

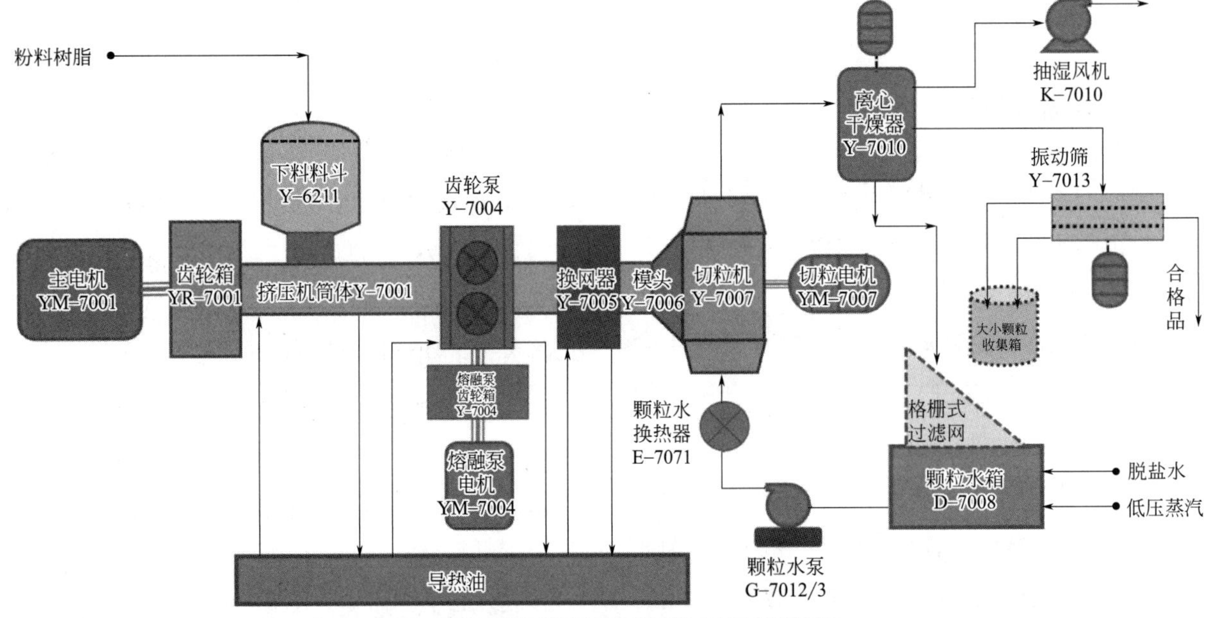

图1　聚丙烯装置挤压造粒系统工艺流程简图

2.3　格栅式过滤网定时脉冲式反冲洗的技术改造

在正常的生产运行工况下整个切粒水系统的循环是靠颗粒水泵G-7012/7013提供动力，G-7012/7013是由挤压造粒机组提供的离心泵。通过反复论证，可以在颗粒水泵G-7012/7013出口分出一条管线，分流出一小部分切粒水代替新鲜的脱盐水作为格栅式过滤网脉冲式反冲洗的冲洗水。基于这种想法查阅了相关资料获取了主要数据，如表1所示，分析了这种工艺改造的可行性及可能对其他工艺控制带来的影响。

表 1　影响工艺技术改造的相关物理及工艺参数

颗粒水泵 G-7012/7013		颗粒水流量 FI-7032	
额定功率，kW	159	正常流量，t/h	900 ～ 940
最小流量，m^3/h	250	正常压力，MPa	0.45
正常流量，m^3/h	900	低报流量，t/h	500
额定流量，m^3/h	900	低低报流量，t/h	400（联锁）

通过长周期的数据监控得知，格栅式过滤网定时脉冲式反冲洗的脱盐水用量约为 124t/d，即 5.2t/h。通过与表 1 中的相关数据对比分析可确定，从 G-7012/7013 出口分流出约 5.2t/h 的切粒水作为格栅式过滤网定时脉冲式反冲洗的冲洗水，此项改造方案完全可行。从 920t/h 的切粒水流量分流出 5.2t/h 的流量，基本不会影响切粒水泵和切粒水系统的正常运行，完全可以达到减少脱盐水用量的目的。

2.4　格栅式过滤网定时脉冲式反冲洗的施工改造

2022 年 9 月聚丙烯装置挤压机停工检修期间，按照改造方案对格栅式过滤网脉冲式反冲洗系统进行了技术改造。改造完成并投用后达到了预期效果，反冲洗效果良好，切粒水系统运行正常，新鲜脱盐水的用量大幅度降低。

3　颗粒水箱格栅式过滤网脉冲式反冲洗系统的改造成果评价

聚丙烯装置挤压造粒单元颗粒水箱格栅式过滤网脉冲式反冲洗系统技术改造完成后，取得了预期的节水效果。改造完成并投用后，装置对节水效果做了多个周期的数据分析：改造前颗粒水系统每日脱盐水用量约 124t/d，改造后每日的脱盐水用量降至约 14t/d，降幅非常显著，取得了良好的经济效益和环境效益。

3.1　节水改造的经济效益

改造前一年的脱盐水用量约 44640t，改造后一年的脱盐水用量约 5040t，每年节省约 39600t。每年节省脱盐水产生的经济效益约 28.75 万元，每年减少工业污水产生的经济效益约 118.8 万元，总计产生的经济效益约 147.55 万元 / 年。

3.2　节水改造的环境效益

四川石化地处水系发达环境敏感的成都平原，所以将企业建设成为环境友好型企业一直都是四川石化的发展理念。在四川石化成立之初，公司就配套建设了非常庞大且技术先进的污水处理系统，生产运行近 10 年来公司一直高度重视安全环保生产。近年来随着国家环保要求的逐步提高，公司也在不断加大环保投入[3]。就工业污水的处理来讲，四川石化制定了非常严格的污水排放标准。生产装置产生的工业污水必须经过分析检测合格后才可以送至污水处理厂，送至污水处理厂的污水需要经过一系列复杂的物理及化学处理，各项指标均合格后才能送至离厂区 77km 之外的氧化塘，经再次处理后方可存储排放。为了最大限度地降低工业生产对自然水体造成的影响，四川石化污水处理的费用极高。对四川石化来讲，减少工业污水不仅会得到非常可观的经济效益，更重要的是产生了不可量化的环境效益。

4　总结

通过优化改造实现了挤压机颗粒水的节能降耗，降低了新鲜脱盐水的消耗量，同时实现了污废水减量排放，间接降低了污水处理费用。此项技术改造可直接为装置带来约 147.55 万元 / 年的经济效益，每年减少约 39600t 的工业污水，切实实现了经济与环保的双收益。

参考文献

[1] 陈兴锋，牟达，孙凯，等.Unipol 工艺聚丙烯装置清洁生产技术探讨及实践 [J]. 化工技术与开发，2018.

（作者：李炜，四川石化生产五部班长，集团公司技能专家；杨军，四川石化生产五部，聚丙烯操作工，技师；魏博银，四川石化生产五部，工程师；曹宁宇，四川石化生产五部，聚丙烯操作工，高级技师；张天民，四川石化生产五部，聚丙烯操作工，技师）

顺丁橡胶凝聚釜间泵加调节阀改造创新与应用

◆ 张锋锋　许广华　吴　比　王　帆　刘金文

1　项目背景

顺丁橡胶凝聚后处理长周期连续运行是装置生产的瓶颈问题。顺丁橡胶装置凝聚釜易挂胶结团导致视镜堵死无法观察液位，釜间泵入口每天堵塞10～30次，导致首釜压力偏低无法达到设计值，后处理进料不稳导致断料、堵料，停车频繁，内操频繁手动处置影响自控率且产生上百条报警，搅拌器因挂胶结团导致拉杆、叶片和轴承损坏，凝聚釜清釜周期最短只有3～5个月。每次清釜大量受限空间内的高处、脚手架和高压水清胶作业，带来严重安全隐患，且影响生产负荷和产品质量，单线检修费用约11万元，检修前后产品降级影响效益约6万元，每年5条线按累计检修10次大约影响170万元效益。另外后处理单元因洗胶罐结团、挤压机滤水效果差、电流超高和干燥机入口积胶使生产线经常出现堵料停车情况，导致后处理生产线频繁开停，每月多达20～50次，对大机组损害较大。堵料时内操未能及时通过监控视频发现极易造成干燥箱塑化着火事故，以上情况造成凝聚后处理内操极度疲惫且存在严重安全隐患。每次堵料停开线要产出约3t Ⅲ等品（外观杂质），每吨Ⅲ等品比Ⅰ等品便宜800元，按每月平均堵料35次计算，平均每年多产近1260t Ⅲ等品，影响经济效益约100.8万元，且外观杂质每年都容易被客户投诉，影响品牌效益。

因聚合转化率低、胶料物性差，小分子结构增多、胶粒发黏、凝聚釜易堵挂。同时由于后处理3、4、5线频繁堵料停车，停车期间凝聚釜胶粒密度大、蒸汽量小、液位波动大、搅拌效果不好导致易堵挂。另外4、5线蒸汽进釜位置和视镜位置与1、2、3线不同，导致视镜水流状态不同易堵挂视镜。凝聚釜3、4、5线清釜周期只有3个月（1、2线最长21个月）。

2022年炼油与化工分公司化工产品质量对标结果中顺丁橡胶产品合格率偏低，经分析其中一项原因是后处理频繁开停车。后处理设备运行周期较短，干燥机、挤压机和干燥箱堵料停车频繁，其中以干燥机入口角落积胶堵料为重点难题，尤其3线干燥机入口螺旋套向上甩料现象严重。堵料停车频繁，不仅会导致切头胶产量增加、物耗能耗增加，而且会增大塑化着火的风险，更会导致岗位人员因劳动负荷过大影响员工身心健康。

顺丁橡胶作为四川石化唯一使用丁二烯的装置，影响公司整体物料平衡，凝聚后处理频繁堵料停车将导致全公司降负荷。

2 原因分析

2.1 胶料不合格

丁二烯来料、精溶剂不合格和催化剂配比失调都会导致聚合反应差，胶料物性差，从而加剧泵的堵挂和凝聚釜的结团，加速后处理设备堵停的频次。胶液系统长期不清理杂质会不定时地进入胶中，导致产品的优级品率低。胶块中的杂质难以发现更增加了降等级和被客户投诉的风险。

2.2 工艺控制不当

凝聚釜液位压力控制不当、胶料物性差、水胶比过小等都会加剧凝聚后处理设备的挂胶情况，严重时需要停车清理。凝聚釜送往后处理的胶料量不稳定也会导致后处理断料或堵塞停车。岗位操作规定、规程、工艺参数等的不完善也会导致开停车次数的增加。

3 技术改造

釜间泵出口加调节阀改造，固定泵变频，用调节阀开度来自动控制釜液位，以解决首釜压力低能耗高和釜间泵频繁堵塞问题。技改项目于2022年8月完成施工并顺利投用。

（1）改造前凝聚首釜液位用釜间泵变频转速控制，首釜压力0.06MPa，过高液位自动压送去末釜导致液位低报警，变频经常为0，泵入口流速低导致结团堵泵，釜液位波动大易结团。

（2）改造后凝聚首釜液位用釜间泵出口调节阀开度控制，首釜压力0.08MPa，釜间泵变频固定在70%～100%，泵入口流速高不堵泵，液位平稳釜内结团减少，为进一步降低水胶比和蒸汽消耗提供硬件支撑。

（3）改造后釜间泵运行平稳，堵料现象消失，单线首釜压力从0.06MPa提高到0.08MPa，水胶比从5降低到4.6，生产每吨产品蒸汽单耗降低0.4～0.67t，对应能耗降低30～44kgEO/t，单线产量越大，蒸汽降低越多。

对比2022年8月11日与改造前7月15日的数据，开3条线的情况下，每天减少9次堵泵，报警数量每天降低10～30条，内操工作量大幅降低。

4 技术的适用范围和安全性

本方案目前应用于四川石化顺丁橡胶装置釜间泵上，计划2023年9月大检修推广到颗粒水泵上应用，将凝聚釜运行周期从3个月提高至10个月，釜内挂胶情况良好，持续标定运行中。由于凝聚釜来料平稳，后处理干燥设备也减少了堵停次数，单线运行周期由原3～5天提高到目前最高20天，产品优级品率同比提升0.85%，综合能耗降低32kgEO/t。

釜间泵加调节阀改造成果适合在所有含胶液等易堵塞介质的系统推广应用，如顺丁橡胶装置、丁苯橡胶装置、异戊橡胶装置等，安全有效。

5 应用情况及存在的问题

项目实施后，凝聚单线连续运行周期提高至

10个月，后处理生产线的连续运行周期提高至7天以上，每年可多产橡胶2000t，增加产值1600万元，产品能耗物耗持续下降，成品胶优级品率可达到93%以上，每年可增加效益600余万元。

随着后凝聚处理生产线运行周期的延长，停工及检修次数明显减少，大大削减了开停车及检修过程中的操作安全风险。产生的塑化胶等危险废物数量降低，有利于对环境的保护。

6 后续工艺调整措施

（1）根据运行情况定期拆清干燥机和挤压机。目前挤压机3个月定期清理，干燥机10个月定期清理。电流频繁超标、温度变化大、模头压力高时可能出现挂壁现象，及时联系工程师确认，先清模头，无效再清干燥机。

（2）工艺参数调整。聚合保持稳定，减少波动和挂胶，优化凝聚釜温度、压力、热水流量和水胶比等控制参数，通过不断测试找出最佳控制点，设备堵挂胶现象明显减轻。

（作者：张锋锋，四川石化生产六部，顺丁橡胶装置操作工，高级技师；许广华，四川石化生产六部，顺丁橡胶高级工程师；吴比，四川石化生产六部，顺丁橡胶高级工程师；王帆，四川石化生产六部，顺丁橡胶装置操作工，技师；刘金文，四川石化生产六部，顺丁橡胶装置操作工，技师）

顺丁橡胶装置聚合釜搅拌改造创新与应用

◆ 张锋锋　郑　俊　马祥文　李俊日　杨雪兵

1　项目背景

聚合釜的性能主要是指搅拌性能和传热性能，对这两个性能影响最大的因素有搅拌器形式、搅拌器配置、搅拌转速、釜体长径比、传热元件材料及夹套结构形式等。此外，还应有性能优良、稳定可靠的传动系统和轴封系统等附件为之提供保障。

四川石化顺丁橡胶装置聚合釜搅拌在运行过程中联轴器处经常有异响，底部瓦座温度过高，搅拌器杂音大。通过对聚合釜底瓦拆检发现，底瓦上窜导致轴套与瓦座磨损严重，故障率高，影响装置长周期运行。一旦底瓦失效，釜内有毒有害物料存在泄漏的风险。

顺丁橡胶作为四川石化唯一使用丁二烯的装置，聚合釜全线停车检修将导致全公司降负荷，影响公司整体物料平衡。顺丁橡胶长周期运行在国内外都是行业公认的难点。

2　原因分析

为解决上述问题，对搅拌类设备进行研究。拆开隔离网，拆除间隔垫，检查减速器轴向、径向测量偏移和张口情况，测量电机轴与减速器轴以及减速器轴与搅拌器轴对中是否符合要求（图 1 和图 2）。通过测量发现减速器轴与搅拌器轴对中偏差较大，两轴不对中是造成聚合釜搅拌器杂音大的主要原因。

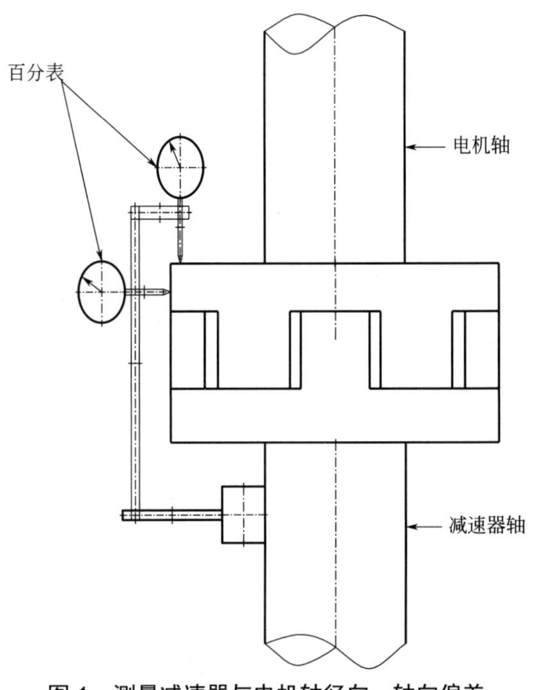

图 1　测量减速器与电机轴径向、轴向偏差

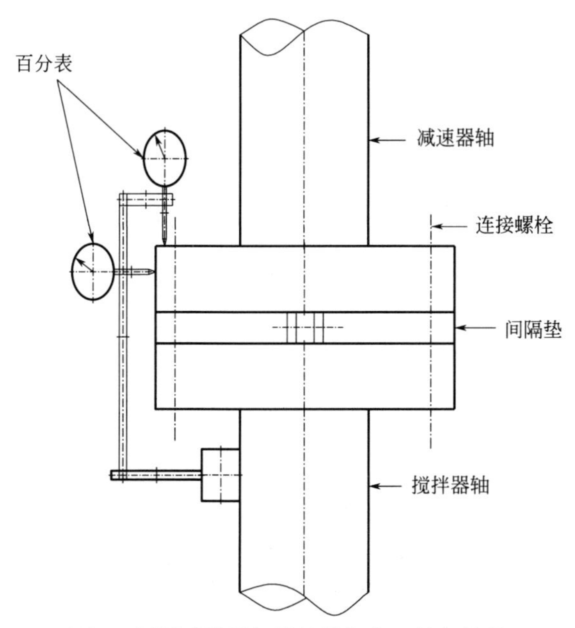

图 2　测量减速器与搅拌轴径向、轴向偏差

通过拆解检查发现原有搅拌轴底瓦存在缺陷，在搅拌工作时底瓦跟随轴套发生相对转动及向上窜动。同时由于底瓦材质较软，一旦底瓦失效将造成轴与轴套严重磨损，寿命降低；瓦盖与轴套磨损严重，釜内有毒有害物料存在泄漏的风险。

3　解决措施

3.1　搅拌器测量方法

通过百分表测量确定偏差存在的具体位置，将百分表装夹在专用表夹或其他牢靠的支架上，使用时注意百分表的触头应垂直于被检测的工件表面，测量径向跳动、端面跳动。

3.2　设备固定及找正方法

选用内卡式设备，依靠法兰内壁固定。

3.2.1　设备调平

设备调平需要在刀架位置吸附百分表，若有基准面则百分表指向基准面，若无基准面则指向待加工面，并转动设备一周，观察百分表读数变化情况。调整固定撑角在竖直方向的高度，使百分表圆周转动时读数变化最小至可接受范围内。

3.2.2　设备中心度

设备中心度调整需要以法兰外圆或密封面外圆作基准，在刀架上吸附百分表，指向基准外圆，调整支撑脚径向长度，直至百分表圆周跳动量最小至可接受范围内。

3.3　改造方法

3.3.1　联轴器不对中改造

（1）在减速器与支架接触面间，用加垫片的方法，使减速器输出轴与搅拌器输出轴端面平行，记录垫片厚度。

（2）拆除减速器电动机，拆除减速器，将百分表坐在减速器输出轴上，测量减速器与减速器支架接触的止口是否与输出轴垂直，以确定误差是否存在于减速器上。

（3）将短节安装在搅拌器轴的联轴节上，测量搅拌器轴支架与减速器接触的端面以及径向定位的内圆，以确定接触面与搅拌器轴同心度。

（4）经过以上 3 种方法确定问题的确切位置，如果偏差存在于减速器上，则处理减速器上与减速器支架接触的止口。如果偏差存在于搅拌器轴支架上，根据偏移情况，对支架的内圆进行分段点焊，利用风动车床切削内圆，使内圆的中心与搅拌器轴的轴心重合。

（5）使用内卡式法兰加工机（图 3）完成图 4 所列位置的改造，能实现平面度 0.05mm/m，可根据图纸需要实现粗糙度 Ra1.6 ～ 3.2。

（6）经过改造处理，复测结果已满足规范要求。具体测量结果：1 线第一聚合釜径向偏差从 0.56 调整到 0.02，轴向偏差从 0.19 调整到 0.05。第二聚合釜径向偏差从 0.57 调整到 0.03，轴向偏差从 0.26 调整到 0.06。按照规定，联轴器找正要求径向圆跳动不大于 0.06，端面圆跳动不大于 0.10，远远超过标准要求。

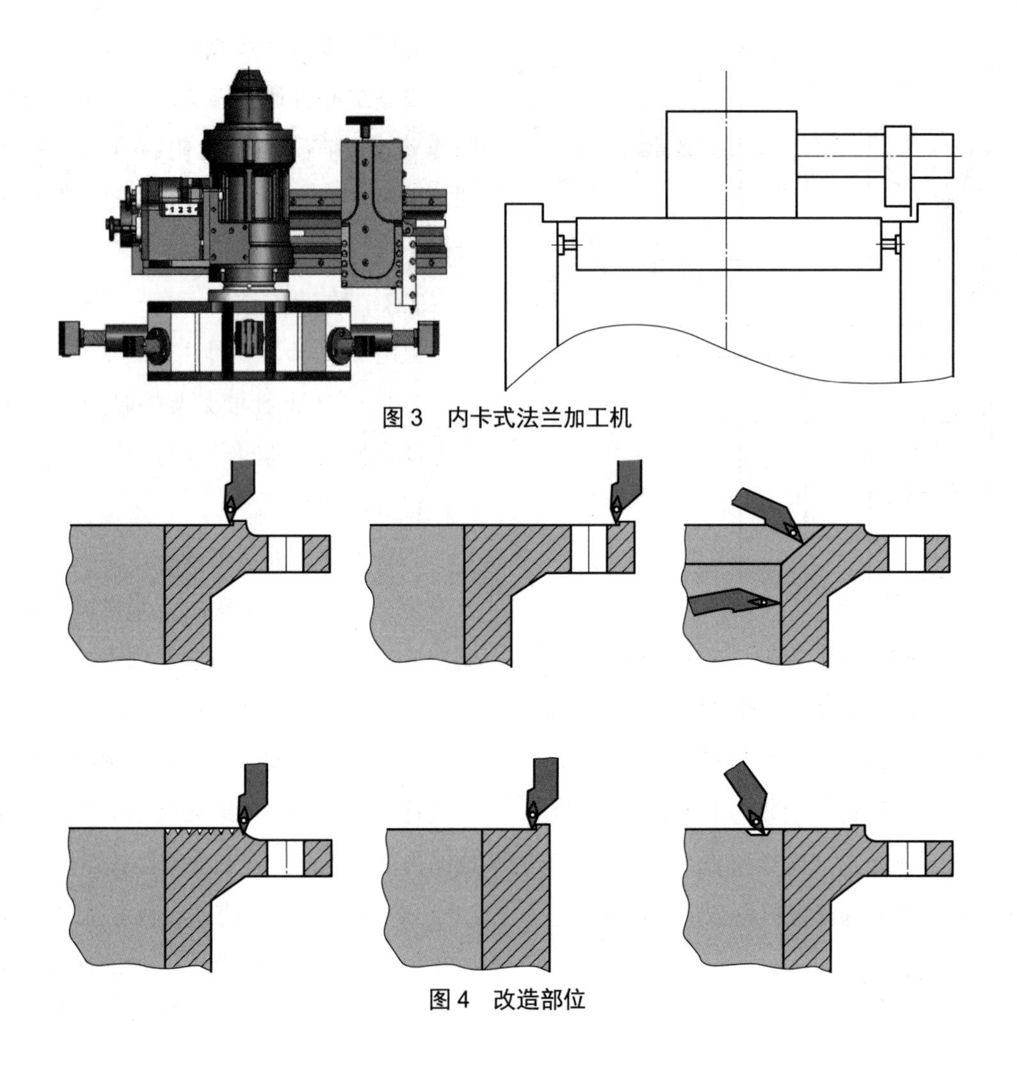

图 3　内卡式法兰加工机

图 4　改造部位

3.3.2　搅拌器轴底部磨损改造

(1) 分别改造底瓦和底瓦座的结构，匹配作为限位压块，防止底瓦上窜，确保底瓦不发生相对底瓦座及轴的相对转动及窜动。

(2) 改变底瓦材质为尼龙 6，提升硬度。

(3) 在底瓦内部开孔，使胶液能够进入瓦座起到润滑作用，延长整个底部轴承的使用寿命，优化使用效果。

(4) 根据主轴、轴套与轴瓦的构造情况，合理地对轴套进行改形，既满足轴套与轴配合得更加紧密，同时增加了限位功能，防止轴瓦乱窜导致轴套磨损。

4　效果评价

通过对聚合釜、凝聚釜 19 台搅拌类设备研究，形成轴系测量方案与方法。采用加工搅拌器机架配合面止口的方式，从根本上解决了两个刚性轴的对中问题，使其在轴向、径向满足相关规定要求，避免由于对中偏差大，长期运行导致轴弯曲变形；避免由于搅拌器带病运行造成电动机负荷高、电流大、烧毁变频器和击穿电动机线圈的事故；避免搅拌器问题导致机械密封损坏，进而导致釜内有毒有害物料泄漏的危害。通过改变搅拌器底部轴套的构造形式，从根本上解决了底瓦上窜导致轴套严重磨损的问题。

2022年4月逐步完成改造实施后，运行至今无故障，设备无杂音，搅拌器电动机电流稳定，底部轴瓦温度稳定正常，胶料混合均匀，胶液门尼稳定。每年可消除因非计划停车检修造成的物耗、能耗、检修费、质量下降等因素带来的经济损失，核算每年可增加效益100余万元。

（作者：张锋锋，四川石化生产六部，顺丁橡胶装置操作工，高级技师；郑俊，四川石化生产六部，丁辛醇装置操作工，高级技师；马祥文，四川石化生产六部，顺丁橡胶工程师；李俊日，四川石化生产六部，环氧乙烷高级工程师；杨雪兵，四川石化生产六部，顺丁橡胶装置操作工，技师）

环氧乙烷（乙二醇）装置节能降耗技术创新与应用

◆王龙兰 许 耀 李 森 齐 波 梁晓州

四川石化 36×10^4t/a 乙二醇装置采用 Shell 技术，以 Shell/CRI 高选择性催化剂为设计基础，氧气直接氧化法生产环氧乙烷，吸收解析后一部分环氧乙烷经过精制得到高纯环氧乙烷产品，另外一部分环氧乙烷和水在管式反应器中水合生成乙二醇，经四效蒸发脱水后，真空精馏分离得到乙二醇和二乙二醇等产品。流程如图 1 所示。

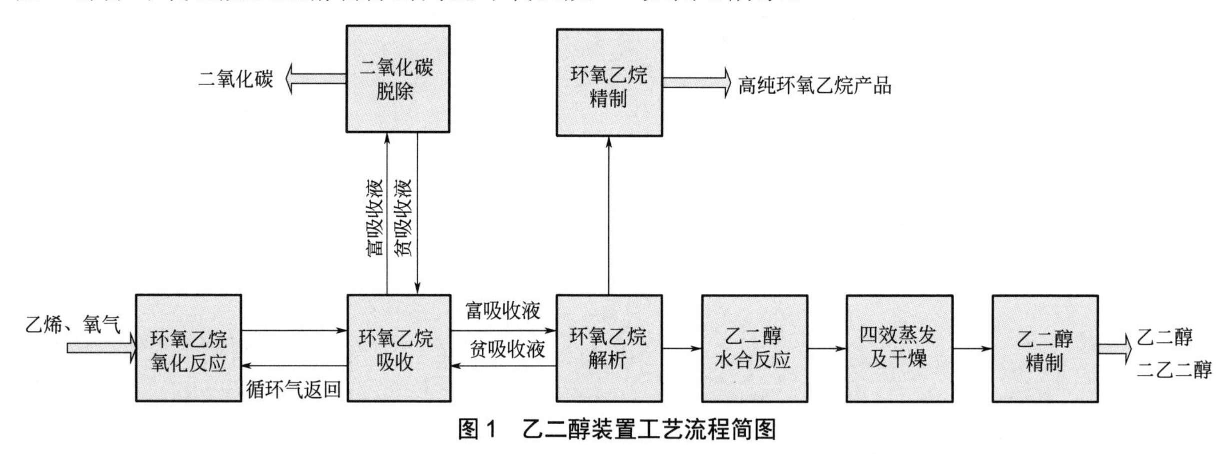

图 1 乙二醇装置工艺流程简图

自 2018 年大检修更换为新的催化剂 S889 之后，由于新的催化剂选择性较高，装置自产蒸汽量明显下降，高压蒸汽单耗增加。加上产品结构调整，尽量多产 EO 产品而少产乙二醇产品，造成 EO 精制单元高负荷运行，后部乙二醇单元低负荷运行，装置综合能耗显著增长[1]，一直高于设计值，处于同行业中下游水平。为了进一步降低装置能耗，达到节能减排、提质增效的目的，先后采取了一系列优化调整措施和技术改造[2]，并取得较好的效果，综合能耗大幅度下降。

1 装置能耗介绍

EO/EG 装置能耗分析表明，装置的能耗主要来源由高压蒸汽、低压蒸汽、电能、循环水、脱盐水、氮气、仪表风、工厂风、生产水组成。其中，仪表风、工厂风、氮气和生产水、脱盐水在整个装置的综合能耗中所占比例为1%左右[3]；而蒸汽、电能和循环水占比较大，高达99%，直接影响装置的总体能耗。具体能耗分析如表1所示。

表1 EO/EG装置能耗分析

名称	系数	设计单因能耗 kgEO/t
生产水	0.17	0
脱盐水	2.3	2.208
循环水	0.1	44.1
电	0.2338	95.22674
4.0MPa 蒸汽	88	131.12
0.4MPa 蒸汽	66	84.48
仪表风	0.038	0.5586
工业风	0.028	0
0.7MPa 氮气	0.15	2.085
2.5MPa 氮气	0.15	
能耗合计	—	359.78

2 本装置能耗分析

在2019年进行产品结构调整之后，装置综合能耗大幅度增加[4]。以2020年2月份为例，如表2所示，综合能耗增长非常明显。可以看出，目前装置4.0MPa蒸汽能耗是主要影响因素[5]，增长了近一倍，远远超过设计值，均占装置综合能耗的一半。4.0MPa蒸汽的主要用户是四效蒸发单元，由于水合配比较设计值增长1倍左右，需要消耗大量的高压蒸汽蒸发乙二醇水溶液中多余的水分。另外电、循环水、0.4MPa蒸汽的能耗也略高于设计值。

表2 2020年02月主要能耗分析

项目	设计能耗 kg/t（标油 /EOE）	实际能耗 kg/t（标油 /EOE）
循环水	44.1	47.39
电	95.22674	105.5
4.0MPa 蒸汽	131.12	233.73
0.4MPa 蒸汽	84.48	88.92

3 装置节能降耗措施

装置自2019年产品结构调整以来，能耗始终偏高，其中4.0MPa高压蒸汽、0.4MPa低压蒸汽、循环水和电单耗均超过设计值[6]，尤其是4.0MPa高压蒸汽用量更是严重超标。为降低装置综合能耗，主要采取以下节能降耗措施。

3.1 四效浓缩单元工艺参数优化

由于高纯EO产品产量增加，乙二醇单元生产负荷降低。低负荷运行下，乙二醇单元操作难度增加，同时EO水溶液进料EO浓度降低，四效蒸发系统脱除的水相对增加，消耗的蒸汽也增加，导致装置综合能耗提高。通过采用流程模拟软件对四效蒸发系统工艺运行参数进行优化调整，调整反应水合配比并降低四效操作压力，参数优化如表3所示。在进行优化调整之后，四效蒸发系统运行平稳，各塔操作压力、塔顶回流以及塔釜温度都有所下降，另外可节约高压蒸汽9t/h，降低能耗21.2 kg/t（标油 /EOE）。

表3 四效蒸发系统工艺参数优化

工艺参数	270PIA40241	270TIA40621	四效回流量	FQI10021
名称	C401 塔顶压力，MPa	C404 塔釜温度，℃	四效回流量 t/h	高压蒸汽用量，t/h
优化前	1.70 ～ 2.05	173 ～ 182	9 ～ 11	84
优化后	0.90 ～ 2.05	160 ～ 182	5.5 ～ 11	75

3.2 乙二醇精制单元工艺参数优化

乙二醇单元生产负荷降低之后，在对四效蒸发系统优化调整的同时，装置对乙二醇精制单元也进行了优化调整，工艺参数优化如表4所示。在优化调整之后，乙二醇精制单元运行平稳，乙二醇、二乙二醇产品质量得到明显提升，同时通过一系列优化之后，可节约高压蒸汽3t/h，降低能耗7.1kg/t（标油/EOE）。

表4 乙二醇精制单元工艺参数优化

工艺参数	270FIC50241	270TI50411	270FICA50596	FQI10021
名称	C501塔顶回流，MPa	C502塔釜温度，℃	C503塔回流，t/h	高压蒸汽用量，t/h
优化前	1.70～2.05	166～175	9～11	75
优化后	1.21～2.05	161～172	5.5～11	72

3.3 C323塔釜热源改造，降低高压蒸汽消耗

乙二醇装置有两套环氧乙烷精制单元，5×10^4t/a环氧乙烷精制单元和15×10^4t/a环氧乙烷精制单元（C323），其中C323需要消耗大量4.0MPaG高压蒸汽，约33.28t/h，减压到1.4MPaG后加热热水作为再沸器热源。同时目前公司炼油区有大量富余热水，需要用大量冷却水冷却到50℃以下才可外排，因此，装置考虑新增一组板式换热器E324A/B，环氧乙烷精制塔再沸器E320A/B的热水回水通过新增的板式换热器对界区外炼油区热水取热，减少了再沸器热源系统的蒸汽消耗，同时降低了炼油区热水的温度，节省冷却水消耗，达到节能降耗、节约成本的目的。

为最大限度减少外部热水条件对乙二醇装置生产的影响，在不增加环氧乙烷精制塔再沸器的同时，采用对界区外部热水间接取热并二次加热的设计方案，改造方案具体如下：保留乙二醇装置原有的热水系统，通过新增一组板式换热器E324A/B，对界区外炼油区热水取热。E320A/B热水回水首先经新增板式换热器E324A/B对界区外炼油区热水取热，由82℃加热到86.3℃，再经蒸汽加热器E602用1.4MPaG中压蒸汽继续加热至95℃，送往E320A/B作热源。高压蒸汽消耗由33.28t/h降低至22.28t/h，节省蒸汽消耗33.08%，同时也降低了炼油区热水的温度，节省冷却水消耗。

3.3.1 项目标定

标定时间从2020年5月1日9点开始，至5月4日9点结束，主要收集的工艺数据为E324热水供水流量、压力及温度、E602中压蒸汽流量、V604温度和装置界区高压蒸汽流量，另外收集C323塔运行数据。标定数据以DCS记录数据为准，每小时收集一次，为标定热水项目提供了可靠依据，4.0MPa高压蒸汽能耗分析是本次考核的重点。

3.3.2 技术分析

（1）运行分析。5月1日9点至5月4日9点，E324A/B换热器运行平稳，未出现跑冒滴漏现象；C323EO精制塔运行稳定，未出现超温、超压等生产波动现象，侧线采出EO产品一直维持在优级品标准。从数据分析上看：乙二醇热水项目换热器E324A/B投用后，热水管网流量在600t/h以上时，E602中压蒸汽流量大幅度下降，由之前的26.2t/h下降至2.6t/h以内，节能降耗效果明显。热水流量在720t/h，温度为96℃左右时，E602中压蒸汽可控，装置4.0MPa高压蒸汽消耗量最少。

（2）能耗分析。目前，E324热水项目投用后，E602中压蒸汽消耗减少24t/h，界区高压

4.0MPa 蒸汽减少 16t/h，装置能耗降低了 37kg/t（标油 /EOE）左右，节能降耗效果明显。

3.3.3　结论

C323 塔釜热源改造项目 E324 换热效果良好，运行平稳，在当前工况及合适的热水流量下，C323 塔釜热源改造项目基本能够达到设计要求，有明显节能效果。

3.4　低温水单元节能项目改造，降低低压蒸汽消耗

乙二醇装置现有两套低温水系统，第一低温水系统 A601 和 A604，为蒸汽型溴化锂吸收式制冷机组[7]，提供 10℃低温水；第二低温水系统 A602 为蒸汽喷射制冷机组[8]，提供 20℃低温水。

利用炼油区富余的热水作为热源对乙二醇装置中的低温水系统改造，将原 36×10^{4}t/a 乙二醇装置中的蒸汽喷射制冷机组、蒸汽型溴化锂吸收式制冷机组改为热水 / 蒸汽型溴化锂制冷机组，以热水替代蒸汽，从而降低生产成本、能源消耗，达到节能和环保的目的。

低温水节能改造项目于 2020 年 6 月 8 日开工建设，8 月 30 日工程中间交接。10 月 15 日以后 A622A/B 热水机组、A622C/D 热水机组、A624 热水机组、A621 蒸汽机组相继试运，11 月 9 日原真空喷射制冷单元 A602 完全停止。

3.4.1　项目标定

按照装置设计，A622 热水机组按照 3 开 1 备运行，A621 在工况 2 下运行，A624 运行，A604 作为 A601/A624 的备机。

2021 年 1 月 22 日 8 点至 1 月 25 日 8 点，共 72h，A622A/B/D 3 台热水型机组、A624 热水机组、A621 蒸汽机组运行稳定，工艺参数以装置 DCS 记录及四川石化统计报表为准。

3.4.2　技术分析

在标定时间之前对 A622A/B/C/D、A624 热水机组，A621 蒸汽机组试运，试用期间各机组运行参数稳定，低温水制冷系统运行正常，试运稳定后对低温水项目标定。

（1）运行分析。

在标定期间，装置乙烯进料量为 29t/h，环氧乙烷精制塔 C303/C323 采出量为 29.5t/h。界区热水来水温度为 94.9℃，回水温度为 75.4℃，来水温度较设计温度稍稍偏高，温差为 19.5℃，热水共计消耗 50158.5t，平均消耗为 696.6t/h。循环水供水温度平均为 21.5℃，较设计值低得较多，共计消耗 380962.4t，平均消耗 5291.1t/h。其他工艺参数在溴化锂机组技术人员的指导下，均在设计值要求之内运行。A622A/B/D、A624 4 台热水型机组，A621 蒸汽机组运行稳定，低温水制冷系统运行正常，满足装置满负荷状态运行要求，无异常生产波动情况发生。

（2）投用前后装置各公用工程消耗对比分析。

乙二醇装置持续按照工况 3 运行，在同等负荷下，选择低温水节能改造项目投用后标定期间（20210121-20210125）与投用前（20201010-20201014）装置各公用消耗进行对比分析。装置在低温水节能改造项目投用前各公用工程消耗如表 5 所示。

表 5　低温水节能改造前各公用工程消耗

日期	2020.10.10	2020.10.11	2020.10.12	2020.10.13	2020.10.14
装置加工量，t	950.83	969.19	981.43	989.64	959.71
生产水，t	15	52	38	15	16
脱盐水，t	1493	1578	1574	1525	1584

续表

日期	2020.10.10	2020.10.11	2020.10.12	2020.10.13	2020.10.14
循环水，t	373440	371384	370792	370728	369936
电 kW·h	362608	364592	363072	363824	363488
0.4MPa 蒸汽，t	1383	1372	1353	1343	1330
仪表风 m^3	9216	9222	9176	9234	9322

装置在低温水节能改造项目投用后标定期间各公用工程消耗如表 6 所示，低温水项目投用前后每天和每小时各公用工程对比情况如表 7 和表 8 所示。

表 6 低温水节能改造后各公用工程消耗

日期	2021.01.21	2021.01.22	2021.01.23	2021.01.24	2021.01.25
装置加工量，t	982.08	935.65	947.38	929.57	975.68
生产水，t	25	24	27	22	25
脱盐水，t	754	510	345	321	303
循环水，t	422659	429140	430350	433306	430914
电 kW·h	330896	329584	330480	329296	330208
0.4MPa 蒸汽，t	404	363	323	332	323
仪表风 m^3	10140	10094	10056	10102	10148

表 7 低温水项目投用前后每天各公用工程对比情况

名称	脱盐水 t/d	循环水 t/d	电 kW·h/d	0.4MPa 蒸汽 t/d	仪表风 m^3/d
项目投用后	446.6	429273.8	330092.8	349	10108
项目投用前	1550.8	371256	363516.8	1356.2	9234
对比	−1104.2	58017.8	−33424	−1007.2	874

表 8 低温水项目投用前后每小时各公用工程对比情况

名称	脱盐水 t/h	循环水 t/h	电 kW·h/h	0.4MPa 蒸汽 t/h	仪表风 m^3/h
项目投用后	18.6	17886	13753	14.5	421.2
项目投用前	64.6	15469	15146	56.5	384.7
对比	−46.0	2417	−1393	−42.0	36.5

通过上述表格数据可以看出，低温水节能改造项目投用前后，装置各公用工程消耗中，生产水消耗几乎没有变化。脱盐水用量减少约 46t/h，循环水用量增加约 2417t/h，电用量减少约 1393kW·h/h，0.4MPa 蒸汽用量减少约 42t/h，仪表风用量增加约 36.5m^3/h。

3.4.3 结论

经过与设计值相对比，低温水节能改造项目投用后，各公用工程用量能够达到设计值。降低装置 0.4MPa 蒸汽用量 36t/h、降低脱盐水用量 30t/h、节约电量用量 1350kW·h/h，增加循环水用量消耗 1610t/h，装置综合能耗下降 65kg/t（标油 /EOE）左右，节能效果非常明显。

3.5 蒸汽管网及冷却器优化

对蒸汽管网以及循环冷却水系统优化 [9]，主要是优化外引中压蒸汽和低压蒸汽的比例，尽量多引低压蒸汽，减少由中压蒸汽减压变成低压蒸汽带来的能量损失，同时严格控制中压蒸汽的温度，防止过热或过饱和，充分利用相变热量，实现能量的充分利用。对循环水冷却器进出口温度进行监测，保证循环水换热器冷却水进出口的温差不低于 8℃ [10]，超过控制温差就要调整循环水的量。

4 实施效果

（1）乙二醇单元低负荷运行条件下高压蒸

汽使用量降低12t/h，装置综合能耗降低28kg/t（标油/EOE）。

进入到2019年，由于EO边际效益较高，下游用户需求量增加，装置高纯EO产量逐渐增加。EO精制单元维持高负荷生产，乙二醇单元低负荷运行。而乙二醇单元的四效蒸发系统需要消耗大量的高压蒸汽，另外更换催化剂之后装置自产的2.4MPa蒸汽量明显下降，装置综合能耗中占据第1位的高压蒸汽单耗一直居高不下。通过不断优化调整水合反应水合配比，调整四效蒸发系统以及乙二醇精制系统的工艺参数，在提高了MEG产品质量的同时，乙二醇单元高压蒸汽使用量也降低了12t/h，装置综合能耗下降28kg/t（标油/EOE）。

（2）C323塔釜热源改造，高压蒸汽使用量降低16t/h，装置综合能耗降低37kg/t（标油/EOE）。

由于EO产量增加，C323塔维持高负荷生产，需要消耗大量的高压蒸汽作为塔釜再沸器热源。通过塔釜热源改造，新增板式换热器E324，充分利用公司炼油区富余热水与塔釜再沸器加热介质换热，降低了C323塔高压蒸汽消耗和公司富余热水温度，节约公司循环水冷却水用量。在E324热水项目正式投用后，E602中压蒸汽消耗减少24t/h，界区高压4.0MPa蒸汽减少16t/h，装置能耗降低了37kg/t（标油/EOE）左右。

（3）低温水节能项目改造，综合能耗下降65kg/t（标油/EOE）。

自2020年11月原有低温水制冷单元A602完全停用以来，低温水节能改造单元A622A/B/C/D、A624、A621溴化锂机组运行稳定，制冷效果良好。充分利用公司富余热水，进一步降低热水回水温度，另外装置低压蒸汽、脱盐水、电能用量大幅度下降，装置综合能耗再次稳步下降。通过标定计算，低温水节能改造项目的顺利实施，使装置综合能耗下降65kg/t（标油/EOE）左右。

自2019年实现创新技术攻关以来，装置各单元工艺运行参数不断优化调整，现场各技改项目顺利实施中交，2020年5月份完成C323塔釜热源改造项目标定工作，2020年11月份完成低温水节能改造项目标定工作，装置综合能耗明显下降，节能降耗效果显著，各月份综合能耗如表9所示。

装置综合能耗趋势如图2所示。

表9　2019—2021年各月份装置综合能耗

综合能耗kg/t（标油/EOE）	1月	2月	3月	4月	5月	6月	7月	8月	9月	10月	11月	12月
2019	370.04	376.04	361.32	394.55	393.41	362.48	384.63	427.67	415.71	409.29	440.4	432.14
2020	409.20	482.24	579.45	385.46	377.79	393.34	412.96	366.62	360.01	336.05	266.75	277.65
2021	305.77	316.96	270.26	280.75	280.82	275.17	328.25	300.65	251.17	266.41	272.97	266.42

5　结束语

针对四川石化EO/EG装置运行过程中暴露出的装置能耗高问题，通过采取一系列降低能耗的措施，装置能耗由432.14kg/t（标油/EOE）左右降低至266.42kg/t（标油/EOE），节能降耗效果显著。解决了炼化一体化企业炼油区热水富余问题，同时创造了可观的经济效益，为其他炼化一体化企业EO/EG装置节能降耗提供了一定的参考价值。

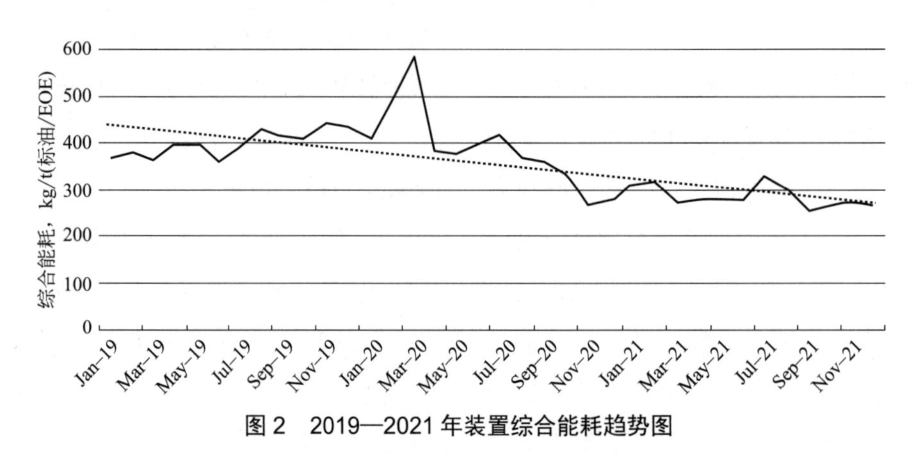

图2　2019—2021年装置综合能耗趋势图

参考文献

[1] 宋毅，刘鹏飞. 煤制乙二醇装置系统节能降耗的挖潜改造 [J]. 煤化工，2021，4：76-78.

[2] 任国伟. 环氧乙烷/乙二醇装置的优化与改造 [J]. 新型工业化，2021，3：237-239.

[3] 钱海林. 煤制乙二醇热水循环泵的优化选型研究 [J]. 石油化工设计，2020，37（4）：7-9.

[4] 张继东，叶剑云，李俊恒，等. 环氧乙烷/乙二醇装置低温热回收利用分析 [J]. 石油石化节能与减排，2014，4（1）：6-9.

[5] 李胜利. 环氧乙烷/乙二醇装置节能降耗分析 [J]. 炼油与化工，2013（6）：50-52.

[6] 周铭. 环氧乙烷/乙二醇装置脱碳系统改造 [J]. 石油化工技术与经济，2013（3）：10-14.

[7] 候维，刘苇，苏君来. 环氧乙烷/乙二醇装置运行工艺优化及节能措施 [J]. 石化技术与应用，2016，2：144-147.

[8] 石喆文. 环氧乙烷/乙二醇装置运行工艺优化及节能措施探讨 [J]. 石油石化物资采购，2019，8：69-69.

[9] 张光辉. 环氧乙烷/乙二醇装置用能分析及优化 [D]. 大连：大连理工大学，2013.

[10] 陈泱. 我国石油石化行业的节能减排及可持续发展状况分析 [J]. 石化技术与应用，2012，2：184-188.

（作者：王龙兰，四川石化生产六部，乙二醇装置操作工，高级技师；许耀，四川石化生产六部，乙二醇装置操作工，技师；李森，四川石化生产六部，乙二醇装置操作工，技师；齐波，四川石化生产六部，乙二醇装置操作工，技师；梁晓州，四川石化生产六部，乙二醇装置操作工，技师）

聚烯烃尾气回收系统提质增效优化方法

◆李 炜 刘 禹 王尧轩 邹 滨 白 雪

1 应用背景

四川石化线性低密度聚乙烯装置和聚丙烯装置均采用 Unipol 气相法工艺。从脱气仓分离的富烃气体进入尾气（排放气回收）系统，经过回收气压缩机压缩、冷却、冷凝。冷凝的液体返回反应器循环利用。回收气（含轻烃气体）反应器排料的输送气体。

在生产过程中，两套装置均出现回收系统异常现象，导致富烃气体排放火炬，物料浪费严重。本文从优化操作及技术改造的角度出发，探讨了气相法聚烯烃装置尾气回收系统提质增效的一些方法。

2 影响尾气回收系统长周期高效运行的因素及改进措施

2.1 排放气回收压缩机入口过滤器堵塞

以聚丙烯装置为例，在生产过程中，尤其是抗冲牌号期间，从反应系统及树脂脱气系统排放至回收系统的气体中夹带少量细粉，这些细粉随排放气进入回收气压缩机会堵塞入口的过滤器，导致入口过滤器压差升高，当压差达到 16kPa 以上时需要进行清理，清理期间，回收系统必须停车，停车清理时间约 3h，每小时排放丙烯量为 6 ～ 7t。

2.1.1 改进措施

通过对国内同类装置调研，增加回收气压缩机 K-5214 入口过滤器备台，实现了在线切换及清理，避免回收系统频繁停车造成排放丙烯损失。

2.1.2 效果预计

每年回收气压缩机因入口过滤器堵塞问题导致停机总计约 25.43h，直接损失约为 107 万元。

增加备台后实现了入口过滤器的在线切换及清理，避免回收系统停车，可减少经济损失。

2.2 尾气压缩机上游设备，产品接收仓上部袋式过滤器堵塞、破损

排放气压缩机入口过滤器经常堵塞，造成入口过滤器压差上涨，最终造成压缩机入口压力持

续下降，影响压缩机稳定运行。

每当打开清理回收气压缩机入口的过滤器时，均发现其滤网上吸附大量细粉，因此可判断这是造成压缩机入口过滤器堵塞的直接原因。经过技术人员现场实际检查和探讨，发现产品接收仓 C-5013 上部的袋式过滤器 Y-5014 定时吹扫程序和吹扫的电磁阀出现问题，造成袋式过滤器 Y-5014 经常会被细粉覆盖黏结，吸附在袋式过滤器 Y-5014 上面的细粉被排放气压缩机吸入最终造成其入口过滤器堵塞。

2.2.1 改进措施

（1）修改袋式过滤器 Y-5014 的吹扫程序，增加吹扫频次。

（2）逐一更换袋式过滤器吹扫的电磁阀，增大吹扫流量，使其能充分将细粉从滤袋上吹落。

（3）将袋式过滤器 Y-5014 的吹扫氮气压力表 PIA5014-5 从之前的减压阀前改到减压阀后，操作人员可通过其压力的变化判断袋式过滤器 Y-5014 吹扫是否正常。

2.2.2 运用效果

经过对袋式过滤器 Y-5014 氮气吹扫方面的调整，排放气压缩机入口过滤器堵塞现象有了很大的改观。调整之前，排放气压缩机入口过滤器基本上每个月都需要清理 1 次，调整之后，排放气压缩机入口过滤器只需要三到四个月清理 1 次，大幅增加了尾气回收系统的长周期运行时间。

2.3 回收气压缩机低压凝液罐 C-5202 出入口压差高，上部除沫网堵塞

线性低密度装置回收气压缩机 K-5206 自 2020 年 8 月 27 日起，出现吸入效果差，高压凝液罐压力较正常参数逐步减低的情况，通过上述现象分析，压缩机入口流程存在较大压降，影响压缩机吸入量。清理入口过滤器后，情况能得到一定缓解，但还是会出现吸入量不足，需要停机清理入口过滤器的现象。

2.3.1 原因分析

通过现场不同点接入的就地压力表测量发现，处于压缩机上游的低压凝液罐 C-5202 出入口压差较高，是导致压缩机吸入量不足的根本原因。

低压凝液罐 C-5202，在罐顶部设置有 150mm 厚度的丝网除沫器，用以捕捉液相组分，阻止进入压缩机缸体，避免压缩机受损。由于该丝网除沫器自装置运行以来，从未进行过更换，在除沫器内，缓慢聚集了来自脱气仓的细粉，积聚量较大，导致气体通过受阻，影响压缩机运行。

2.3.2 应对措施

（1）在压缩机出现做功不好现象时，主动停止压缩机运行，脱气仓排放气排低压火炬，现场清理 K-5206 入口滤网，并通过开车氮气快速泄压，对 C-5202 进行吹扫，尽量将积聚的细粉带出。

（2）大检修期间，定期进行更换。

2.4 其他原因

（1）尾气回收压缩机冷却水过滤器堵塞，造成停机清理。可增加复线，以便在线清理过滤器，防止压缩机停机影响长周期运行。（原理同压缩机入口过滤器增加备台相同）

（2）尾气回收压缩机入口过滤器目数较低，造成细粉进入压缩机气阀，影响压缩机做功，可适当增加入口过滤器目数，避免细粉进入压缩机气阀，防止停机更换气阀造成的损失和影响长周期运行。

3 膜回收系统

线性低密度聚乙烯装置尾气回收系统增设大

连欧科膜技术单体回收改造项目，目的是从现有排往火炬系统的尾气中，进一步回收其中的烃类和氮气。该项目使用膜分离与深冷组合技术将装置尾气分离[2]。

线性低密度聚乙烯装置物料损失主要为排放气回收系统的尾气排放损失，经过传统的压缩、冷凝回收工艺，只能对1-丁烯和异戊烷进行部分回收。通过应用膜分离和深冷分离组合技术，可以完成对1-丁烯和异戊烷的进一步回收，增加乙烯的回收，并且可以将分离出来的氮气作为产品脱气仓的吹扫气循环使用，达到降低装置物耗和能耗的目的[3-8]，创造的经济效益高达1312万/年。膜回收系统投用前后单耗对比见表1。

表1　膜回收系统投用前后单耗对比

项目	乙烯 t/t	丁烯 t/t	总单耗 t/t	异戊烷 kg/t	氮气 m^3/t
投用前	0.927	0.085	1.012	2.0	74
投用后	0.924	0.081	1.005	0.35	50

3.1　膜回收系统正常运行注意事项

（1）确保不能有任何固体、液体进入膜系统。

（2）氢膜温度低于50℃时，不能开启渗透气。高于90℃时，立刻关闭现场蒸汽总阀，检查原因。

（3）开启膜渗透侧流程时，要缓慢开启，保持降压速度低于0.2MPa/min。

3.2　膜回收系统优化改造

膜回收系统动设备、操作较少，系统运行较为稳定。该系统回收气源为排放气回收系统尾气，在膜分离过程中首先必须确保膜外侧具有足够压力[9]，因此排放气回收系统的运行稳定与否决定膜回收系统能否正常运行。此外在实际生产中发现，膜回收系统投用后，反应器内丁烷等不参与反应的烷烃浓度明显上升，循环气密度增加。分析原因为膜回收系统在回收1-丁烯、异戊烷的同时将尾气中的C4等烷烃一并回收，长此以往导致其在循环气中的浓度上升。C4等不参与反应的烷烃组分增加，会造成循环气密度增高，增加循环气压缩机功耗，不利于节能降耗，同时也会使粉料变黏，影响后系统排料及脱气仓底部旋转阀的下料能力。因此增加了一条膜回收系统至乙烯裂解装置的管线，将膜回收系统回收到的烃类液体定期输送至乙烯裂解装置，以此控制循环气中的烷烃浓度，减少火炬排放。

4　低压火炬系统

本部门设置一套设计能力为80t/h的低压废气焚烧系统，处理30×10⁴t/a线性低密度聚乙烯装置和45×10⁴t/a聚丙烯装置排放的火炬尾气，供两套装置事故放空及正常排放时使用。低压废气焚烧系统是将产生的有毒、有害废气处理后无毒化排放的装置。

低压废气焚烧系统的基本设置为：焚烧炉总高30m，筒体内径12m，防风消音墙高度6m，防风消音墙外径17m。焚烧系统分5级燃烧，共设101套烧嘴。设7套半导体高能点火器、1套地面爆燃点火器和6支长明灯。设1台分液罐及1台阀式水封罐。

4.1　低压火炬系统使用中遇到的问题

低压火炬原始开工投用后发现，当异常排放时，燃烧不充分，产生黑烟，且云监控报警有烃类物质排放；长明灯点火器无法点燃长明灯；就地PLC控制系统卡件在现场环境中老化严重，操作不便。随着环保标准的日益严格，企业需对装置排放实现有效监控，以保证排放符合相关标准[10]要求。否则以上问题会带来一系列安全、环保隐患，导致安全环保事件、事故发生。

4.2 优化改造

考虑上述情况，和厂家联系沟通，拟对低压火炬进行改造以适应装置下一轮长周期运行的需要。

（1）升级燃烧器：梅花型地面火炬燃烧器（SP-MASM 型）采用“多角度自混合”专利高效燃烧技术。燃烧器采用八瓣结构形式，设有 3 种不同角度的火炬气喷孔，从内到外分别为内聚自稳燃小孔、自由喷射主孔和分级外射传焰孔，分别起到稳定燃烧、火炬气燃尽和安全传焰作用，为火炬系统安全稳定运行提供 100% 保障。

（2）升级长明灯：采用一体式长明灯，利用燃料气压力卷吸空气，实现燃料气和空气预混燃烧，无需独立点火燃料气管路。此改造增强了长明灯抗风雨性能，能保证 14 级飓风对准长明灯头部燃烧区域和底部引射进风区域时，长明灯不熄灭；增加了低氧浓度稳定燃烧性能，可实现局部氧浓度在低至 3% 的情况下稳定燃烧或在 8% 氧浓度下点火重启；增加了防积碳性能，保证长明灯配风充足稳定，燃料充分燃烧。

（3）在低压废气焚烧系统火炬气总管上加装 1 台流量计，用以测量火炬气实时流量，加强火炬气总流量及非甲烷总烃等污染物对大气排放量相关数据的监控。

通过以上改造，可保证低压火炬尾气焚烧能安全无污染地运行。各种工况条件下及时、安全、可靠地排放并稳定燃烧。不回火、不脱火，完全满足国家、地方环保标准及 HSE 要求。火炬设施无烟燃烧能力为最大排放量的 100%，火炬设施年连续运转时间为 1 个大修周期。

4.3 优化操作

在生产中应尽量避免装置紧急泄压排放，因为紧急泄压排放，尤其是排放量大时，会对火炬系统造成很大冲击，同时会把系统中的细粉带入火炬分液罐中，对火炬系统的长周期运行造成影响。

5 总结

本文对聚烯烃装置尾气回收系统在实际生产中存在的回收气压缩机入口过滤网堵塞导致压缩机停车，脱气仓过滤器滤袋堵塞导致回收系统进气量减少，回收压缩机冷却水过滤器堵塞造成联锁停车，回收尾气利用率低造成氮气乙烯无法回收，低压火炬燃烧不充分，粉料堵塞低压火炬系统排放气管线等问题进行了分析，并对应各项问题进行了系列优化改造，最终使回收系统检修时间大幅减少、装置物耗明显下降，实现了两套装置回收系统长周期环保运行、提质增效，达到了装置节能降耗的目的。

参考文献

[1] 杨晓，周静，姜岩．膜法回收聚乙烯气工艺进展回顾［J］．科学技术创新，2020，34：58-59.

[2] 李德展，宋文波，邹发生，等．聚烯烃装置尾气治理技术研究进展［J］．合成树脂及塑料，2019，36（3）：86-92.

[3] 杨中维．深冷分离技术在聚乙烯装置中的应用［J］．石化技术，2013，20（2）：32-33.

[4] 孙鹏飞，李京仙，孙建友．自深冷技术在气相法聚乙烯装置中的应用［J］．化工管理，2018，（27）：161-162.

［5］郑多全，樊志峰 .Unipol 聚乙烯排放气回收工艺分析对比［J］. 化工管理，2018（23）：205-206.

［6］武伟，田刚 . 线性低密度聚乙烯排放气回收系统技改方案比较［J］. 山西化工，2017，37（1）：76-78.

［7］邵礼宾，周仕杰 . 聚乙烯排放气回收技术研究［J］. 石化技术，2018，25（8）：1-3.

［8］丛丰 . 气相法聚乙烯装置排放气回收膜分离、深冷改造方案比较［J］. 化工设计，2016，26（1）：29-32.

［9］任峰，王海 . 聚烯烃装置排放气回收工艺分析和合成研究［J］. 中国石油和化工标准与质量，2018，1（1）：181-182.

（作者：李炜，四川石化生产五部，聚乙烯装置操作工，首席技师；刘禹，四川石化生产五部，聚乙烯装置操作工，技师；王尧轩，四川石化生产五部，聚乙烯装置操作工，技师；邹滨，四川石化生产五部，聚乙烯装置操作工，高级技师；白雪，四川石化生产五部，聚乙烯装置操作工，技师）

浅谈柴油加氢裂化装置航煤流程改造

◆ 马宏建 曲 凯 郑 震 李汶键 任 磊

1 问题提出的背景

四川石化为降低柴汽比，2018 年将 350×10^4t/a 柴油加氢精制装置改造为 300×10^4t/a 柴油加氢裂化装置，改造后增加了轻石脑油、重石脑油、航煤等产品。分馏塔产品分布为：塔顶气相经空冷器冷凝后进入塔顶回流罐，通过机泵部分打回塔内作为回流，另一部分送至石脑油分馏塔作为石脑油产品；塔中航煤组分经航煤塔抽出后，因反应压力等级限制问题不能出厂，只能将航煤组分切至塔底柴油组分中；塔底精制柴油经过一系列冷换设备送至罐区。

在一段时间内，精制柴油产品质量不合格，其中闪点在 58 ～ 60℃之间（控制指标不小于 62℃），十六烷值在 49 ～ 51 之间（控制指标不小于 51.5），黏度在 2.8 ～ 3mm²/s（控制指标为 3 ～ 8mm²/s），多种指标均不在合格范围内。同时重石脑油的终馏点在 180℃左右，高于重整装置要求的不大于 170℃的指标，因此只能被迫将重石脑油改至终馏点要求为不大于 205℃的汽油产品调和原料罐或是乙烯装置加工原料罐。

2 原因分析

2.1 航煤闪点、黏度较低影响精制柴油指标

技术改造后，柴油加氢航煤组分切割点为 230℃，航煤受限不能出厂，如果将航煤切至精制柴油中，将有 50t/h 左右的航煤并入精制柴油外送出装置，精制柴油中航煤组分占比 35% 左右，且航煤自身的闪点、黏度以及十六烷值均低于精制柴油指标，对精制柴油有很大影响。同时航煤作为分馏塔的中间馏分，难免会与上部、下部馏分发生重叠将部分重石脑油和部分精制柴油带入到航煤馏分中（航煤黏度在 1.4 ～ 1.56mm²/s，闪点在 37 ～ 49℃）。在此前提下航煤混入精制柴油会导致部分重石脑油进入到精制柴油产品中，精制柴油产品质量也受到影响（精制柴油黏度控制指标为 3.0 ～ 8.0mm²/s）。

2.2　航煤终馏点高以及精制柴油流量增加影响重石脑油的终馏点

脱乙烷塔底、脱丁烷塔底以及石脑油分馏塔底重沸其热源均由精制柴油提供，柴油加氢装置航煤进入精制柴油使得精制柴油外送量相应增加，且精制柴油抽出温度未变，会对各塔重沸温度产生影响，从而对石脑油系统产生影响，尤其影响重石脑油的馏程，使得重石脑油的终馏点高于正常值。

航煤作为中间组分，当分馏塔顶抽出量大时，会导致部分航煤从分馏塔顶进入到石脑油系统，由于航煤的馏程高于重石脑油馏程（航煤终馏点为 224 ～ 238℃），在此前提下重石脑油的终馏点也会受到影响。

3　解决方法

通过对比四川石化蜡油加氢裂化装置第一周期柴油产品黏度、闪点等指标发现，当时的蜡油加氢裂化装置柴油黏度可达到 $4.0mm^2/s$ 以上，主要原因就是蜡油加氢装置柴油产品中不含有航煤组分，因此，考虑将柴油加氢装置的航煤组分从精制柴油中切出，从而实现提高精制柴油黏度、闪点、十六烷值等指标，以及改善重石脑油终馏点的目的。

（1）以柴油加氢装置航煤组分切出为出发点，柴油加氢装置进行了航煤流程改造。经过改造后的航煤抽出流程分为两路，一路至蜡油加氢裂化装置和至渣油加氢脱硫装置柴油线共同去催化裂化装置、另一路为直接并入精制柴油析出装置。改变流程后，柴油加氢装置航煤进入蜡油加氢裂化装置进行二次反应，很大程度缓解了精制柴油产品指标和重石脑油终馏点问题，但由于航煤组分从侧线塔（C–2006）抽出后的温度为 200℃左右，受蜡油加氢裂化装置进料温度的限制，大量航煤外送至蜡油加氢裂化装置会导致其进料温度超标，蜡油加氢裂化装置接收航煤量为 10t/h，限制了航煤外送量，仍有大部分航煤继续并入精制柴油管线一起外送。

（2）为进一步解决航煤外送的问题，在航煤外送至蜡油加氢裂化装置和渣油加氢脱硫装置之前，增加了蒸汽发生器 G–8001，航煤经过与蒸汽发生器的换热降低其出装置温度。G–8001 投用后，至蜡油加氢裂化装置的航煤温度降至 150 ～ 160℃，不仅有效地解决了温度高的问题，还将外送量提高至 30t/h，同时增加了 0.4MPa 蒸汽的产出量，改造后的控制如图 1 所示。

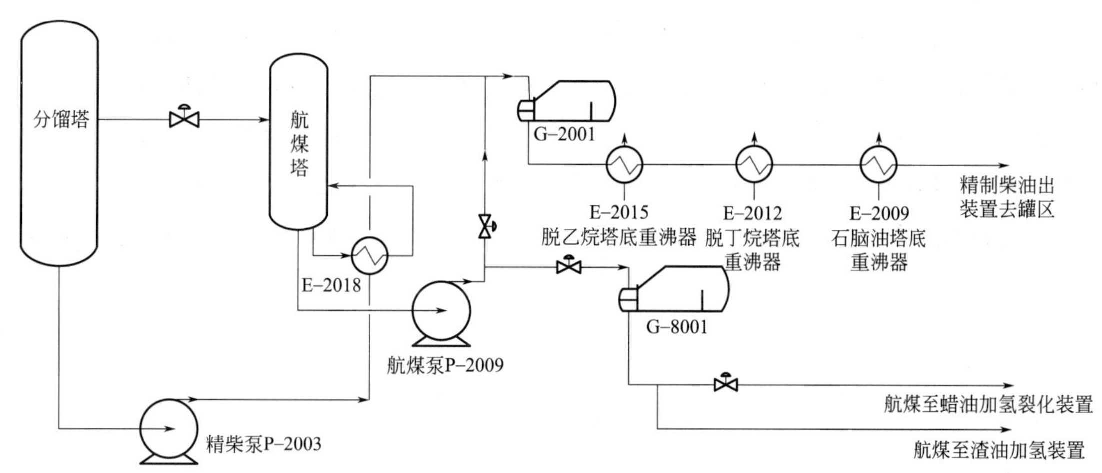

图 1　航煤改造后流程

可以看出，在正常生产过程中，航煤抽出量在50t/h，经过流程改造和增加蒸汽发生器G-8001，航煤有30t/h进入蜡油加氢裂化装置，精制柴油外送量减少，油品闪点和黏度指标有了很大改善，达到合格标准，同时石脑油系统重沸热源减少，也降低了重石脑油的终馏点，使其保持在170℃以下，满足重整装置生产要求。同时蜡油加氢装置掺炼部分柴油加氢航煤组分，使得航煤收率提高，可以实现航煤增产。

4 取得的效果与效益

（1）柴油加氢裂化装置的航煤出装置流程改造至蜡油加氢装置，此设计不但有效地解决了精制柴油的黏度、闪点指标不合格以及重石脑油终馏点高的问题，也很大程度提高了蜡油加氢裂化装置航煤的产出量以及0.4MPa蒸汽产出量，提高了效益，同时大量航煤的抽出也保证了精制柴油、重石脑油产品指标的稳定。

（2）因航煤出装置流程增加蒸汽发生器，每小时可产生0.6t的0.4MPa蒸汽，装置按年开工时间8400h计算，每年可产生0.4MPa蒸汽5040t，经济效益约为85万元。

（3）柴油加氢装置航煤送至蜡油加氢裂化装置，按照流量30t/h计算，蜡油加氢裂化装置的重石脑油产量每小时可增加5t；重石脑油的边际效益是1000元/t，装置按年开工时间8400h计算，每年可以产生边际效益约4200万元。

（4）此项技术改革及流程改造不仅保证了装置的平稳运行，同时每年也增加了约4285万元的经济效益。

5 结论

柴油加氢裂化装置为增产航煤进行的技术改造未能充分考虑装置操作压力的限制，导致航煤产品不能外送，从而引起装置其他产品的不合格。经过一段时间的摸索分析对比，确定了航煤产品对精制柴油和重石脑油产品的影响，流程改造进入蜡油加氢裂化装置完成二次加工，不仅改善了柴油加氢裂化装置的产品指标，也产生了经济效益。

参考文献

［1］杨超，李林洋．柴油加氢裂化装置航煤产品回炼研究［J］．中国化工贸易，2019（29）：246.

［2］张学佳．加氢裂化装置生产低凝柴油改航煤生产方案探讨［J］．石油与天然气化工，2012，41（6）：554-557.

（作者：马宏建，四川石化生产二部，蜡油加氢裂化装置操作工，高级工；曲凯，四川石化生产二部，蜡油加氢裂化装置操作工，技师；郑震，四川石化生产二部，蜡油加氢裂化装置操作工，技师；李汶键，四川石化生产二部，柴油加氢裂化装置操作工，高级工；任磊，四川石化生产二部，柴油加氢裂化装置操作工，高级工）